建筑施工项目管理丛书

怎样当好质量员

潘全祥　主编

中国建筑工业出版社

图书在版编目(CIP)数据

怎样当好质量员/潘全祥主编. —北京:中国建筑工业出版社,2002

(建筑施工项目管理丛书)

ISBN 978-7-112-05164-9

Ⅰ. 怎… Ⅱ. 潘… Ⅲ. 建筑工程-工程质量-质量控制-问答 Ⅳ. TU712-44

中国版本图书馆 CIP 数据核字(2002)第 063636 号

建筑施工项目管理丛书

怎样当好质量员

潘全祥 主编

*

中国建筑工业出版社出版、发行(北京西郊百万庄)

各地新华书店、建筑书店经销

北京千辰公司制作

北京市彩桥印刷有限责任公司印刷

*

开本:850×1168 毫米 1/32 印张:14⅛ 字数:377 千字

2002 年 10 月第一版 2008 年 1 月第十次印刷

印数:24501—26000 册 定价:**22.00** 元

ISBN 978-7-112-05164-9

(10778)

本书为建筑施工项目管理丛书之一。全书以问答的形式回答质量员必须掌握的基础知识和专业知识，共分五章，主要内容有：建筑工程质量概述；基本技术知识；工程质量检查；建筑安装工程质量检验评定；建筑工程质量事故与通病防治。编写原则上坚持以新颁国家标准和规范为依据，编写方法上力求通俗易懂、图文并茂，使质量员的实际应用更加便利，为广大技术人员提供一本具有实用价值的技术参考书。

本书可供质量员、质检员、工程施工人员使用。

*　*　*

责任编辑　郭栋

出版说明

随着建筑市场的逐步规范，项目经理、工长、施工五大员等施工管理人员都必须参加培训，持证上岗。持证以后，本职管理工作都包括哪些，如何做好这些工作是关键。为此，我社组织有关专家、学者编写了“建筑施工项目管理丛书”，该丛书分别介绍建筑施工项目管理人员应该掌握的基本知识、管理技能和经验，帮助他们更快更好地做好管理工作，也可作为其上岗培训考试的参考用书。丛书分为11册(见封四)，涵盖建筑施工项目管理的各个专业，内容比较全面，并有一定深度，主要供建筑施工项目施工技术人员、各类管理人员阅读。

本套丛书以新颁国家标准、规程为依据，根据专业管理人员工作中遇到的疑点、难点、要点，逐一提出问题，用简洁的语言辅以必要的图表，有针对性地给予解答。编写方法上力求系统全面，通俗易懂，图文并茂，目的是给广大施工管理人员和技术人员提供一套具有实用价值的参考书。

希望这套丛书的问世能帮助读者解决工作中的疑难问题，掌握专业知识，提高实际工作能力。真诚地欢迎各位读者对书中不足之处提出批评指正，协助我们把这套丛书出得更专业、更全面、更实用。

中国建筑工业出版社

2002年5月

前　言

本书系建筑施工项目管理丛书之一。全书采取问答的形式，针对工程施工中常遇到的问题，先提出问题；再用通俗的语言，系统全面地解答问题。这种一问一答，一事一议的编写方式，特别适合工程技术人员、质量检查员和高级技工阅读，也可供大专院校相关专业学生参考。

本书共分五章，即：建筑工程质量概述、基本技术知识、工程质量检查、建筑安装工程质量检验评定、建筑工程质量事故与质量通病防治。对以上各部分包含的主要施工技术问题，进行了详细地阐述，在编写原则上坚持以新颁国家标准、规程为依据，编写方法上力求通俗易懂，图文并茂，目的是给广大施工技术人员提供一本具有实用价值的技术参考书。

本书在编写过程中得到很多施工单位和工程技术人员的协作与帮助，在此特表示感谢。因时间限制和编者的水平有限，难免出现错误和不妥之处，望读者提出批评建议，以便再版时修正。

主　　编　潘全祥

编写人员　潘全祥　侯燕军　潘度谦　刘志宏
李俊英　王小建　王学英　孟凡军
方骏梁　刘　宁　李和轩　张建芳
侯立新　文学峰　张银贵　潘　闪
张　颖

目　　录

一、建筑工程质量概述

1. 建筑工程质量的含义是什么?

建筑工程质量是指建筑物或构筑物在经济、适用、耐久、美观等方面是否满足人们的需要。这种质量的特性,一般表现在以下几方面:

(1)理化方面:如耐酸、耐碱、耐腐蚀和防水、防火、防寒、防热等。

(2)结构方面:如地基基础牢固、结构安全可靠等。

(3)使用方面:如布局合理、居住舒适、功能适用,使用方便等。

(4)时间方面:如使用年限长等。

(5)外观方面:如造型新颖、美观大方等。

(6)经济方面:如成本低、维修费用低、使用过程耗能少等。

2. 质量检查的意义有哪些?

质量检查就是用某种方法和手段,对分项、分部工程及单位工程质量状况进行检测,并根据检测结果同国家发布的质量检验评定标准比较,判定每个分项、分部和单位工程的质量等级。因此,质量检查工作是保证工程质量的重要一环。质量检查过程,不仅起着把关作用,而且也是对施工过程中的一种质量控制方法,是决定分项工程能否符合下一道工序的要求和单位工程能否交付使用的业务活动。

3. 质量检查与质量监督有何区别?

质量检查是企业在生产过程中对质量的一种控制。而质量监督则是政府对工程质量带有强制性的检查和认证。前者是企业内部的,后者是企业外部的。但两者有共同之处,如工作的目的都是为了保证工程质量;检查的依据和检测的手段基本上也是相同的。由于质量监督是代表政府的,因而在监督检查过程中不受企业的约束。而质量检查却有时会受企业的一些约束。因此,企业领导不仅要接受质量监督,而且要支持企业内的质量检查工作。质量检查员也要对企业领导负责,及时将工程质量的动态报告给他们。由于企业内部的质量检查机构与政府的质量监督部门工作目的一致,因此必须相互支持和配合,通过强化质量监督检查进一步推动企业的质量管理。

4. 质量检查员应具备哪些条件?

质量检查员肩负重担,既要对国家、对用户负责,也要对企业领导负责。一项工程能否转入下一道工序和交付使用,在很大程度上,质量检查员是起着相当的作用。因此,作为一个质量检查员,必须具备以下条件:

(1)作风正派,敢于坚持原则;

(2)具有一定的施工技术专业知识,熟悉主要工种的操作工艺;

(3)基本掌握施工及验收规范的内容和较准确地运用工程质量检验评定标准。

(4)能够看懂施工图和写出简易的质量检查和事故分析报告;

(5)身体健康,能够胜任现场检查工作。

5. 质量检查员有哪些职责范围?

(1)认真学习国家有关工程质量的政策和法规,坚持质量第一的方针。

(2)努力提高自身业务水平,坚持科学的工作态度,在质量检查中,以检测的数据为制定工程质量的依据。

(3)按国家发布的质量验评标准和施工规范检查质量。工作严肃认真,一丝不苟。

(4)做好施工前的质量检查工作:

1)熟悉图纸,了解设计对工程质量的要求,并参与图纸的会审和提出重点部位的质量检查计划。

2)熟悉施工组织设计(或单位工程施工方案),了解施工过程中对保证工程质量所提出的措施,并配合施工员组织落实。发现有违反施工程序、不能保证工程质量的方案时,及时向施工员及上级提出修改和完善意见。

3)对已进入现场的材料、构件进行质量检查,对无出厂合格证或对质量持有怀疑时,应向施工员、材料员提出进行检验,对不合格的材料及构件,也向他们及时提出停止使用或退换;

4)复核工程的水平标高及定位是否符合设计要求。

(5)做好施工中的质量检查

1)根据设计图纸、标准和规范要求,对正在施工的工程质量及所用的材料进行质量检查,发现问题及时向施工员提出进行纠正和处理。如施工员没有认真或及时处理,应向上一级质量检查部门反映。

2)对隐蔽工程参加隐蔽验收,并在隐蔽记录单上签字。

3)对已完的分项工程,在班组自检施工员组织评定的基础上,质量检查员对分项工程质量等级进行核定。不合格的分项工程,在未返修达到合格之前,不让其转入下道工序。

4)发现重大质量事故(含倒塌事故)时,应及时地向上一级质量部门和企业领导报告。

5)质量检查员对施工中的质量不仅严格按标准、规范和设计图纸进行检查,对检查出来的问题除要求及时处理外,并帮助操作者改进操作方法,提高质量意识,确保工程质量。

(6)工程竣工验收的质量检查

1)检查工程是否按照设计图纸和合同规定的内容检查完成;

2)参与工程的竣工检查,按单位工程质量验评标准准确地核定质量等级;

3)参与对用户的回访工作,并将用户的意见及时报告企业领导。

(7)其他方面

参与企业内部的工程质量评优工作;参与企业内部的质量大检查;定期的向质量检查主管部门提出质量动态报告;帮助生产班组做好质量自检工作,并帮助生产班组中的兼职质量检查员提高质量自检水平。

二、基本技术知识

1. 建筑施工测量放线工作的基本准则有哪些?

建筑施工测量放线工作的基本准则是:遵守国家法令、政策和规范,明确为建筑施工服务;遵守先整体后局部和高精度控制低精度的工作程序,即先测设场地整体的平面控制网和标高控制网,再以控制网为依据进行各局部建筑物的定位,放线和标高测设;选用科学、简捷和精度合理、相称的施测方法,合理选择、正确使用仪器,在测量精度满足工程需要的前提下,力争做到省工、省时、省费用;要严格审核原始依据(设计图纸、测量起始点位、数据等)的正确性,坚持测量作业与计算工作步步有校核;执行一切定位、放线工作经自检、互检合格后方可申报主管部门验线的工作制度,严格执行安全、保密等有关规定,用好、管好设计图纸和有关资料,实测时当场做好原始记录,测后要及时保护好桩位;测量人员要紧密配合好施工,发扬团结协作、实事求是、精益求精、认真负责的工作作风,并要及时总结施工测量中的经验,以利工作不断改进和提高。

2. 建筑施工测量验线工作的基本准则有哪些?

建筑施工测量验线工作的基本准则是:验线工作要主动,验线工作要从审核测量放线方案开始,在各主要阶段施工前,均能对测量放线工作提出预防性的要求,真正做到防患于未然;验线的依据要原始、正确、有效,主要是设计图纸、变更洽商和起测点位(如红线桩、水准点)及其已知数据(如坐标、标高)应为原始资料,最后定案的应是正确、有效的资料,因为这是测量放线的基本依据,若其中有误,则在测量放线中难以发现,后果将不堪设想;验线使用的仪器和钢尺，要按计量法有关规定进行检定；要独立验线，即验线人员所用的仪器和测法，要尽量与放线工作不同；验线的精度要符合规范要求。

3. 验线的主要部位有哪些？

验线的主要部位有：原始桩位与定位条件；主轴线与其控制桩（引桩）；原始水准点、引测标高点和 ±0.000 标高线；放线中精度最薄弱的部位，以考查放线的精度。

4. 测量记录的基本要求是什么？

测量记录的基本要求是：测量记录应做到原始、正确、完整、工整；应在规定的表格上纪录，填好所列各项表头，并熟悉表中所载各项内容和相应的填写位置；记录应当场及时填写清楚，不允许先写在草稿纸上后转抄誊清，以免转抄错误。记错或算错的数字，应将错数画一斜线，将正确数字写在错数字的上方，以保持记录的"原始性"；字迹要工整、清楚，相应的数字及小数点应左右成列、上下成行、一一对齐，记录中数字的位数应反映观测精度，如水准读数应读至毫米，即 1.330m，不应记作 1.33m；记录过程中的简单计算，如取平均值等，应在现场及时进行，并做校核，草图、点志记图等，应当场绘制，其方向、有关数据和地名等应标注清楚；记录人员应根据现场实况以目估法随时校核所测数据，以便及时发现观测中的明显错误；测量记录，多为保密资料，应妥善保管，工作结束后，应及时上交有关部门保存。

5. 测量计算工作的基本要求有哪些？

测量计算工作的基本要求是：依据正确、方法科学、严谨有序、步步校核、结果正确。

(1)图纸上的数据和外业观测结果是计算工作的依据。计算前，应认真仔细逐项审阅与校核，以保证计算依据的正确性。

(2)计算一般均应在规定的表格上进行。按图纸和外业记录在计算表中填写原始数据时,严防转抄错误。填好后,应换人校对,这项校核十分重要。

(3)计算中,必须做到步步有校核。每项计算应在前者数据经校核无误后,方能进行后者数据的计算。校核方法以可靠、简单为原则,常用的计算校核方法有:

1)复算校核:将计算结果重算一遍,条件许可时,最好换他人校核,以免因习惯性错误而“重蹈旧辙”,使校核失去意义。

2)变换计算方法校核:例如,坐标反算可采用按公式计算和用计算器程序计算两种方法。

3)总和校核:例如,水准测量中,终点对起点的高差,应满足下式条件:

$$\sum h=\sum a-\sum b=H_{终}-H_{始}$$

式中 $\sum h$——水准测量各段高差的总和;

$\sum a$——水准测量各段后视读数的总和;

$\sum b$——水准测量各段前视读数的总和;

$H_{终}$——水准测量终点的标高;

$H_{始}$——水准测量起点的标高。

4)用几何条件校核:例如,闭合红线反算中的各内角之和$\sum \beta$,应满足下式条件:

$$\sum \beta=(n-2)\cdot 180^{\circ}$$

式中,n=闭合红线多边形的边数。

(4)计算中所用数字应与观测精度相适应,在不影响结果的精度的情况下,要及时合理地删除多余数字,以提高计算速度。删除多余数字时,宜保留到有效数字后一位,以使最后结果中的有效数字不受删除数字之影响。删除数字应遵循“四舍六入、五凑偶”的原则(即单进、双舍)。如 1.6675 和 27.6645 保留小数三位,则为 1.668 和 27.664。

(5)各种计算校核一般只能发现计算过程中的问题,不能发现原始数据是否有误。

6. 如何正确使用测量仪器?

(1)仪器的出入箱及安放

仪器开箱时应平放,开箱后应记清主要部件(如望远镜、竖盘、制微动螺旋、基座等)和附件在箱内位置,以便用完后按原样入箱。仪器自箱内取出前,应松开各制动螺旋,一手持基座、一手扶支架将仪器轻轻取出。仪器取出后应及时关闭箱盖,上面不得坐人。

测站应尽量选在安全的地方。必须在光滑地面安置仪器时,应将三脚尖嵌入地面缝隙内或用绳将三脚架捆牢。安置脚架时,要选好三足方向,架高适当、架首概略水平,仪器放在架首上应立即旋紧连接螺旋。

观测结束后仪器入箱前,应先将定平螺旋和制微动螺旋退回至正常位置,并用软毛刷除去仪器表面灰尘,再按出箱时原样就位入箱。箱盖关闭前应将各制动螺旋轻轻旋紧,检查附件齐全后可轻关箱盖,箱口吻合方可上锁。

(2)仪器的一般操作

仪器安置后必须有人看护,不得离开,并要注意防止上方有物坠落。一切操作均应手轻、心细、稳重。安平螺旋应尽量保持等高,制动螺旋应松紧适当,不可过紧。微动螺旋在微动卡中间一段移动,以保持微动效用。操作中应避免用手触及物镜、目镜。烈日下或下零星小雨时应打伞遮挡。

(3)仪器的迁站、运输和存放

迁站前,应将望远镜直立(物镜朝下),各部制动螺旋微微旋紧,垂球摘下并检查连接螺旋是否旋紧。迁站时,脚架合拢后,置仪器于胸前,一手携脚架于肋下,一手紧握基座,持仪器前进时,要稳步行走。仪器运输时不可倒放,更要注意防振、防潮,严禁在自行车货架上带仪器。

仪器应存放在通风、干燥、常温的室内。仪器柜不得靠近火炉或暖气管。

7. 测量仪器的检验与校正包括哪些内容?

水准仪和经纬仪应根据使用情况,每隔2~3个月对主要轴线关系,进行检验和校正。仪器检验和校正应选在无风、无振动干扰环境中进行。各项检验、校正,须按规定的程序进行。每项校正,一般均需反复几次才能完成。拨动校正螺丝前,应先辨清其松紧方向。拨动时,用力要轻、稳,螺旋应松紧适度。每项校正完毕,校正螺丝应处于旋紧状态。

各类仪器如发生故障,切不可乱拆乱卸,应送专业修理部门修理。

8. 如何正确使用光电仪器?

使用电磁波测距仪或激光准直仪时,一定要注意电源的类型(交流或直流)和电压与光电设备的额定电源是否一致。有极性要求的插头和插座一定要正确接线,不得颠倒。使用干电池的电器设备,正负极不能装反;新旧电池不要混合使用;设备长期不用,要把电池取出。

使用仪器前,先要熟悉仪器的性能及操作方法,并对仪器各主要部件进行必要的检验和校正。使用激光仪器时,要有30~60min的预热时间。激光对人眼有害,故不可直视光源。使用电磁波测距仪时,严禁将镜头对准太阳或其他强光源;观测量,视场内只能有一个反光棱镜,避免视线两侧及反光棱镜后方有其他光源和反射体,更要尽量避免逆光观测。在阳光下或小雨天气作业时均要打伞遮挡,以防阳光射入接收物镜而烧坏光敏二极管,或防止雨水淋湿仪器造成短路。迁站或运输时,要切断电源并防止振动。

9. 如何正确使用钢尺?

钢尺性脆易折,使用时要严禁人踩、车碾,遇有扭结打环,应解开后再拉尺,收尺时不得逆转。钢尺受潮易锈,遇水后要用布擦净;较长时间存放时,要涂机油或凡士林油。在施工现场使用时,要特别注意防止触电、伤尺、伤人。钢尺尺面刻度和注记易受磨损和锈蚀,量距时要尽量避免拖地而行。

10. 如何正确使用水准尺与标杆?

水准尺与标杆在施测时均应由测工认真扶好,使其竖直,切不可将尺自立或靠立。塔尺抽出时,要检查接口是否准确。水准尺与标杆一般均为木制或铝制,使用及存放时均应注意防水、防潮和防变形,尺面刻划与漆皮应精心保护,以保持其鲜明、清晰。

11. 施工测量前的准备工作包括哪些?

充分做好测量前的准备工作,不仅能使开工前测量工作顺利进行,而且对整个施工过程中的测量工作都有重要影响。因此有关领导和测量放线工作人员都应重视和全面做好施工测量前的准备工作,为整个工程施工测量能顺利进行打好基础。准备工作的主要内容有以下几个方面:

(1)了解工程总体布局、定位与标高情况

通过对总平面图和设计说明的学习以及设计交底,了解工程总体布局、工程特点和设计意图。首先应了解工程所在地区的红线桩位置及坐标、周围环境及与原有建筑物的关系、现场地形及拆迁情况(尤其是地下建筑物和地下管线等);其次应了解建筑物的总体布局、朝向、定位依据、定位条件及建筑物主要轴线的间距及夹角;再次应了解水准点位置及标高、建筑物首层室内地坪±0.000的绝对标高(尤其是几种不同标高的±0.000时)、整个场地的竖向布置(标高、坡度等),绿化及道路,地上地下管线的安排等。其中应特别注意以下问题:

1)工程总体布局和拆迁情况

先从设计总平面图上了解现场的原地貌、地物情况;新建建筑物的总体布局、道路及管线的安排。查核场地内需要保留的原有建筑物和名贵树木与新建建筑物的位置是否准确;需要拆迁和需要保留的原有地下管线的种类、数目是否齐全,位置是否准确。为了准确地核实上述情况,还应从建设单位或城市规划部门取得施工现场的现状大比例尺地形图,并根据设计的条件将新建建筑物绘制到地形图上,以便能更详细、准确地了解现场地上和地下情况。无论是从总图上还是从地形图上了解到的资料,都需要到现场进行实地考察核对或补测,尤其是对名贵树木的树冠和根系范围以及各种地下管线和检查井的情况要进行核对,这样便于施工时采取必要的措施,以保证设计定位符合实地情况和测量定位的顺利进行。

2)建筑物的平面定位情况

定位依据一般有两种:一种是根据附近原有建筑物或构筑物定位;另一种是根据城市规划部门测定的道路中心线、规划红线或场地平面控制网(建筑方格图)定位。如以原有建筑物或构筑物为定位依据,则必须是四廓(或中心线)规整的永久性建(构)筑物。此外,定位依据点的具体位置,也必须是明确的(如墙面、勒角、台阶、……)。必要时应由建设单位和设计单位共同在现场用红白漆标出,以防出现差错。如以规划红线或场地平面控制网为定位依据,则必须经校测无误后,方可使用。

定位条件应以给定的定位依据为准,能惟一确定建筑物的几何条件,最基本的是能确定建筑物的一个点位和一个边的方向。若其中缺少一个条件,则无法定位。若在一个点和一个边的方向定位条件之外,还有其他给定条件,则会出现定位中的矛盾情况。

3)建筑物的标高定位情况

定位依据常用的有两种:一种是根据附近原有建(构)筑物或道路、广场的某一指定部位为准,用相对标高定位;另一种是根据设计部门给定的水准点或导线点的已知标高,用绝对标高定位。如以原有建(构)筑物为标高依据时,则所指定的部位必须明确,点位必须稳定,必要时应由建设单位和设计单位共同在现场用红白漆标出,防止有误,如以给定的水准点或导线点为依据时,则至少要给两个已知点,在校测高差正确后,方可使用。

场地和建筑物的 ±0.000 设计标高是否合理的审定,场地的坡度、排水方向和设计标高是否合理,应从是否符合城市规划部门对该地区竖向总体规划的要求以及场地排水方向和出口是否合理可行来审定;另外,土方是否平衡、工程费用是否合理等亦需进行审定;建筑物的 ±0.000 的设计标高是否合理,应从附近建筑物 ±0.000的标高、道路和广场的标高是否对应、建筑物排水的出水口标高与附近排水管道标高是否衔接以及建筑物室内的 ±0.000 标高与室外场地的设计标高是否适应等方面审定。

(2)学习和校核图纸

学习建筑施工图,全面了解建筑物的平、立、剖面的形状,尺寸、构造。它是整个施工过程放线的依据。在学习中,要特别注意轴线尺寸、各层标高和总图中有关部分是否对应。

学习结构施工图,这是结构施工测量的主要依据。要着重掌握:轴线尺寸、层高、结构尺寸(如墙宽、柱断面、梁断面和跨度、楼板厚等)等。在看图中,要以轴线为准,对比基础、非标准层及标准层之间的轴线关系,还要注意对照建筑图查看两者相关联的部位轴线、尺寸、标高是否对应,构造是否合理。对于设备图要结合土建图一并对照学习,要注意某些设备安装要求,其精度直接受控于结构工程,或结构设置预埋件、预留孔洞等。

在学习图纸的过程中,要对图上全部尺寸进行核对。当各单张图纸校核无误后,对于总平面图要以轴线图为准核对基础、非标准层、标准层的有关尺寸、标高是否对应等。对于测量放线人员还要着重对总平面图和各单幢建筑的四周边界轴线尺寸是否交圈进行核算。

(3)了解施工部署,制定测量放线方案。

12. 如何了解施工部署,制定施工测量放线方案?

(1)了解施工部署

一般应从施工组织设计(或施工方案)中对施工流水段的划分、开工次序、进度安排和施工现场暂设工程布置等方面进行全面了解。

1)暂设工程的布置,直接关系到整个场地测量平面和标高控制网的布设及点位的长期保留。因此,在现场施工总平面图布置时,要与各方面协调一致,选好点位,防止事后互相干扰,以保证控制网中主要点位能长期、稳定的保留。

2)根据施工流水段的划分与工程进度安排,明确测量放线的先后次序、时间要求以及测量放线人员的安排。

(2)制定测量放线方案

根据设计要求和施工部署,制定切实可行的测量放线方案。它是保证测量放线工作顺利进行的重要措施。测量放线方案应包括以下主要内容:

1)工程概况。包括场地面积与工程位置:建筑面积、层数与高度;平面与立面的特点;结构类型与施工方案要点等。

2)对测量放线的基本要求。包括场地与规划红线的关系、定位条件及工程对测量精度的要求。

3)场地测量准备工作。根据设计总平面图与施工现场布置总平面图,确定拆迁次序与范围,测定应保留的地下管线、地上建(构)筑物与名贵树木的树冠及根系范围,场地平整与暂设工程定位放线。

4)起始依据的校测。若起始依据是规划红线与水准点、则应校算与校测。若起始依据为原有建(构)筑物,则应与建设单位、设计单位共同在现场进行具体位置的确认,以防发生差错。

5)场地控制网的测设。根据场地情况、设计与施工的要求,按照便于控制全面又能长期保留的原则,测设场地平面控制网与标高控制网。

6)建筑物定位和基础工程测量放线。包括建筑物的定位放线与主要轴线的控制;护坡桩、桩基的定位与监测;基础开挖与±0.000以下各层施工的放线、抄平等。

7)±0.000 以上的测量放线。包括首层、非标准层与其上的各标准层的测量放线、竖向控制与标高传递等。

8)特殊工程项目的测量工作。如钢结构、玻璃幕墙、高速电梯、旋转餐厅等的安装测量以及高耸的构筑物(如水塔、烟囱等)的施工测量。

9)竣工测量与变形观测的要求与测法。

10)验线工作。要明确各分项工程在测量放线后,应由哪一级验线和验线的内容,以明确责任,保证精度,防止错误。

11)编制测量放线工作进度计划、仪器器材和记录表册需要量计划,并对测量人员的配备进行安排。测量放线方案是施工组织设计中的一部分,经领导批准后,即应按方案实施。

13. 如何校核红线桩?

由城市规划部门批准并测定的规划红线是建筑物定位的依据,它在法律上起着建设用地四周边界的作用。在使用红线前要进行校测,施工过程中要保护好其桩位,以作为建筑物定位和检查定位的依据。

(1)核算设计总平面图上各红线桩的坐标(y、x)与其边长(D)、左夹角(β)是否对应。

这项核算的基本步骤是先根据各红线桩的坐标值(y、x),按下式计算各红线边的坐标增量(Δy、Δx)(参见图 2-1):

$$\left.\begin{aligned}\Delta y_{ij} &= y_j - y_i \\ \Delta x_{ij} &= x_i - x_j\end{aligned}\right\}$$

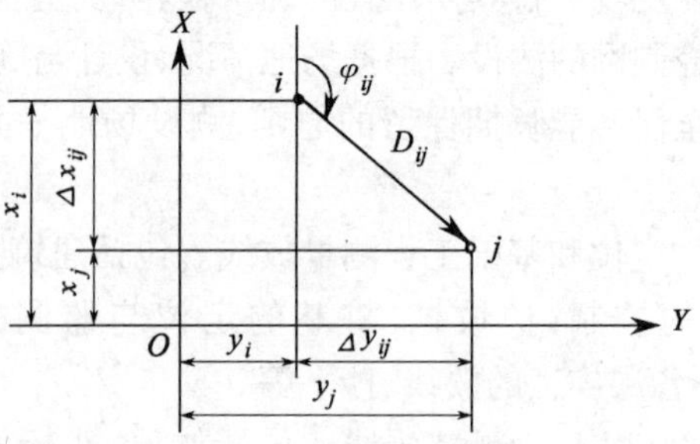

图 2-1　坐标增量图

再按下式计算红线边长(D)及其方位角(φ):

$$\left.\begin{aligned} D_{ij} &= \sqrt{(\Delta y_{ij})^2 + (\Delta x_{ij})^2} \\ \varphi_{ij} &= \arctan\frac{\Delta y_{ij}}{\Delta x_{ij}} \end{aligned}\right\}$$

根据各边方位角(φ)按下式计算各红线间的左夹角(β_i):

左夹角 β_i =(下一边的方位角 φ_{ij})-(上一边的方位角 $\varphi_{i-1,i}$)±180°

(2)校测红线桩桩位

红线桩位是城市规划勘测部门按城市测量规范要求测定的,其精度一般均较高,但常因种种原因桩位有误或被碰动。为了校测桩位,应会同建设单位一起对红线桩进行实地校测。当发现错误或误差超限时,应请建设单位妥善处理。校测的方法常有以下三种:

1)当相邻的红线桩互相通视、且能量距时,就实测各边边长及各点的左夹角,用实测值与设计的数值对比,检查桩位是否有误。

2)若相邻的红线桩间不通视时,可根据现场情况,采取间接测法。如图 2-2 所示,A、B、C、D 为红线桩,相邻各桩间不通视,但在场地中的 P 点与各点均通视且能量距,这样即可实测得∠1、∠2、∠3、∠4 的各角值和 PA、PB、PC、PD 各边长,通过对 ΔPAB、ΔPBC、ΔPCD、ΔPDA 四个三角形的解算,可间接测得各红线边长和其左夹角,用以检查各桩位是否有误。

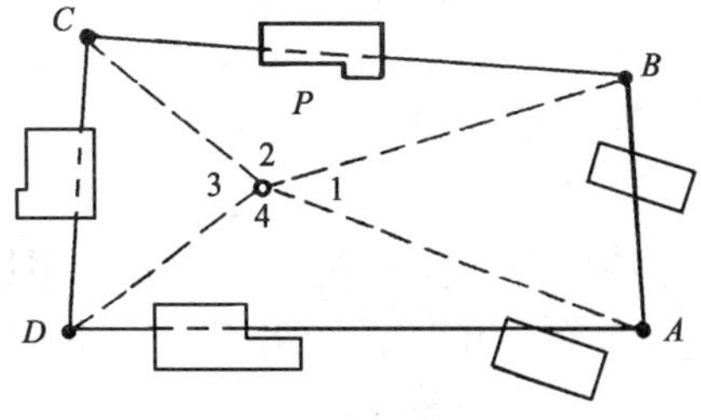

图 2-2 校测红线桩

以上两种校测方法,只能测得各红线桩之间的相对位置是否有误，若各红线桩有一致的总体位移（此种情况可能性甚少），则不易发现。为此，可采用第三种方法解决。

3）根据附近的城市测量导线点或三角点，用附合导线（或闭合导线）的形式测定红线桩的坐标值，以做校核。

14．如何校测水准点？

由设计单位给定的水准点（或标高依据点）是向现场引测标高控制点的依据。若点位有误或标高数据有误，均直接影响引测标高控制点的正确性。这样会使整个场地和建筑物降低或提高，因而造成集水或浪费挖填土方量。因此，校测所给的水准点，是保证标高原始依据正确性的基本方法，若校测中发现问题，应请建设单位妥善处理。

一般设计单位至少应提供两个水准点，这样就要用往返测法测定其高差，实测中要尽量做到前后视线等长以保证精度，若所测高差平均值与已知高差值之差小于 $\pm 5\text{mm}\sqrt{n}$ 时（n 为测站数），则可认为所给水准点及其标高正确。若设计单位只提供一个水准点（或标高依据点），则必须请设计单位负责保证其正确性。

15．水平距离、水平角和高程的测设如何控制？

建筑物的测设（或放样），实质上是把图纸上建筑物的一些特征点（如轴线交点），按照设计的位置在实地标定出来。测设的具体作法是根据已建立的控制点或已有建筑物，按照设计的要求将这些特征点的空间位置测设在地面上。因此，测设的最基本工作，就是测设已知水平距离、已知水平角和已知高程。

（1）测设已知长度的水平距离

在地面上丈量两点间的水平距离时，是先用尺子量出两点间的距离，再进行必要的改正，以求得准确的水平距离。但测设已知长度的水平距离时，其程序恰恰相反，现将其作法叙述如下：

1）一般方法

测设长度时，线段的起点和方向是已知的，在要求一般精度的情况下，可按给定的方向，根据所给定的长度值，将线段的另一端点测设出来。为了校核起见，应往返丈量测设的距离，往返丈量之差，若在限差之内，取其平均值作为最后结果。

2)精确方法

当测设精度要求较高的长度时，就要考虑尺长不准、温度变化及地面倾斜的影响，分别给予改正后，才能提高测设距离的精度。

3)用光电测距仪测设水平距离

如图 2-3，安光电测距仪于 A 点，先用视距法测设已知距离 D，得到 B 点，并标志之。用光电测距仪测出 AB 的水平距离 D'，求出 D' 与拟测设的距离 D 之差。

$$\Delta D = D - D'$$

当 ΔD 为正时，说明 AB 小于 D，使用检定过的钢尺，从 B 点沿 AB 方向，向前量 ΔD，得 C 点。若 ΔD 为负，则沿 BA 方向量 ΔD。为了检核测设的距离是否符合要求，要在 C 点安置反光镜，再实测 AC 的距离。如果 AC 与 D 之差在限差之内，则 AC 为最后的测设成果。

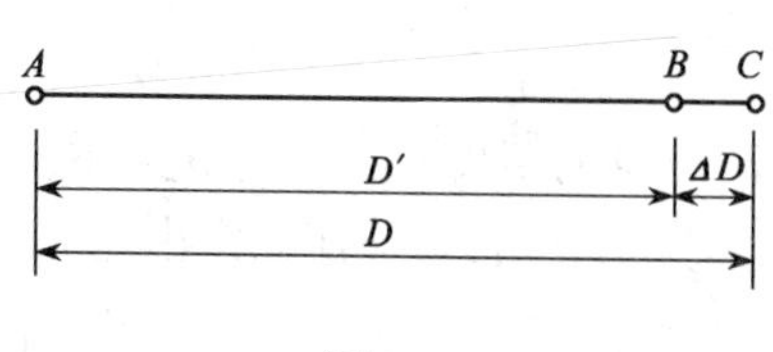

图 2-3

当距离较长，且使用自动跟踪的光电测距仪进行测设时，如图 2-3，将仪器安置在 A 点，先测出气象参数，用气象改正的公式计算出气象改正数 ΔD_1(或者用测量系数开关，自动改正)。

将反目镜安置在 C 点附近，在仪器站开动自动跟踪开关进行跟踪测量，并根据显示的斜距移动反光镜，当显示的斜距稍大于已知距离 D 时，便停止跟踪，测出竖直角 α。用测得的斜距和竖直角 α 计算倾斜改正 ΔD_2。则拟测设的倾斜距离为 $D' = D + \Delta D_1 + \Delta D_2$

根据计算出的 D' 逐步移动反光镜进行跟踪测量，直到显示距离为 D'，这时将镜站中心投到地面上，精确标定出点位 C。

(2)测设已知数据的水平角

测设水平角是根据水平角的已知数值和一个已知方向，把该角的另一个方向测设在地面上。测设方法如下：

1)一般方法

当测设水平角的精度要求不高时，可用盘左、盘右取中数的方法，如图 2-4 所示。设地面上已有 OA 方向线，从 OA 向右侧设已知 β 的水平角。为此，将经纬仪安置在 O 点，用盘左瞄准 A 点，读取度盘数值。松开水平制动螺旋，旋转照准部，使度盘读数增加 β 角值，在此视线方向上定出 C' 点。为了消除仪器误差和提高测设精度，用盘右重复上述步骤，再测设一次，得 C'' 点，取 C' 和 C'' 的中点 C，则 $\angle AOC$ 就是要测设的 β 角。此法称盘左盘右分中法。

2)精确方法

测设水平角的精度要求较高时，可采用作垂线改正的方法，以提高测设的精度。如图 2-5 所示，在 O 点安置经纬仪，先用一般方法测设 β 角，在地面上定出 C 点；再用测回法测几个测回，较精确地测得 $\angle AOC$ 为 β_1。设 β_1 比应测设的 β 角小 $\Delta\beta$，即可根据角值 $\Delta\beta$ 和 OC 的长度，计算出垂直距离：

$$CC_0 = O\mathrm{ctan}\Delta\beta$$

过 C 点作 OC 的垂线，再从 C 点沿垂线方向，向外量 CC_0，定出 C_0 点，则 $\angle AOC_0$ 就是要测设的 β 角。为检查测设是否正确，还需进行检查测量。

(3)测设已知高程

测设已知高程是根据附近的水准点，将设计的高程测设到地面上。在建筑设计和施工的过程中，为了计算方便，一般把建筑物的室内地坪假设为 ±0，而基础、门窗等高程，都是以 ±0 为依据，相对于 ±0 测设的。

当开挖较深的基槽、用竖井开拓地下建筑或安装吊车轨道时，只用水准尺已无法测定点位的高程，就必须用高程传递法，即用钢尺将地面水准点的高程传递到坑(井)底或吊车梁上所设置的临时水准点，然后再根据临时水准点测设所求各点的高程。

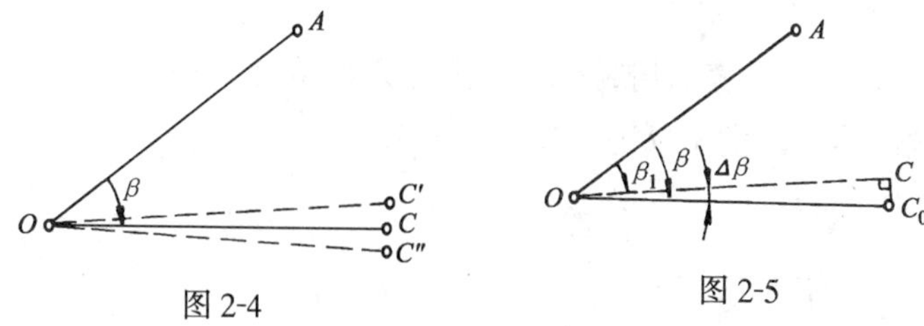

图 2-4　　图 2-5

16. 如何测设点的平面位置?

测设点的平面位置的方法很多,如直角坐标法、极坐标法、角度交会法和距离交会法等,至于选用哪种方法,可根据施工控制网的形式、控制点的分布情况、地形情况及现场条件等,进行具体分析,以选定合理的测设方法。

(1)直角坐标法

当建筑物附近已有彼此垂直的主轴线时,可采用此法。

如图 2-6 所示,OA,OB 为两条互相垂直的主轴线,建筑物的两个方向分别与 OA、OB 平行。设计总平面图中已给定某车间的四个角点 M、N、P、Q 的坐标,现以 M 点为例,介绍其测设方法。

M 点的坐标 x、y 已知,先在 O 点上安置经纬仪,瞄准 A 点,沿 OA 方向从 O 点向 A 测设距离 y 得 C 点;然后将仪器搬至 C 点,仍瞄准 A 点,向左测设 90°角,沿此方向从 C 点测设距离 x 即得 M 点,并沿此方向测设出 N 点。P、Q 两点的测设方法依此类推。最后应检查建筑物的四个角是否等于 90°,各边是否等于设计长度,误差在允许范围之内即可。

上述方法计算简单、施测方便、精度较高,是应用较广泛的一种方法。

(2)极坐标法

极坐标法是根据一个角度和一段距离测设点的平面位置。适用于测设距离较短,且便于量距的情况下。

图 2-7 所示图中 A、B 是某建筑物轴线的两个端点,附近有控

制点 1、2、3、4、5，用下列公式可计算测设数据 $\beta_1\beta_2$ 和 D_1D_2。设 α_{2A}、α_{4B}、α_{23}、α_{43}表示相应直线的坐标方位角，控制点 1、2、3、4 和轴线端点 A、B 的坐标为已知。

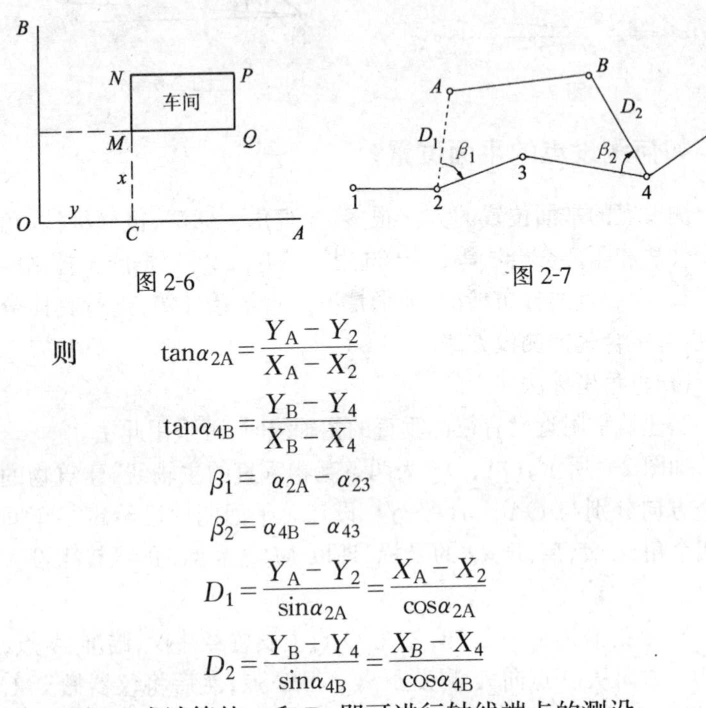

图 2-6　　图 2-7

则
$$\tan\alpha_{2A}=\frac{Y_A-Y_2}{X_A-X_2}$$
$$\tan\alpha_{4B}=\frac{Y_B-Y_4}{X_B-X_4}$$
$$\beta_1=\alpha_{2A}-\alpha_{23}$$
$$\beta_2=\alpha_{4B}-\alpha_{43}$$
$$D_1=\frac{Y_A-Y_2}{\sin\alpha_{2A}}=\frac{X_A-X_2}{\cos\alpha_{2A}}$$
$$D_2=\frac{Y_B-Y_4}{\sin\alpha_{4B}}=\frac{X_B-X_4}{\cos\alpha_{4B}}$$

根据上式计算的 β 和 D，即可进行轴线端点的测设。

测设 A 点时，在点 2 安置经纬仪，先测设出 β_1 角，在 $2A$ 方向线上用钢尺测设 D_1，即得 A 点；再搬仪器至点 4，用同法定出 B 点。最后丈量 AB 的距离，看其是否与设计的数值一致，以资检核。

(3)角度交会法

角度交会法是测设出两个已知角度的方向交出点的平面位置。在待定点离控制点较远或量距较困难的地区，常用此法。

如图 2-8，A、B 两点坐标已知，首先根据控制点 2、3、4 和 A、B 点的坐标，算出交会角 β_1、β_2、β_3 和 β_4，然后根据控制点。测设

出这些角，则相应方向的交点即为 A、B 两点的位置，为了检核，还应丈量 AB 的长度，其误差应在允许范围内。

(4)距离交会法

距离交会法是测设两段已知距离交会出点的平面位置。如建筑场地平坦，量距方便，且控制点离测设点又不超过一尺段的长度时，用此法比较适宜。在施工中细部测设多用此法。

具体做法如图 2-9 所示，设 A、B 是设计管道的两个转折点，从设计图纸上求得 A、B 距附近控制点的距离为 D_1、D_2、D_3、D_4。用钢尺分别从控制点 1、2 量取 D_1、D_2，其交点即为 A 点的位置。同法定出 B 点。为了检核，还应量 AB 长度与设计长度做比较，其误差应在允许范围之内。

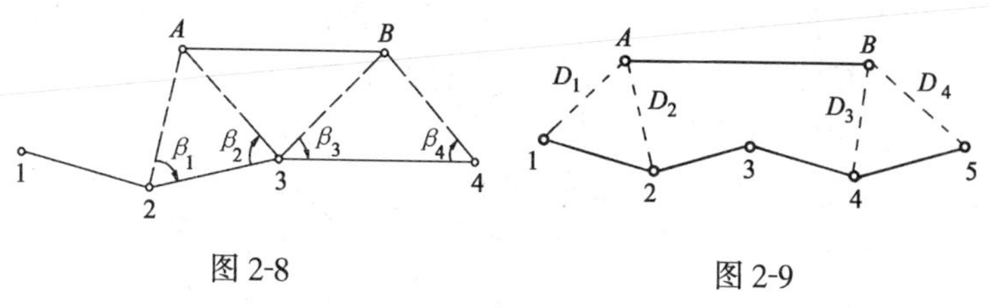

图 2-8　　图 2-9

17. 如何测定平面控制网和主轴线？

根据先整体后局部、高精度控制低精度的工作程序，准确地测定与保护好场地平面控制网和主轴线的桩位，是保证整个施工测量精度和顺利进行的基础。因此，控制网与主轴线的选择、测定及桩位的保护等项工作，应与施工方案、现场布置统一考虑确定。

(1)平面控制网的测法

为保证平面控制网的相对精度，应以设计指定的一个红线桩的点位和一条红线边的方向为准进行测设。根据场地、工期、网形及精度要求的不同，采取不同的测法，以保证施工需要及精度要求。

常用的测法是根据定位条件，在现场直接测定控制网的点位。一般是先测定控制网的中心十字主轴线，经校核后，再向四周扩展成整个场地的闭合网形，这种一步一校核的测法，首先保证了主体建筑物轴线的定位精度，也使整个施测工作简便易行。

当场地四周红线桩精度较高、场地较大时，也可根据红线桩（或城市精密导线点）先测定场地控制网的四周界，闭合校核后，再向内加密成网形。

对于图 2-10 所示只测定十字主轴线的场地，是根据 O 点坐标和周围三个红线桩的坐标，通过坐标反算，在三个红线桩上用前方交会法定出 O 点位置的。由于观测误差的影响，交会法实际是一个误差三角形。当各边均小于 10mm 时，取其重心作为 O 点点位，然后在 O 点上以设计给定的 AA 轴和 BB 轴方位定出 AA 轴和 BB 轴方向。

以上无论哪种测法，都要有整个网形的和局部的校核条件，并进行实地校测及记录误差情况与现场调整点位情况。

当控制网测定并经自检合格后，提请主管领导及有关技术部门通知甲方验线，在收到验线合格通知后，方可正式使用，并采取切实措施保护好桩位。

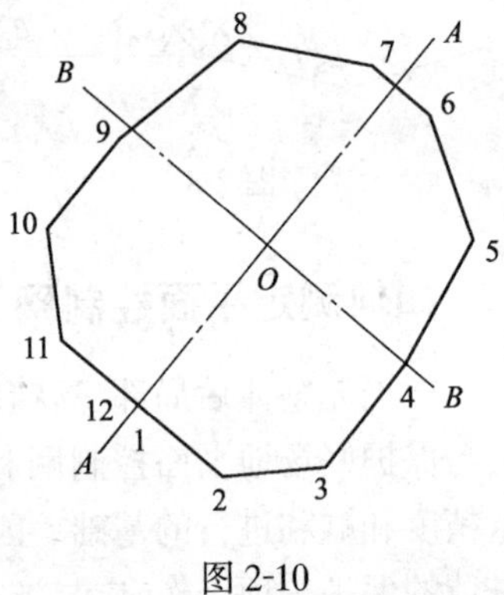

图 2-10

(2)主轴线的测法

对于不便于组成闭合网形的场地，可只测定十字（或廿字）主轴线或平行于建筑物的折线形的主轴线，但在测设中要有严格的测设校核。图 2-10 为某文化交流中心的十字主轴线控制图。AA 轴为对称轴，BB 轴垂直 AA 轴。定位条件是已知 O 点坐标及 AA 轴方位。

18. 如何控制平面控制网的精度？

丈量距离的精度应高于 1/10000（即 50m 时，误差应小于 ±5mm），测水平角或延长直线方向的误差应小于 ±20″。为能达到精度要求，量距时应使用经过尺长检定的钢尺，用弹簧秤控制拉力精确到 ± 5N(± 0.5kgf)，要尽量测出钢尺尺身温度精确到 ± 1℃，丈量结果要加尺长及温度改正。丈量时要尽量使尺身水平，否则应加倾斜改正，用铅笔线标志尺段长，在前、后测手配合默契的条件下，读数应至 mm。要往返丈量，相对精度应高于 1/20000。测水平角或延长直线应使用经过检校的有光学对中设备的六秒级(J_6)经纬仪。照准目标要用铅笔直立在标志的小钉中心，用正倒镜测回法观测，取其平均值。要按规定格式做好现场记录。

19. 如何做好标高控制网的测定和标高的传递？

(1)标高控制网的测定

由整个场地各幢号水准点或 ± 0.000 水平线构成的场地标高控制网，应根据设计指定的已知标高的水准点(或导线点)引测到场地内，联测各幢号水准点或 ± 0.000 水平线后。到另一指定的水准点做附合校对。闭合差应小于 $\pm 5\text{mm}\sqrt{n}$(n 为测站数)或 $\pm 20\text{mm}\sqrt{L}$(L 为测线长度，以 km 为单位)，闭合差合格后，应按测站数成正比例地分配。如果场地附近设计方面只给出一个已知标高的水准点时(应尽量避免这种情况)，应用往返测法或闭合测法进行校核。

实测时应使用精度不低于 S_3 型的水准仪，视线长度不大于 70m，且要注意前后视线等长，镜位与转点均要稳定，使用塔尺时，要尽量不抽第二节。有条件时可用两次镜位法按“后—前—前—后”次序观测，转点间两次镜位测得高差之差小于 ± 5mm 时取其平均值。

整个场地内各水准点标高和 ± 0.000 水平线标高经自检及有关技术部门和甲方检测合格后，方可正式使用。

各水准点和 ± 0.000 水平线也应妥善保护，并应每季度复测一次，以保证标高的正确性。

(2)标高的传递

在高层建筑施工中，由于各种预制构件和高级安装工程的需要,对标高传递的精度要求不断提高,如规范中对高层装配式框架结构各层标高允许误差为 ± 5mm,总高累计允许偏差为 ± 30mm。

高层建筑的基础一般均较深,有时又不同在一标高上,为控制基础和 ± 0.000 以下各层的标高,在基础开挖过程中,应在基坑四周的护坡钢板桩或混凝土桩(选其侧面竖直且规正者)上各涂一条宽 10cm 的竖向白漆带。用水准仪根据统一的 ± 0.000 水平线,测出各白漆带上顶的标高,然后用钢尺在白漆带上量出 ± 0.000 以下的各负(-)整米数的水平线;最后将水准仪安置在基坑内,校测四周护坡桩上各白漆带底部同一标高的水平线,当误差在 ± 3mm 以内时认为合格。在施测基础标高时,应后视二条白漆带上的水平线进行校核。

± 0.000 以上的标高传递,主要是沿结构外墙、边柱或电梯间等向上竖直进行,一般高层结构至少要由三处向上传递标高,以便于各层使用和相互校核。测法是先用水准仪根据统一的 ± 0.000 水平线,在各向上传递处准确地测出相同的起始标高线;然后用钢尺沿竖直方向、向上量至施工层,并画出正(+)米线的水平线,各层的标高线均应由各处的起始标高线向上直接量取,高差超过一整钢尺长时,应在该层精确测定第二条起始标高线,作为再向上传递的依据;最后将水准仪安置到施工层,校测由下面传递上来的各水平线,误差应在 ± 3mm 以内,在各层抄平时,应后视二条水平线进行校核。

20. 建筑物的定位放线包括哪些内容?

主要是按照设计定位条件根据场地平面控制网或主轴线测定,一般在测定建筑物四廓和各细部轴线位置时,首先测定建筑物各大角的轴线控制桩,即在建筑物基坑外 1~10m 外,测定与建筑物四廓平行的建筑物控制桩(俗称保险桩),作为建筑物定位和基坑开挖后建筑物基础放线的依据。如挖土前不可能做这步工作时,则应在基坑开挖后,有条件时尽早做好这项工作,这是决定建筑物具体定位的基本依据。因此,要采取可靠措施保护好这些控制桩位,尤其是直接控制高层竖直方向的轴线控制桩,应精确地延长到等于建筑物总高度之外。建筑物控制网的精度应与场地平面控制网的精度一致。

建筑物四廓和各细部轴线测定后,即可根据基础图撒好灰线,在经自检合格后,提请有关技术部门和甲方验线,这是保证建筑物定位正确性的有效措施。沿红线兴建的建筑物放线后,还要由城建规划部门验线,以防新建建筑物压线或超红线。

21. 测定点位的基本方法有哪些?

(1)直角坐标法

如图 2-11 所示,Ⅰ Ⅱ Ⅲ Ⅳ 为矩形控制网。如测定建筑物 $ABCD$,应选择距建筑物最近的控制点Ⅰ和最近的控制边Ⅰ Ⅱ开始,先在Ⅰ Ⅱ边上量 y_A、y_B 定出 A'、B';然后在 A'、B' 上安置经纬仪后视Ⅰ点转 90°(用正倒镜各测设一次后,取其分中),在视线上量 x_A 和建筑物宽度($AC = BD$)定出 A、C 与 B、D,为了校测 A、B 两点位置,应实测ⅠA 与ⅡB 间距,为了校测建筑物本身的尺寸和形状,应实量 AB 与 CD 要等于建筑长度,和实测对角线 AD 与 BC 要相等(或实测∠C、∠D 应为 90°)。

实测时,不应先在Ⅰ Ⅲ边上定 A''、C'',再由 A''、C''定出 A、B 与 C、D,因经纬仪在 A''、C''点上后视Ⅰ点时,后视边短于前视边,因之,测设出的 A、C 点位误差较大,而测设 B、D 点位时的误差就更大。由此得出:在测设角度或延长直线中,一般均不应以短边为准,测设长边,即后视边(已知边)要长,前视边(欲求边)要短,至多两者相等。

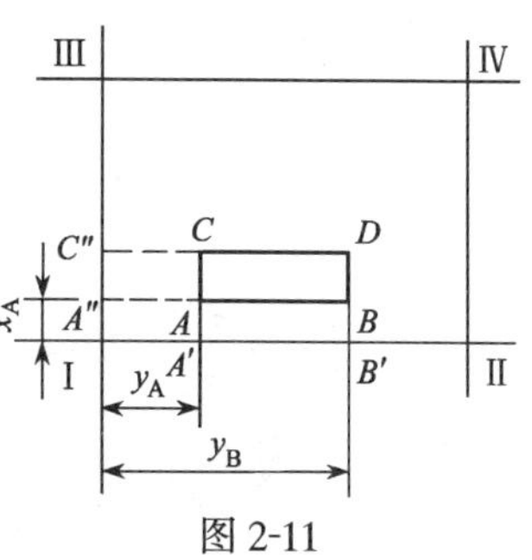

图 2-11

直角坐标法测定点位,方便简明,计算工作少,适用于一般矩形布置的场地，是目前最常用的测法。但此法安置一次经纬仪只能测定 90°方向上的点位，故效率较低，且不适于非矩形建筑。

(2)极坐标法

如图 2-12 所示，OA 为主轴线。为测定多边形建筑物的各角点 1、2…11，将经纬仪安置在 O 点上，以 OA 为轴后视方向(0°00′00″)，由 O 点量长度 D_0，定出 A_0 点。随后顺时设角度 ϕ11、量长度 D_{11}，定出 11 点，并实量 A_0～11间距，进行核测。其余各点依此类推，最后定出 2 点，实量 3～2 与2～A_0 间距，进行校测，并检查 OA 方向是否仍为 0°00′00″。

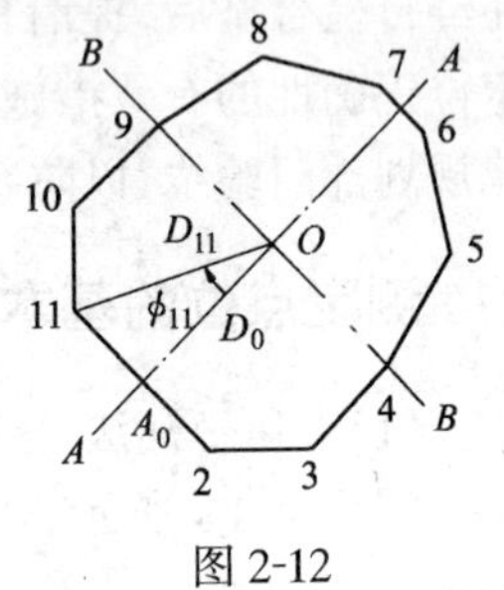

图 2-12

又如图 2-13 为风车形平面的高层住宅楼，用极坐标法放线。先将各角点的直角坐标(y、x)按坐标反算公式换算成极坐标(D、ϕ)，如表 2-1，然后在 O 点安置经纬仪，以 Ox 为后视方向(0°00′00″)，按表 2-1 中各点极坐标值依次测定各点，并实量各点间距进行校测。由于图形对 O 点对称，故测定一点后，可纵转远镜，在其延长线上量同样长度而定出其对称的点位，以提高工效。

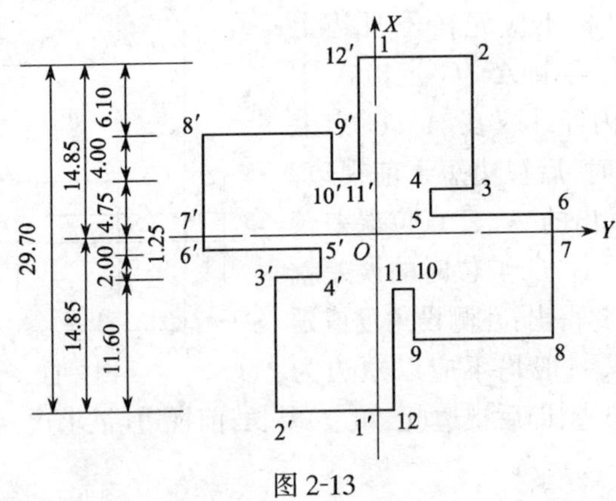

图 2-13

表 2-1

点	直角坐标		极坐标		间距
	y	x	ϕ	D	
O	0.000	0.000	° ′ ″		14.850
1	0.000	14.850	0 00 00	14.850	8.750
2	8.750	14.850	30 30 28	17.236	11.600
3	8.750	3.250	69 37 25	9.334	4.000
4	4.750	3.250	55 37 11	5.755	2.000
5	4.750	1.250	75 15 23	4.912	10.100
6	14.850	1.250	85 11 18	14.903	1.250
7	14.850	0.000	90 00 00	14.850	

图 2-14 是从圆周上的 A 点和以切线为准，测定圆周上每隔 22°30′的等分点 1、2……。表 2-2 是各点的极坐标值与间距。测法同前。

表 2-2

点	极坐标		间距
	ϕ	D	
A	0°00′	0.000	5.853
1	11°15′	5.853	5.853
2	22°30′	11.481	5.853
3	33°45′	16.667	5.853
4	45°00′	21.213	

由以上两例可看出，如果建筑物为任意曲线形平面，只要能计算出曲线上各点的极坐标值，就可用此法放线。而且各点定位误差独立、互不影响，又每定一点位可用间距校测，故此法效率高，精度均匀。只要场地平坦，通视条件好，就可将此法同于各种形状的建筑物放线，虽然计算工作量较多，但这在有计算器的条件下已不是什么重要因素。因此，极坐标测定点位的方法正被广泛应用和推广。

(3)方向线交会法

如图 2-15 所示，根据矩形控制网Ⅰ Ⅱ Ⅲ Ⅳ测定 P 点。先在控制网上定出 1、1′点与 2、2′点，然后用两架经纬仪分别在 1、2 点上后视 1′、2′点，在两视线交点处定出 P 点，此法对 P 点在基坑内定位，最为适用。

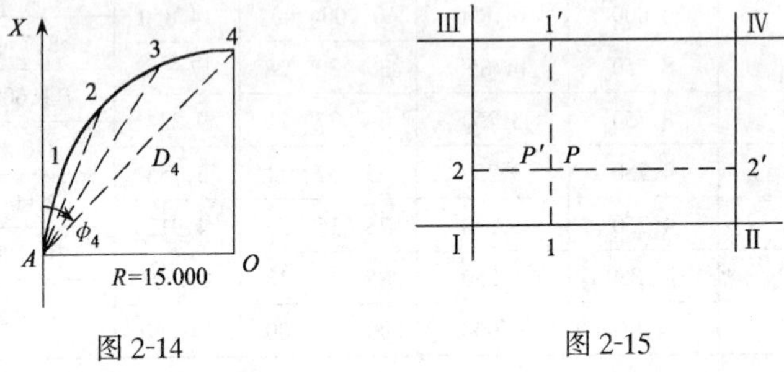

图 2-14　　　　图 2-15

(4)正倒镜挑直线与测方交会法

如图 2-15 所示，此法在基坑内仅用一架经纬仪，根据 1、1′点与 2、2′点测定 P 点位置。先估计 P 点点位安置经纬仪，用正倒镜法逐步将经纬仪安置到 22′直线上的 P' 点；然后实测∠1′P'2 与 90°的差值和 P'1′的距离，计算 $P'P$，再得经纬仪移到 P 点；最后校测四个 90°，当误差在允许范围内，即可确定 P 点点位。如果熟练掌握此法，无论在速度上或精度上，均比上法效果好。此法最适合大型基坑内的定位工作，尤其是在 1、1′、2、2′各点处均设置有准确而显明的标志时，效果更好。

(5)角度交会法

如图 1-16 所示，为了测定 P 点，如距离较长，地面不平，不便量距时，可用此法，先根据 P 与Ⅰ、Ⅱ、Ⅲ各点坐标，按坐标反算公式反算出角度 θ_1、θ_2 及 θ_3，然后用经纬仪在实地分别测定，并用铅笔在木桩顶标出方向线。当三条方向线所交出的“示误三角形”的各边长均小于 10mm 时，取其重心作为 P 点点位。

(6)距离交会法

如图 2-16 所示，为了测定 P 点，如各距离短于钢尺尺长，且地面平坦时，可用此法。先根据各点坐标反算出各点至 P 点距离

D_1、D_2 及 D_3，然后在现场用钢尺画弧交会，当三条弧线所交“示误三角形”的各边长均小于 10mm 时，取其重心作为 P 点点位。

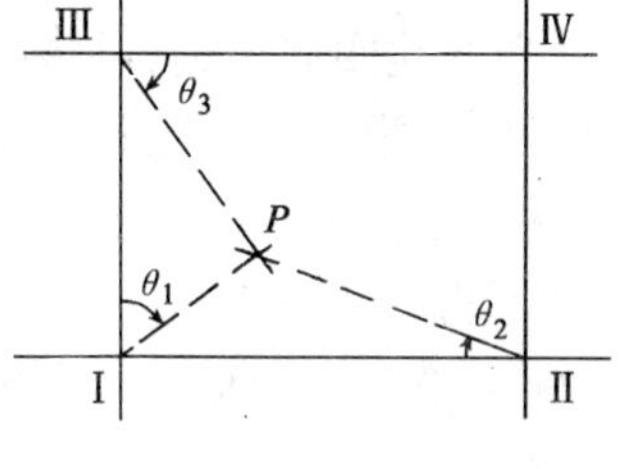

图 2-16

在施工中常遇到圆弧形车道的测设工作，如图 2-14 所示，也可用此法测定。当图中 A 点与 4 点已定后，为了测定 1、2、3 各点，可分别由 A、4 点量 5.853m、16.667m 相交，定出 1 点；同样量 11.481m 相交，定出 2 点；再量 16.667m、5.853m 相交，定出 3 点。

22. 如何做好建筑物的基础放线？

当基础垫层浇筑后，在垫层上测定建筑物各轴线、边界线、墙宽线和柱位线等，称基础放线（俗称撂底）。这是具体决定建筑物位置的关键环节，施测中也要保证精度，严防出现错误。

(1)轴线控制桩的检测

根据建筑物矩形控制网的四角桩，检测各轴线控制桩位确实没有碰动和位移后方可使用。当建筑物轴线比较复杂，如 60°柱网或任意角度的柱网，或测量放线使用平行借线时，都要特别注意防止用错轴线控制桩。

(2)四大角和主轴线的投测

根据基槽边上的轴线控制桩，用经纬仪向基础垫层上投测建筑物四大角、四廓轴线和主轴线，经闭合校核后，再详细放出细部轴线。

(3)基础细部线位的测定

根据基础图以各轴线为准，用墨线弹出基础施工中所需要的中线、边界线、墙宽线、桩位线、集水坑线等。

23. 如何用经纬仪竖向投测法做好高层建筑的竖向投测？

由于仪器设备、场地情况不同，按照安置仪器的不同位置又分为以下三种投测方法：

(1)延长轴线法

当场地四周宽阔，可将高层建筑四廓轴线延长到建筑物的高度以外，或附近的多层建筑物顶面上时，可在轴线的延长线上安置经纬仪，以首层轴线为准，依次向上投测。如图 2-17 所示，C''、C'及C'_1，为 CC_1 轴线上的延长桩位。施测时将经纬仪安置在各桩上，向上投测。如某饭店主楼，某电视台主楼(27 层 112m 高)，均用此法。

如图 2-17 所示，经纬仪先在 C'_1 上投测出 $C_{1中}$后，在 $C_{1中}$点将轴线延长投测到 C''_1，再在 C''_1 上安置经纬仪，仍以 C_1 为准向上投测 $C_{1上}$点时，由于 C''_1 不在轴线方向的点位误差，对向上投测的影响很小，可以略而不计，而经纬仪在 C''_1 点上后视 C_1、前视 $C_{1上}$的视线长度均短于 $C''C_{上}$，故其结果比经纬仪在 C''点上投测的误差要小。如果经纬仪在 C''_1 点上是后视 $C_{1中}$点，再向上投测 $C_{1上}$，则误差将会增大。

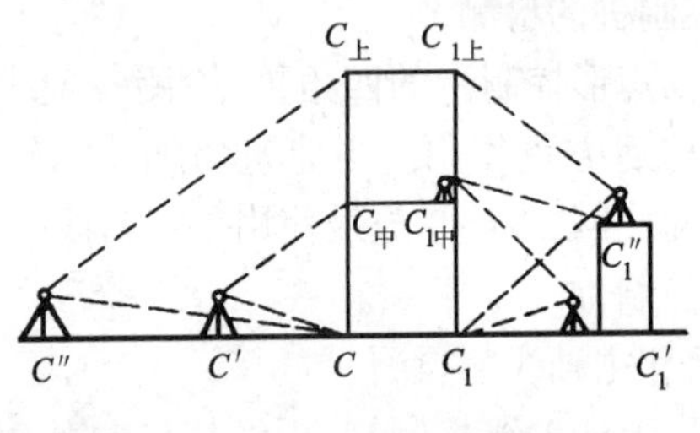

图 2-17

(2)侧向借线法

当场地四周窄小，高层建筑四廓轴线无法延长时，可将轴线向建筑物外侧平行移出(即俗称借线)。移出的尺寸应视外脚手架的情况而定，尽量不超过 2m，如图 2-18 所示，下面为平面图，上面为侧面图，A、B、C、D 为借线的四个交点，用以向上传递轴线和控制竖向偏差。当经纬仪仰角超过限度时，可在该施工层的四角用钢脚手架支出四个操作平台(要安全、稳定、并分两层：上层安置经纬仪,下层设置护栏、观测人员站在其内),用正倒镜法将底层的A、B、C、D引测到平台上为A_1、B_1、C_1、D_1。再将经纬仪安置到平台上。以底层的各点为后视向上投测,并指挥施工面上的测量人员垂直于视线横向移动水平尺,以视线为准向内量测出借线尺寸,便可在楼板上定出轴线位置。此法只要操作平台稳定,经纬仪向上移动不超过两次,精度是可以满足上述要求的。

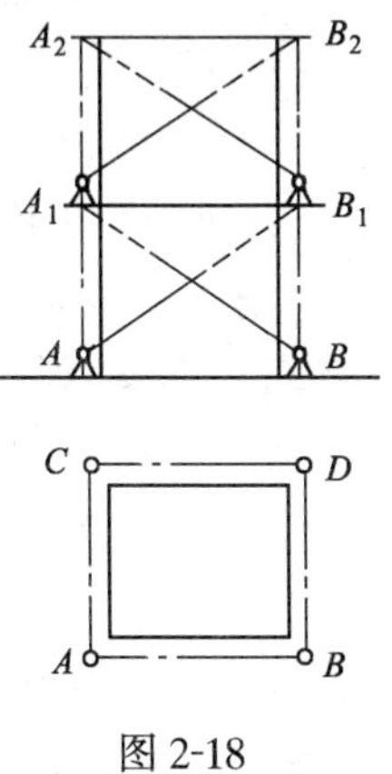

图 2-18

(3)正倒镜挑直法

将经纬仪安置在施工层上进行轴线投测。如图 2-19 所示的高层建筑平面图(下)和侧面图(上),为了向上投测A轴,先在施工层面上估计A_1点的向上投测的点位如$A'_{1上}$,在其上安置经纬仪后视A'_1,用正倒镜延长直线取分中,定出$A'_{8上}$,然后移仪器到$A'_{8上}$,仍用正倒镜延长直线取分中,定出A''_8,实量出A'_8、A''_8间距后,根据相似三角形对应边成正比的原理,用下式计算两次镜位偏离Ⓐ轴的垂距:

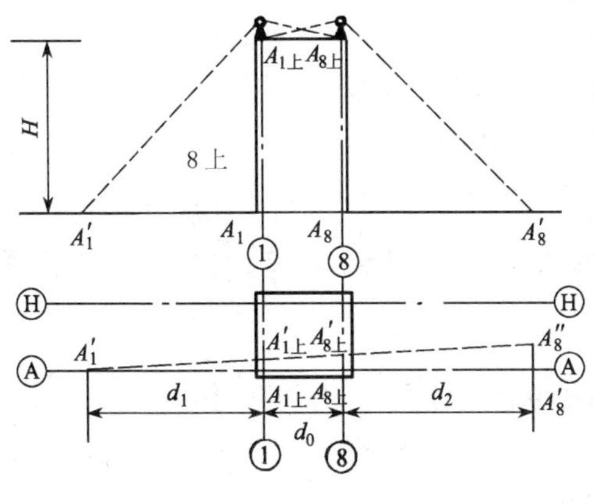

图 2-19

$$A'_{1上}A_{1上} = A'_8A''_8 \cdot \frac{d_1}{d_1 + d_0 + d_2} \tag{1-1}$$

$$A'_{8上}A_{8上} = A'_8A''_8 \cdot \frac{d_1 + d_0}{d_1 + d_0 + d_2} \tag{1-2}$$

上述垂距算出后，即可在施工层上由 $A'_{1上}$、$A'_{8上}$定出Ⓐ轴上的方向点 $A_{1上}$、$A_{8上}$。最后将经纬仪再依次安置在 $A_{8上}$及$A_{1上}$点上，仍用正倒镜延长直线法检测 A'_8、$A_{8上}$、$A_{1上}$及 A'_1 四点应同在一直线上。如果在 A'_1 点出现误差，按式(1-1)、(1-2)取 $A_{1上}$、$A_{8上}$二次点位的分中位置，作为最后结果。此法精度比前两法均高。

在施测中，当用 1、2 法投测轴线时，应每隔 5 层或 10 层用 3 法校测一次，以提高精度，减少竖向偏差的累积。又无论采取哪一种测法，为保证精度，均应注意以下几点：

1)轴线的延长桩点要准确，标志要明显，应妥善保护好。向上投测轴线时，应尽量以首层轴线位置为准，避免逐层上投误差的累积。

2)尽量选用远镜放大倍数为 $V \geqslant 25$，水平度盘水准管分划值为 $\tau \leqslant 30''$，并有光学投点器的经纬仪(J_6 级既可)，目镜最好配有 90°折光棱镜或 90″弯管目镜。

3)测前要对经纬仪的轴线关系进行严格的检校。观测时要精确定水平度盘水准管，以减少竖轴不铅直的误差，并坚持采取正倒镜观测取分中的投测方法。

4)尽量选在阴天或清晨无风的气候下投测。

24. 如何用铅直线法做好高层建筑的竖向投测的偏差控制？

用线坠或其他仪器给出的铅直线作为控制高层建筑竖向偏差的依据。通常有以下四种测法。

(1)吊线坠法

一般 50～100m 的高层建筑施工中，可用 10～20kg 的特制线坠及直径 0.5～0.8mm 的钢丝悬吊。以 ±0.000 首层地面上靠近高层结构四周的轴线点为准,逐层向上悬吊引测轴线和控制结构的竖向偏差。如北京某饭店主楼就是采用吊线坠法作为竖向偏差的检测方法。图 2-20 为饭店主楼首层平面图,在距中心线③轴和Ⓒ轴两侧各 9.750m、距边梁 0.300m 处的 1、2…、8 点,精确地测出标志,作为向上引测的依据,以后每层楼板在此相应位置处均预留孔洞,用 15kg 的线坠、直径 1mm 的钢丝向上引测轴线。为了减少风吹的影响,在首层使用风档,人在其中用步话机指挥上层移动钢丝进行对点、引测。为了检查轴线竖向精度,每隔五层(13.500m)与用经纬仪投测的轴线相比较,最大差值仅为 4mm,说明此法精度较高。某电视主楼也是采用此法检测,效果良好。在用此法施测中,如果用铅直的塑料管套着线坠线,并采用专用观测设备,结果精度还能提高。

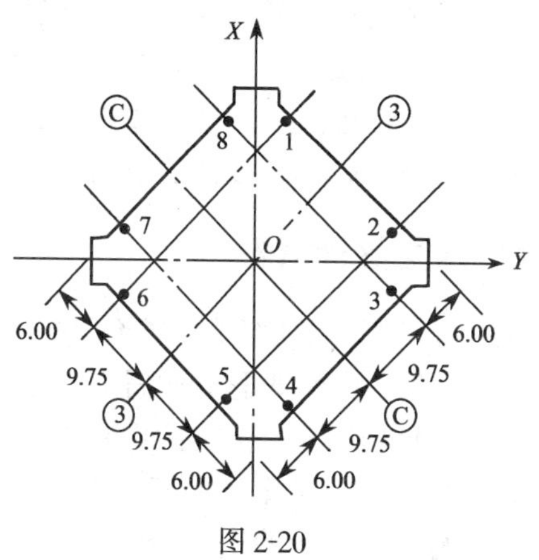

图 2-20

(2)激光铅直仪法

随着高层建筑、高烟囱、高塔架等的总高度不断增高,可以采用激光铅直仪。它能保证精度,操作简便,并能自动控制竖直偏差,在 100～200 多米的高烟囱和 320m 高的塔架施工中都取得了良好结果。深圳国际贸易中心主楼 50 层 160m 高,采用内外筒整体滑模施工工艺，用4台激光铅直仪控制扭扁，不但保证了竖直偏差精度，还为高速优质的滑模施工创造了条件。

(3)经纬仪天顶法

在经纬仪目镜处装上90°弯管目镜后，将远镜物镜指向天顶方向，由弯管目镜观测。当将仪器水平转动一周时，如视线永指在一点上，则说明视线方向正处于铅直，用以向上传递轴线和控制竖向偏差。

(4)经纬仪天底法

上海第三光学仪器厂研制的 DJ_6—C_6 垂准经纬仪。它配有90°弯管目镜，即能使远镜仰视向上指向天顶，又能使远镜俯视向下，使视线通过直径20mm的空心竖轴指向天底，一测回垂准观测中误差不大于±6″，即100m高度上平面误差为±3mm。

使用此法施测，要以首层轴线为准，在各层相应处预留测孔(直径100mm或借用竖向通风管道孔)，将仪器安置在施工层使远镜俯视向下，由90°弯管目镜观测。当将仪器水平转动一周时，如视线永指在一点上，则说明视线方向正处于铅直，用以将首层轴线引测到施工层。使用此法仪器安全，操作简便，节省人力，精度可靠。

25．变形观测的意义是什么？

建筑物从施工准备起，到全部工程竣工后的一段时间内，应按施工与设计的要求，进行沉降、位移和倾斜等变形观测。一般分两部分，一部分是观测建筑物施工造成邻近建(构)筑物和护坡桩的变形以及日照等对建筑物施工影响的变形，以保证安全和正确指导施工。这是直接为施工服务的变形观测；另一部分是在整个施工过程中和竣工后，观测建筑物各部位的变形，以检查施工质量和工程设计的正确性，并为有关地基基础与结构设计反馈信息。前部分是由施工部门担任，后部分观测一般多由勘测专业部门担任。

26．变形观测及基本措施具备哪些特点？

(1)精度要求高

为了能准确地反映出建(构)筑物的变形情况,一般规定测量的误差应小于变形量的$\frac{1}{20}\sim\frac{1}{10}$。为此,变形观测中应使用精密水准仪($S_1$、$S_{05}$)、精密经纬仪($J_2$、$J_1$)和精密的测量方法。

(2)观测时间性强

各项变形观测的首次观测时间必须按时进行,否则得不到原始数据,而使整个观测失去意义。其他各阶段的复测,也必须根据工程进展定时进行,不得漏测或补测,这样才能得到准确的变形量及其变化情况。

(3)观测成果要可靠、资料要完整

这是进行变形分析的需要,否则得不到符合实际的结果。基本措施:

1)一稳定

一稳定是指变形观测依据的基准点、工作基点和被观测物上的变形观测点,其点位要稳定。基准点是变形观测的基本依据,每项工程至少要有 3 个稳固可靠的基准点,并每半年复测一次;工作基点是观测中直接使用的依据点,要选在距观测点较近但比较稳定的地方。对通视条件较好或观测项目较少的高层建筑,可不设工作基点,而直接依据基准点观测。变形观测点应设在被观测物上最能反映变形特征,且便于观测的位置。

2)四固定

四固定是指所用仪器、设备要固定;观测人员要固定;观测的条件、环境基本相同;观测的路线、镜位、程序和方法要固定。

27. 如何做好沉降观测?

(1)施工对邻近建(构)筑物影响的观测

打桩(包括护坡桩)和采用井点降低水位等,均会使邻近建(构)筑物产生不均匀的沉降、裂缝和位移等变形。为此,在打桩前,除在打桩、井点降水影响范围以外设基准点,还要根据设计要求,对距基坑一定范围的建(构)筑物上设置沉降观测点,并精确地测出其原始标高。以后根据施工进展,及时进行复测,以便针对变形情况,采取安全防护措施。

(2)施工塔吊基座的沉降观测

高层建筑施工使用的塔吊,吨位和臂长均较大。塔吊基座虽经处理,但随着施工的进展,塔身逐步增高,尤其在雨季时,可能会因塔基下沉、倾斜而发生事故。因此,要根据情况及时对塔基四角进行沉降观测,检查塔基下沉和倾斜状况,以确保塔吊运转安全,工作正常。

(3)地基回弹观测

一般基坑越深,挖土后基坑底面的原土向上回弹得越多,建筑物施工后其下沉也越大。为了测定地基的回弹值,基坑开挖前,在拟建高层建筑的纵、横主轴线上,用钻机打直径100mm的钻孔至基础底面以下300～500mm处,在钻孔套管内压设特制的测量标志,并用特制的吊杆或吊锤等测定标志的顶面原始标高。当套管提出后,测量标志即留在原处,在套管提出后所形成的钻孔内装满熟石灰粉,以表示点位。待基坑挖至底面时,按石灰粉的位置,轻轻找出测量标志,测出其标高,然后,在浇筑混凝土基础前,再测一次标高,从而得到各点的地基回弹值。地基回弹值是研究地基土体结构和高层建筑物地基下沉的重要资料。

(4)地基分层和邻近地面的沉降观测

这项观测是了解地基下不同深度、不同土层受力的变形情况与受压层的深度,以及了解建筑物沉降对邻近地面由近及远的不同影响。这项观测的目的和方法基本同回弹观测。

(5)建筑物自身的沉降观测

这是高层建筑沉降观测的主要内容。当浇筑基础垫层时,就在垫层上设计指定的位置、埋设好临时观测点。一般浮筏基础或箱形基础的高层建筑,应沿纵、横轴线和基础四周边设置观测点。观测的次数与时间,应按设计要求。一般第一次观测应在观测点安设稳固后及时进行。以后结构每升高一层,将临时观测点移上一层并进行观测,直到±0.000时,再按规定埋设永久性沉测点。

然后每施工一层，复测一次，直至竣工。工程竣工后的第一年内要测四次，第二年测二次，第三年后每年一次，至下沉稳定为止。一般砂土地基测二年，粘性土地基测五年，软土地基测十年。

沉降观测的等级、精度要求、适用范围及观测方法，应根据工程需要，按表 2-3 相应等级的规定选用。

沉降观测点的等级、精度要求和观测方法表　　表 2-3

等级	标高中误差（mm）	相邻点高差中误差（mm）	适用范围	观测方法	往返较差、附合或环线闭合差（mm）
一等	±0.3	±0.1	变形特别敏感的高层建筑、高耸构筑物、重要古建筑等	参照国家一等水准测量外，尚需双转点，视线≤15m，前后视距差≤0.3m，视距累积差≤1.5m	$0.15\sqrt{n}$
二等	±0.5	±0.3	变形比较敏感的高层建筑、高耸构筑物、古建筑和重要建筑场地的滑坡监测等	一等水准测量	$0.30\sqrt{n}$
三等	±1.0	±0.5	一般性的高层建筑、高耸构筑物、滑坡监测等	二等水准测量	$0.60\sqrt{n}$
四等	±2.0	±1.0	观测精度要求较低的建筑物、构筑物和滑坡监测等	三等水准测量	$1.40\sqrt{n}$

28. 如何做好位移观测？

（1）护坡桩的位移观测

无论是钢板护坡桩还是混凝土护坡桩，在基层开挖后，由于受侧压力的影响，桩身均会向基坑方向产生位移，为监测其位移情况，一般要在护坡桩基坑一侧 500mm 左右设置平行控制线。用经纬仪视准线法，定期进行观测，以确保护坡桩的安全。

（2）日照对高层建（构）筑物上部位移变形的观测

这项观测对施工中如何正确控制高层建（构）筑物的竖向偏差

具有重要作用。观测随建(构)筑物施工高度的增加,一般每 30m 左右实测一次。实测时应选在日照有明显变化的晴天天气进行,从清晨起每小时观测一次,至次日清晨,以测得其位移变化数值与方向,并记录向阳面与背阳面的温度。竖向位置以使用天顶法为宜。

(3)建筑物本身的位移观测

由于地质或其他原因,当建筑物在平面位置上发生位移时,应根据位移的可能情况,在其纵向和横向上分别设置观测点和控制线,用经纬仪视准线或小角度法进行观测。和沉降观测一样,水平位移观测也分为四个等级,各等级的变形点的点位中误差分别分:一等为 ±1.5mm,二等为 ±3.0mm,三等为 ±6.0mm,四等为 ±12.0mm。

29. 如何做好倾斜观测?

(1)建(构)筑物竖向倾斜观测

一般要在进行倾斜监测的建(构)筑物上设置上、下二点或上、中、下多点观测标志,各标志应在同一竖直面内。用经纬仪正倒镜法,由上而下投测各观测点的位置,然后根据高差计算倾斜量。或以某一固定方向为后视,用测回法观测各点的水平角及高差,再进行倾斜量的计算。

(2)建(构)筑物不均匀下沉对竖向倾斜影响的观测

这是高层建筑中最常见的倾斜变形观测,利用沉降观测的数据和观测点的间距,即可计算由于不均匀下沉对倾斜的影响。

30. 如何做好竣工测量工作?

做好竣工测量的关键是,从施工准备开始就有次序地,一项不漏地积累各项预检资料,尤其是对隐蔽工程,一定要在还土前或下一步工序前及时测出竣工位置,否则就会造成漏项。在收集竣工资料的同时,要做好设计图纸的保管。各种设计变更通知、洽商记录都要保存完整。

建筑场地平面控制网和标高控制网的资料，在验收后，应是竣工测量的第一份资料。而且是以后实测竣工位置(坐标与标高)的基本依据。原地面的实测标高(一般每 20m×20m 测一点)与基坑开挖后的坑底标高，是计算实际土方量的依据，也是基础实际挖深的依据。建筑物定位放线的验收资料、垫层上撂底线的验收资料和±0.000 首层平面放线验收资料，都是确定建筑物位置的主要资料，也是绘制竣工总平面图的依据。建筑场地内的各种地下管线与构筑物的验收资料，都是绘制总图的基本依据。

总之，随着工程的进展，各局部的竣工验收，均要及时实测竣工资料，收集验收单据，做到不漏测，不缺验收单据。这是做好竣工图的重要基础。

31. 如何做好竣工图的绘制?

竣工图和竣工资料是国家基本建设工程的重要技术档案资料，必须按规定绘制和整理，并长期保存。为此，施工单位必须认真、负责做好这项工作，按照国家有关规定，编制所承包工程范围内的竣工文件材料。设计单位必须提供编制竣工图所需的施工图，配合施工单位完成编制竣工文件材料的任务。建设单位负责督促检查和验收，并汇总本单位和施工单位负责提供的竣工档案，按期报送各有关单位和档案部门。

(1)工程竣工图的基本内容

凡在施工中，按图施工没有变更的，可在新的原施工图上加盖"竣工图"标志后，作为竣工图；无大变更的，可在新的原施工图上加以修改补充后，加盖"竣工图"标志作为竣工图；变更较多或不宜在原施工图修改、补充的，应重新绘制与原施工图统一图式的竣工图底图。

变更设计洽商记录的内容必须反映到竣工图上，如在图上反映确有困难者，则必须在竣工图中相应部位加文字说明、标注有关变更设计洽商记录的编号，并附该洽商记录的复印件。

(2)竣工总图的基本内容

1)总平面图

总平面图应绘出地面上的高层和一般建筑物、构筑物、停车场、道路、绿化树木等设施。矩形建(构)筑物在对角线两端外墙轴线交点处,应注明两点坐标;圆形建(构)筑物应注明圆心坐标和接地处的半径。所有建筑物都要注明室内地坪标高。道路中线的起、终点与交点,应注明标高、坐标及里程桩号,转弯处要注明曲线元素(转角、半径、曲线长、切线长和矢高),路面要注明宽度及材料。名贵树木要注明树种并编号。

此外测量平面和标高控制点的点位和有关数据,均应详细注明并附成果表,以便备用。

2)上、下水道图

上、下水道图应绘出地面给水建(构)筑物和各种水处理设施,如水源井、泵房、水塔、储水池,地上地下各种管径的给水管道与其附属设备,如检查井、水表、消火栓等。在管道的起终点与交叉点,应注明坐标与标高、管径与管材等。下水道应绘出化粪池、检查井、雨水口及各种排水管道等。同样都要注明坐标、标高、管径及管材等。

3)动力管道图

主要包括煤气管道与热力管道,均应绘出构筑物、检查井、管道起终点与交叉点的坐标与标高、管径与管材等。

4)电力与通讯线路图

电力与通讯线路图应包括变电站、配电室、地上电杆、地下电缆管线,检查井等。通讯线路应包括中继站、交接箱、地上电讯杆和地下通信电缆等。各种线路的起终点、分支点,均应注明坐标与标高、管线型号与容量等。

32. 常用水泥有哪几种?

水泥为水硬性胶结材料。水泥根据其矿物成分、混合材料的不同以及使用性能的区别,其品种极其繁多。工业与民用建筑工程通常使用的水泥有:硅酸盐水泥、普通硅酸盐水泥、矿渣硅酸盐水泥、火山灰质硅酸盐水泥和粉煤灰硅酸盐水泥等五种。特殊工程中使用的水泥有:矾土水泥、膨胀水泥、快硬水泥、低热水泥等。

33. 硅酸盐水泥、普通硅酸盐水泥是如何定义的? 其代号是如何表示?

(1)硅酸盐水泥

凡由硅酸盐水泥熟料、0%～5%石灰石或粒化高炉矿渣、适量石膏磨细制成的水硬性胶凝材料,称为硅酸盐水泥(即国外通称的波特兰水泥)。硅酸盐水泥分两种类型,不掺加混合材料的称Ⅰ类硅酸盐水泥,代号P·Ⅰ。在硅酸盐水泥粉磨时掺加不超过水泥质量5%石灰石或粒化高炉矿渣混合材料的称Ⅱ型硅酸盐水泥,代号P·Ⅱ。

(2)普通硅酸盐水泥

凡由硅酸盐水泥熟料、6%～15%混合材料、适量石膏磨细制成的水硬性胶凝材料,称为普通硅酸盐水泥(简称普通水泥),代号P·O。

掺活性混合材料时,最大掺量不得超过15%,其中允许用不超过水泥质量5%的窑灰或不超过水泥质量10%的非活性混合材料来代替。

掺非活性混合材料时,最大掺量不得超过水泥质量10%。

34. 硅酸盐水泥、普通水泥所用材料有哪些要求?

(1)石膏

天然石膏:应符合GB/T5483中规定的G类或A类二级(含)以上的石膏或硬石膏。

工业副产石膏:工业生产中以硫酸钙为主要成分的副产品。采用工业副产石膏时,必须经过试验,证明对水泥性能无害。

(2)活性混合材料

符合GB/T203的粒化高炉矿渣,符合GB/T1596的粉煤灰,符合GB/T2847的火山灰质混合材料。

(3)非活性混合材料

活性指标低于 GB/T203、GB/T1596、GB/T2847 标准要求的粒化高炉矿渣、粉煤灰、火山灰质混合材料以及石灰石和砂岩。石灰石中的三氧化二铝含量不得超过 2.5%。

(4)窑灰

应符合 JC/T742 的规定。

(5)助磨剂

水泥粉磨时允许加入助磨剂,其加入量不得超过水泥质量的 1%,助磨剂须符合 JC/T667 的规定。

35. 硅酸盐水泥、普通水泥的强度等级是如何划分的？有哪些技术要求？

(1)强度等级

硅酸盐水泥强度等级分为 42.5、42.5R、52.5、52.5R、62.5、62.5R。

普通水泥强度等级分为 32.5、32.5R、42.5、42.5R、52.5、52.5R。

(2)技术要求

1)不溶物

Ⅰ型硅酸盐水泥中不溶物不得超过 0.75%；

Ⅱ型硅酸盐水泥中不溶物不得超过 1.50%。

2)烧失量

Ⅰ型硅酸盐水泥中烧失量不得大于 3.0%,Ⅱ型硅酸盐水泥中烧失量不得大于 3.5%。普通水泥中烧失量不得大于 5.0%。

3)氧化镁

水泥中氧化镁的含量不宜超过 5.0%。如果水泥经压蒸安定性试验合格,则水泥中氧化镁的含量允许放宽到 6.0%。

4)三氧化硫

水泥中三氧化硫的含量不得超过 3.5%。

5)细度

硅酸盐水泥比表面积大于 $300m^2/kg$,普通水泥 80μm 方孔筛筛余不得超过 10.0%。

6)凝结时间

硅酸盐水泥初凝不得早于 45min,终凝不得迟于 6.5h。普通水泥初凝不得早于 45min,终凝不得迟于 10h。

7)安定性

用沸煮法检验必须合格。

8)强度

水泥强度等级按规定龄期的抗压强度和抗折强度来划分,各强度等级水泥的各龄期强度不得低于表 2-4 数值。

(单位:MPa) **表 2-4**

品种	强度等级	抗压强度		抗折强度	
		3d	28d	3d	28d
硅酸盐水泥	42.5	17.0	42.5	3.5	6.5
	42.5R	22.0	42.5	4.0	6.5
	52.5	23.0	52.5	4.0	7.0
	52.5R	27.0	52.5	5.0	7.0
	62.5	28.0	62.5	5.0	8.0
	62.5R	32.0	62.5	5.5	8.0
普通水泥	32.5	11.0	32.5	2.5	5.5
	32.5R	16.0	32.5	3.5	5.5
	42.5	16.0	42.5	3.5	6.5
	42.5R	21.0	42.5	4.0	6.5
	52.5	22.0	52.5	4.0	7.0
	52.5R	26.0	52.5	5.0	7.0

9)碱

水泥中碱含量按 $Na_2O+0.658K_2O$ 计算值来表示。若使用活性骨料,用户要求提供低碱水泥时,水泥中碱含量不得大于 0.60% 或由供需双方商定。

36. 硅酸盐水泥、普通水泥的检验规则有哪些？其包装、标志、运输与贮存有哪些要求？

一、检验规则

(1)编号及取样

水泥出厂前按同品种、同强度等级编号和取样。袋装水泥和散装水泥应分别进行编号和取样。每一编号为一取样单位。水泥出厂编号按水泥厂年生产能力规定：

120 万 t 以上,不超过 1200t 为一编号；

60 万 t 以上至 120 万 t,不超过 1000t 为一编号；

30 万 t 以上至 60 万 t,不超过 600t 为一编号；

10 万 t 以上至 30 万 t,不超过 400t 为一编号；

10 万 t 以下,不超过 200t 为一编号。

取样方法按 GB12573 进行。当散装水泥运输工具的容量超过该厂规定出厂编号吨数时,允许该编号的数量超过取样规定吨数。

取样应有代表性,可连续取,亦可从 20 个以上不同部位取等量样品,总量至少 12kg。

所取样品按标准规定的方法进行出厂检验,检验项目包括需要对产品进行考核的全部技术要求。

(2)出厂水泥

出厂水泥应保证出厂强度等级,其余技术要求应符合标准有关要求。

(3)废品与不合格品

1)废品

凡氧化镁、三氧化硫、初凝时间、安定性中任一项不符合标准规定时,均为废品。

2)不合格品

凡细度、终凝时间中的任一项不符合标准规定或混合材料掺加量超过最大限量和强度低于商品强度等级的指标时为不合格品。水泥包装标志中水泥品种、强度等级、生产者名称和出厂编号不全的也属于不合格品。

(4)试验报告

试验报告内容应包括标准规定的各项技术要求及试验结果，助磨剂、工业副产石膏、混合材料的名称和掺加量，属旋窑或立窑生产。当用户需要时，水泥厂应在水泥发出之日起 7d 内寄发除 28d 强度以外的各项试验结果。28d 强度数值，应在水泥发出之日起 32d 内补报。

(5)交货与验收

1)交货时水泥的质量验收可抽取实物试样以其检验结果为依据，也可以水泥厂同编号水泥的检验报告为依据。采取何种方法验收由买卖双方商定，并在合同或协议中注明。

2)以抽取实物试样的检验结果为验收依据时，买卖双方应在发货前或交货地共同取样和签封。取样方法按 GB12573 进行，取样数量为 20kg，缩分为二等份。一份由卖方保存 40d，一份由买方按本标准规定的项目和方法进行检验。

在 40d 以内，买方检验认为产品质量不符合标准要求，而卖方又有异议时，则双方应将卖方保存的另一份试样送省级或省级以上国家认可的水泥质量监督检验机构进行仲裁检验。

3)以水泥厂同编号水泥的检验报告为验收依据时，在发货前或交货时买方在同编号水泥中抽取试样，双方共同签封后保存三个月；或委托卖方在同编号水泥中抽取试样，签封后保存三个月。

在三个月内，买方对水泥质量有疑问时，则买卖双方应将签封的试样送省级或省级以上国家认可的水泥质量监督检验机构进行仲裁检验。

二、包装、标志、运输与贮存

(1)包装

水泥可以袋装或散装，袋装水泥每袋净含量 50kg，且不得少于标志质量的 98%；随机抽取 20 袋总质量不得少于 1000kg。其他包装形式由供需双方协商确定，但有关袋装质量要求，必须符合上述原则规定。

水泥包装袋应符合 GB9774 的规定。

(2)标志

水泥袋上应清楚标明:产品名称,代号,净含量,强度等级,生产许可证编号,生产者名称和地址,出厂编号,执行标准号,包装年、月、日。掺火山灰质混合材料的矿渣水泥还应标上“掺火山灰”的字样。包装袋两侧应印有水泥名称和强度等级。矿渣水泥的印刷采用绿色;火山灰和粉煤灰水泥采用黑色。

散装运输时应提交与袋装标志相同内容的卡片。

(3)运输与贮存

水泥在运输与贮存时不得受潮和混入杂物,不同品种和强度等级的水泥应分别贮运,不得混杂。

37. 矿渣水泥、火山灰水泥和粉煤灰水泥的定义和代号是什么?有哪些材料要求?

(1)定义与代号

1)矿渣硅酸盐水泥

凡由硅酸盐水泥熟料和粒化高炉矿渣、适量石膏磨细制成的水硬性胶凝材料称为矿渣硅酸盐水泥(简称矿渣水泥),代号 P·S。水泥中粒化高炉矿渣掺加量按质量百分比计为 20% ~70% 。允许用石灰石、窑灰、粉煤灰和火山灰质混合材料中的一种材料代替矿渣,代替数量不得超过水泥质量的 8% ,替代后水泥中粒化高炉矿渣不得少于 20% 。

2)火山灰质硅酸盐水泥

凡由硅酸盐水泥熟料和火山灰质混合材料、适量石膏磨细制成的水硬性胶凝材料称为火山灰质硅酸盐水泥(简称火山灰水泥),代号 P·P。水泥中火山灰质混合材料掺量按质量百分比计为 20% ~50% 。

3)粉煤灰硅酸盐水泥

凡由硅酸盐水泥熟料和粉煤灰、适量石膏磨细制成的水硬性胶凝材料称为粉煤灰硅酸盐水泥(简称粉煤灰水泥),代号 P·F。

水泥中粉煤灰掺量按质量百分比计为20%～40%。

(2)材料要求

1)石膏

天然石膏:应符合GB/T5483中规定的G类或A类二级(含)以上的石膏或硬石膏。

工业副产石膏:工业生产中以硫酸钙为主要成为的副产品。采用工业副产石膏时,必须经过试验,证明对水泥性能无害。

2)粒化高炉矿渣、火山灰质混合材料、粉煤灰

符合GB/T203的粒化高炉矿渣,符合GB/T2847的火山灰质混合材料和符合GB/T1596的粉煤灰。

3)石灰石

石灰石中的三氧化二铝含量不得超过2.5%。

4)窑灰

应符合JC/T742的规定。

5)助磨剂

水泥粉磨时允许加入助磨剂,其加入量不得超过水泥质量的1%,助磨剂须符合JC/T667的规定。

38. 矿渣水泥、火山灰水泥和粉煤灰水泥的强度等级是怎样划分的？有哪些技术要求？

(1)强度等级

矿渣水泥、火山灰水泥、粉煤灰水泥强度等级分为32.5、32.5R、42.5、42.5R、52.5、52.5R。

(2)技术要求

1)氧化镁

熟料中氧化镁的含量不宜超过5%。如果水泥经压蒸安定性试验合格,则熟料中氧化镁的含量允许放宽到6%。

注:熟料中氧化镁的含量为5%～6%时,如矿渣水泥中混合材料总掺量大于40%或火山灰水泥和粉煤灰水泥中混合材料掺加量大于30%,制成的水泥可不做蒸压试验。

2)三氧化硫

矿渣水泥中三氧化硫的含量不得超过4%；

火山灰水泥和粉煤灰水泥中三氧化硫的含量不得超过3.5%。

3)细度

80μm方孔筛筛余不得超过10%。

4)凝结时间

初凝不得早于45min,终凝不得迟于10h。

5)安定性

用沸煮法检验必须合格。

6)强度

水泥强度等级按规定龄期的抗压强度和抗折强度来划分,各强度等级水泥的各龄期强度不得低于表2-5数值。

(单位:MPa) **表2-5**

强度等级	抗压强度		抗折强度	
	3d	28d	3d	28d
32.5	10.0	32.5	2.5	5.5
32.5R	15.0	32.5	3.5	5.5
42.5	15.0	42.5	3.5	6.5
42.5R	19.0	42.5	4.0	6.5
52.5	21.0	52.5	4.0	7.0
52.5R	23.0	52.5	4.5	7.0

7)碱

水泥中的碱含量按$Na_2O+0.658K_2O$计算值来表示。若使用活性骨料要限制水泥中的碱含量时,由供需双方商定。

39. 矿渣水泥、火山灰水泥和粉煤灰水泥的检验规则有哪些？其包装、标志、运输与贮存有哪些技术要求？

一、检验规则

(1)编号及取样

水泥出厂前按同品种、同强度等级编号和取样。袋装水泥和散装水泥应分别进行编号和取样。每一编号为一取样单位。水泥出厂编号按水泥厂年生产能力规定：

120 万 t 以上，不超过 1200t 为一编号；

60 万 t 以上至 120 万 t，不超过 1000t 为一编号；

30 万 t 以上至 60 万 t，不超过 600t 为一编号；

10 万 t 以上至 30 万 t，不超过 400t 为一编号；

10 万 t 以下，不超过 200t 为一编号。

取样方法按 GB12573 进行。当散装水泥运输工具的容量超过该厂规定出厂编号吨数时，允许该编号的数量超过取样规定吨数。

取样应有代表性，可连续取，亦可从 20 个以上不同部位取等量样品，总量至少 12kg。

所取样品按标准规定的方法进行出厂检验，检验项目包括需要对产品进行考核的全部技术要求。

(2)出厂水泥

出厂水泥应保证出厂强度等级，其余技术要求应符合标准有关要求。

(3)废品与不合格品

1)废品

凡氧化镁、三氧化硫、初凝时间、安定性中任一项不符合标准规定时，均为废品。

2)不合格品

凡细度、终凝时间、不溶物和烧失量中的任一项不符合标准规定或混合材料掺加量超过最大限量和强度低于商品强度等级的指标时为不合格品。水泥包装标志中水泥品种、强度等级、生产者名称和出厂编号不全的也属于不合格品。

(4)试验报告

试验报告内容应包括本标准规定的各项技术要求及试验结果，助磨剂、工业副产石膏、混合材料的名称和掺加量，属旋窑或立窑生产。当用户需要时,水泥厂应在水泥发出之日起7d内寄发除28d强度以外的各项试验结果。28d强度数值,应在水泥发出之日起32d内补报。

(5)交货与验收

1)交货时水泥的质量验收可抽取实物试样以其检验结果为依据,也可以水泥厂同编号水泥的检验报告为依据。采取何种方法验收由买卖双方商定,并在合同或协议中注明。

2)以抽取实物试样的检验结果为验收依据时,买卖双方应在发货前或交货地共同取样和签封。取样方法按GB12573进行,取样数量为20kg,缩分为二等份。一份由卖方保存40d,一份由买方按标准规定的项目和方法进行检验。

在40d以内,买方检验认为产品质量不符合标准要求,而卖方又有异议时,则双方应将卖方保存的另一份试样送省级或省级以上国家认可的水泥质量监督检验机构进行仲裁检验。

3)以水泥厂同编号水泥的检验报告为验收依据时,在发货前或交货时买方在同编号水泥中抽取试样,双方共同签封后保存三个月;或委托卖方在同编号水泥中抽取试样,签封后保存三个月。

在三个月内,买方对水泥质量有疑问时,则买卖双方应将签封的试样送省级或省级以上国家认可的水泥质量监督检验机构进行仲裁检验。

二、包装、标志、运输与贮存

(1)包装

水泥可以袋装或散装,袋装水泥每袋净含量50kg,且不得少于标志质量的98%;随机抽取20袋总质量不得少于1000kg。其他包装形式由供需双方协商确定,但有关袋装质量要求,必须符合上述原则规定。

水泥包装袋应符合GB9774的规定。

(2)标志

水泥袋上应清楚标明:产品名称,代号,净含量,强度等级,生产许可证编号,生产者名称和地址,出厂编号,执行标准号,包装年、月、日。掺火山灰质混合材料的普通水泥还应标上“掺火山灰”字样。包装袋两侧应印有水泥名称和强度等级,硅酸盐水泥和普通水泥的印刷采用红色。

散装运输时应提交与袋装标志相同内容的卡片。

(3)运输与贮存

水泥在运输与贮存时不得受潮和混入杂物,不同品种和强度等级的水泥应分别贮运,不得混杂。

40. 钢筋混凝土用热轧光圆钢筋术语、级别、代号是如何表示的?

一、术语

(1)光圆钢筋

横截面通常为圆形,且表面为光滑的钢筋混凝土配筋用钢材。

(2)热轧光圆钢筋

经热轧成型并自然冷却的成品光圆钢筋。

二、级别、代号

热轧直条光圆钢筋级别为Ⅰ级,强度等级代号为R235。

41. 钢筋混凝土用热轧光圆钢筋的尺寸、外形、重量及允许偏差是如何规定的?

(1)公称直径范围及推荐直径

钢筋的公称直径范围为8~20mm,标准推荐的钢筋公称直径为8mm、10mm、12mm、16mm、20mm。

(2)公称截面积与公称重量

钢筋的公称横截面积与公称重量列于表2-6。

表2-6

公称直径(mm)	公称截面面积(mm^2)	公称重量(kg/m)
8	50.27	0.395
10	78.54	0.617

续表

公称直径(mm)	公称截面面积(mm^2)	公称重量(kg/m)
12	113.1	0.888
14	153.9	1.21
16	201.1	1.58
18	254.5	2.00
20	314.2	2.47

注:表中公称重量密度按 7.85g/cm^3 计算。

(3)光圆钢筋的截面形状及尺寸允许偏差

1)光圆钢筋的截面形状如图 2-21 所示。

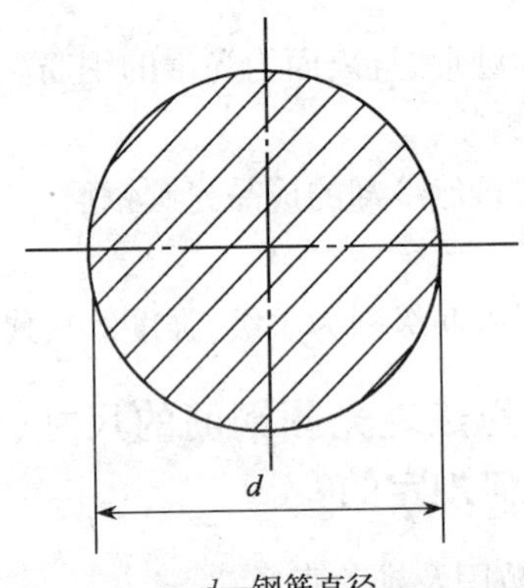

d—钢筋直径

图 2-21 光圆钢筋截面形状

2)光圆钢筋的直径允许偏差和不圆度应符合表 2-7 的规定。

(单位:mm) **表 2-7**

公 称 直 径	直径允许偏差	不圆度 不大于
≤20	±0.40	0.40

3)长度及允许偏差

A. 通常长度

钢筋按直条交货时，其通常长度为 3.5～12m，其中长度为 3.5～6m 之间的钢筋不得超过每批重量的 3%。

B. 定尺、倍尺长度

钢筋按定尺或倍尺长度交货时，应在合同中注明，其长度允许偏差不得大于 +50mm。

4)弯曲度

钢筋每米弯曲度应不大于 4mm，总弯曲度不大于钢筋总长度的 0.4%。

(4)重量及允许偏差

1)交货重量

钢筋可按公称重量或实际重量交货。

2)重量允许偏差

根据需方要求，钢筋按重量偏差交货时，其实际重量与公称重量的允许偏差应符合表 2-8 的规定。

表 2-8

公称直径(mm)	实际重量与公称重量的偏差(%)
8～12	±7
14～20	±5

(5)技术要求

1)牌号及化学成分

A. 钢的牌号及化学成分(熔炼分析)应符合表 2-9 的规定。

B. 钢中残余元素铬、镍、铜含量应各不大于 0.30%，氧气转炉钢的氮含量不应大于 0.008%。经需方同意，铜的残余含量可不大于 0.35%。供方如能保证可不作分析。

C. 钢中砷的残余含量不应大于 0.080%。用含砷矿冶炼生铁所冶炼的钢、砷含量由供需双方协议规定。如原料中没有含砷，对钢中的砷含量可以不作分析。

表 2-9

表面形状	钢筋级别	强度代号	牌号	化学成分(%)				
				C	Si	Mn	P	S
							不大于	
光圆	I	R235	Q235	0.14~0.22	0.12~0.30	0.30~0.65	0.045	0.050

D. 钢筋的化学成分允许偏差应符合 GB222 的有关规定。

E. 在保证钢筋性能合格的条件下,钢的成分下限不作交货条件。

2)冶炼方法

钢以氧气转炉、平炉或电炉冶炼。

3)交货状态

钢筋以热轧状态交货。

4)力学性能、工艺性能

钢筋的力学性能、工艺性能应符合表 2-10 的规定。冷弯试验时受弯曲部位外表面不得产生裂纹。

表 2-10

表面形状	钢筋级别	强度等级代号	公称直径(mm)	屈服点 σ_s(MPa)	抗拉强度 σ_b(MPa)	伸长率 δ(%)	冷弯 d—弯芯直径 a—钢筋公称直径
				不小于			
光圆	I	R235	8~20	235	370	25	$180^\circ d = a$

5)表面质量

钢筋表面不得有裂纹、结疤和折叠。

钢筋表面凸块和其他缺陷的深度和高度不得大于所在部位尺寸的允许偏差。

42. 钢筋混凝土用热轧光圆钢筋试验方法是如何规定的?检验规则有哪些要求?包装、标志和质量说明书是如何规定的?

一、试验方法

(1)检验项目

每批钢筋的检验项目，取样方法和试验方法应符合表 2-11 的规定。

表 2-11

序号	检验项目	取样数量	取样方法	试验方法
1	化学成分	1	GB222—84	GB223
2	拉　伸	2	任选两根钢筋切取	GB228—87 标准规定
3	冷　弯	2	任选两根钢筋切取	GB232—88 标准规定
4	尺　寸	逐　支		标准规定
5	表　面	逐　支		肉　眼
6	重量偏差	标准规定	标准规定	本标准规定

(2)力学性能、工艺性能试验

1)拉伸、冷弯试验试样不允许进行车削加工。

2)计算钢筋强度用截面面积采用表 2-6 所列公称横截面积。

(3)尺寸测量

钢筋直径的测量精确到 0.1mm。

(4)重量偏差的测量

1)测量钢筋重量偏差时，试样数量不少于 10 支，试样总长度不小于 60m，长度应逐支测量，精确到 10mm。试样总重量不大于 100kg时，精确到 0.5kg，试样总重量大于 100kg 时，精确到 1kg。

当供方能保证钢筋重量偏差符合规定时，试样的数量和长度可不受上述限制。

2)钢筋实际重量与公称重量的偏差按下式计算：

$$重量偏差(\%)=\frac{试样实际总重量-(试样总长度\times公称重量)}{试样总长度\times公称重量}\times100$$

二、检验规则

(1)检查和验收

钢筋的检查和验收按 GB2101—89 的规定进行。

(2)组批规则

钢筋应按批进行检查和验收，每批重量不大于60t。

每批应由同一牌号、同一炉罐号、同一规格、同一交货状态的钢筋组成。

公称容量不大于30t的冶炼炉冶炼的钢坯和连铸坯轧成的钢筋，允许由同一牌号、同一冶炼方法、同一浇注方法的不同炉罐号组成混合批，但每批不应多于6个炉罐号。各炉罐号含碳量之差不得大于0.02%，含锰量之差不得大于0.15%。

(3)取样数量

钢筋各检查项目的取样数量应符合表2-11的规定。

(4)复验与判定

钢筋的复验与判定应符合GB2101—89的规定。

三、包装、标志和质量证明书

钢筋的包装，标志和质量证明书应符合GB2101—89的有关规定。

43. 钢筋混凝土用热轧带肋钢筋的分类、牌号是如何规定的？

热轧带肋钢筋的牌号由HRB和牌号的屈服点最小值构成。H、R、B分别为热轧(Hot rolled)、带肋(Ribbed)、钢筋(Bars)三个词的英文首位字母。热轧带肋钢筋分为HRB335、HRB400、HRB500三个牌号。

44. 钢筋混凝土用热轧带肋钢筋其尺寸、外观、重量及允许偏差是如何规定的？

(1)公称直径范围及推荐直径

钢筋的公称直径范围为6～50mm，推荐的钢筋公称直径为6、8、10、12、16、20、25、32、40、50mm。

(2)公称横截面面积与理论重量

钢筋的公称横截面面积与理论重量见表2-12。

表 2-12

公称直径(mm)	公称横截面面积(mm^2)	理论重量(kg/m)
6	28.27	0.222
8	50.27	0.395
10	78.54	0.617
12	113.1	0.888
14	153.9	1.21
16	201.1	1.58
18	254.5	2.00
20	314.2	2.47
22	380.1	2.98
25	490.9	3.85
28	615.8	4.83
32	804.2	6.31
36	1018	7.99
40	1257	9.87
50	1964	15.42

注:表中理论重量按密度为 7.85g/cm^3 计算。

(3)带肋钢筋的表面形状及尺寸允许偏差

1)带肋钢筋横肋应符合下列基本规定:

A. 横肋与钢筋轴线的夹角 β 不应小于 45°,当该夹角不大于 70°时,钢筋相对两面上横肋的方向应相反。

B. 横肋间距 l 不得大于钢筋公称直径的 0.7 倍。

C. 横肋侧面与钢筋表面的夹角 α 不得小于 45°。

D. 钢筋相对两面上横肋末端之间的间隙(包括纵肋宽度)总和不应大于钢筋公称周长的 20% 。

E. 当钢筋公称直径不大于 12mm 时,相对肋面积不应小于 0.055;公称直径为 14mm 和 16mm 时,相对肋面积不应小于

0.060;公称直径大于16mm时,相对肋面积不应小于0.065。

2)带肋钢筋采用月牙肋表面形状时,其形状如图2-22所示,尺寸和允许偏差应符合表2-13的规定。当钢筋的实际质量与理论重量的偏差符合表2-14规定时,钢筋的内径偏差可不作交货条件。

单位:mm　　　　**表2-13**

<table>
<tr><th rowspan="2">公称直径</th><th colspan="2">内径(d)</th><th colspan="2">横肋高(h)</th><th colspan="2">纵肋高(h_1)</th><th rowspan="2">横肋宽(b)</th><th rowspan="2">纵肋宽(a)</th><th colspan="2">间距(l)</th><th rowspan="2">横肋末端最大间隙(公称周长的10%弦长)</th></tr>
<tr><th>公称尺寸</th><th>允许偏差</th><th>公称尺寸</th><th>允许偏差</th><th>公称尺寸</th><th>允许偏差</th><th>公称尺寸</th><th>允许偏差</th></tr>
<tr><td>6</td><td>5.8</td><td>±0.3</td><td>0.6</td><td>+0.3
−0.2</td><td>0.6</td><td>±0.3</td><td>0.4</td><td>1.0</td><td>4.0</td><td rowspan="7">±0.5</td><td>1.8</td></tr>
<tr><td>8</td><td>7.7</td><td rowspan="6">±0.4</td><td>0.8</td><td>+0.4
−0.2</td><td>0.8</td><td rowspan="2">±0.5</td><td>0.5</td><td>1.5</td><td>5.5</td><td>2.5</td></tr>
<tr><td>10</td><td>9.6</td><td>1.0</td><td>+0.4
−0.3</td><td>1.0</td><td>0.6</td><td>1.5</td><td>7.0</td><td>3.1</td></tr>
<tr><td>12</td><td>11.5</td><td>1.2</td><td rowspan="3">±0.4</td><td>1.2</td><td rowspan="5">±0.8</td><td>0.7</td><td>1.5</td><td>8.0</td><td>3.7</td></tr>
<tr><td>14</td><td>13.4</td><td>1.4</td><td>1.4</td><td>0.8</td><td>1.8</td><td>9.0</td><td>4.3</td></tr>
<tr><td>16</td><td>15.4</td><td>1.5</td><td>1.5</td><td>0.9</td><td>1.8</td><td>10.0</td><td>5.0</td></tr>
<tr><td>18</td><td>17.3</td><td>1.6</td><td>+0.5
−0.4</td><td>1.6</td><td>1.0</td><td>2.0</td><td>10.0</td><td>5.6</td></tr>
<tr><td>20</td><td>19.3</td><td rowspan="3">±0.5</td><td>1.7</td><td>±0.5</td><td>1.7</td><td>1.2</td><td>2.0</td><td>10.0</td><td rowspan="3">±0.8</td><td>6.2</td></tr>
<tr><td>22</td><td>21.3</td><td>1.9</td><td rowspan="3">±0.6</td><td>1.9</td><td rowspan="3">±0.9</td><td>1.3</td><td>2.5</td><td>10.5</td><td>6.5</td></tr>
<tr><td>25</td><td>24.2</td><td>2.1</td><td>2.1</td><td>1.5</td><td>2.5</td><td>12.5</td><td>7.7</td></tr>
<tr><td>28</td><td>27.2</td><td rowspan="3">±0.6</td><td>2.2</td><td>2.2</td><td>1.7</td><td>3.0</td><td>12.5</td><td rowspan="5">±1.0</td><td>8.6</td></tr>
<tr><td>32</td><td>31.0</td><td>2.4</td><td>+0.8
−0.7</td><td>2.4</td><td rowspan="3">±1.1</td><td>1.9</td><td>3.0</td><td>14.0</td><td>9.9</td></tr>
<tr><td>36</td><td>35.0</td><td>2.6</td><td>+1.0
−0.8</td><td>2.6</td><td>2.1</td><td>3.5</td><td>15.0</td><td>11.1</td></tr>
<tr><td>40</td><td>38.7</td><td>±0.7</td><td>2.9</td><td>±1.1</td><td>2.9</td><td>2.2</td><td>3.5</td><td>15.0</td><td>12.4</td></tr>
<tr><td>50</td><td>48.5</td><td>±0.8</td><td>3.2</td><td>±1.2</td><td>3.2</td><td>±1.2</td><td>2.5</td><td>4.0</td><td>16.0</td><td>15.5</td></tr>
</table>

注:1. 纵肋斜角 θ 为0°~30°。

2. 尺寸 a、b 为参考数据。

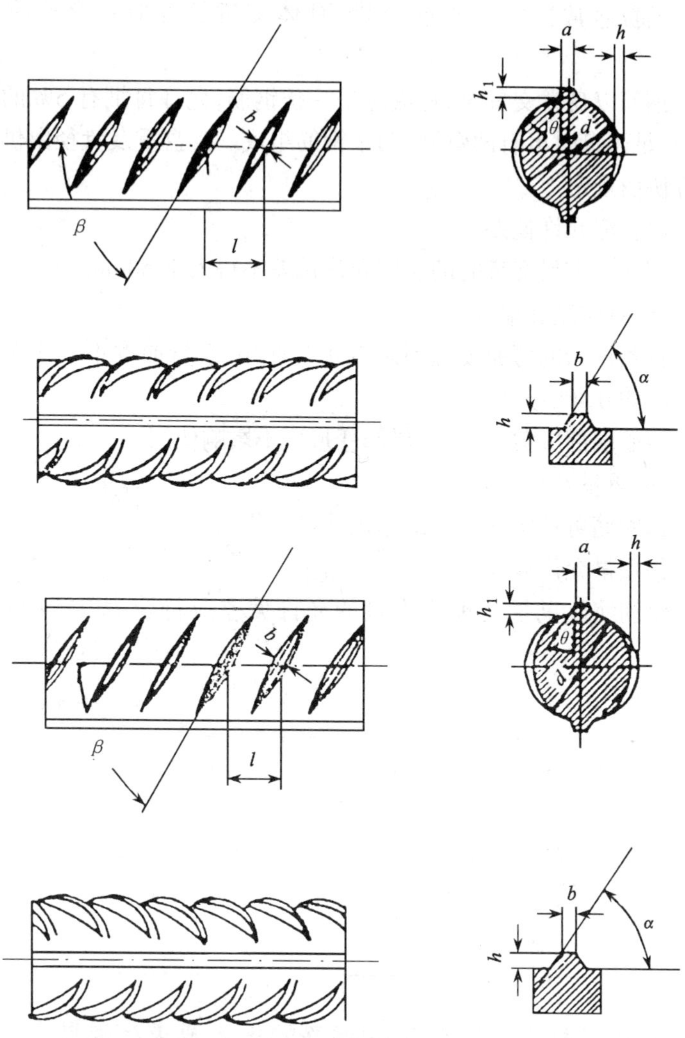

图 2-22　月牙肋钢筋表面及截面形状

d—钢筋内径；α—横肋斜角；h—横肋高度；β—横肋与轴线夹角；h_1—纵肋高度；θ—纵肋斜角；a—纵肋顶宽；l—横肋间距；b 横助顶宽

(4)长度及允许偏差

1)长度

钢筋通常按定尺长度交货，具体交货长度应在合同中注明。

钢筋以盘卷交货时，每盘应是一条钢筋，允许每批有5%的盘数(不足两盘时可有两盘)由两条钢筋组成。其盘重及盘径由供需双方协商规定。

2)长度允许偏差

钢筋按定尺交货时的长度允许偏差不得大于50mm。

(5)弯曲度和端部

直条钢筋的弯曲度应不影响正常使用，总弯曲度不大于钢筋总长度的0.4%。

钢筋端部应剪切正直，局部变形应不影响使用。

(6)重量及允许偏差

1)钢筋可按实际重量或理论重量交货。

2)重量允许偏差

钢筋实际重量与理论重量的允许偏差应符合表2-14的规定。

表2-14

公称直径(mm)	实际重量与理论重量的偏差(%)
6～12	±7
14～20	±5
22～50	±4

45. 钢筋混凝土用热轧带肋钢筋的技术要求有哪些?

(1)牌号和化学成分

1)钢的牌号应符合表2-15的规定，其化学成分和碳当量(熔炼分析)应不大于表2-15规定的值。根据需要，钢中还可加入V、Nb、Ti等元素。

表 2-15

牌　号	化　学　成　分(%)					
	C	Si	Mn	P	S	C_{eq}
HRB335	0.25	0.80	1.60	0.045	0.045	0.52
HRB400	0.25	0.80	1.60	0.045	0.045	0.54
HRB500	0.25	0.80	1.60	0.045	0.045	0.55

2)碳当量 C_{eq}(%)值可按下式计算：

$$C_{eq} = C + Mn/6 + (Cr + V + Mo)/5 + (Cu + Ni)/15$$

3)钢的氮含量应不大于 0.012%。供方如能保证可不作分析。钢中如有足够数量的氮结合元素，含氮量的限制可适当放宽。

4)钢筋的化学成分允许偏差应符合 GB222—84 的规定。碳当量 C_{eq}的允许偏差 +0.03%。

(2)交货状态

钢筋以热轧状态交货。

(3)力学性能

1)钢筋的力学性能应符合表 2-16 的规定。

表 2-16

牌　号	公称直径 (mm)	σ_s(或 $\sigma_{p0.2}$(MPa))	σ_b(MPa)	δ_5(%)
		不　小　于		
HRB335	6～25 28～50	335	490	16
HRB400	6～25 28～50	400	570	14
HRB500	6～25 28～50	500	630	12

2)钢筋在最大力下的总伸长率 δ_{gt}不小于 2.5%。供方如能保证，可不做检验。

3)根据需方要求，可供应满足下列条件的钢筋：

A. 钢筋实测抗拉强度与实测屈服点之比不小于 1.25；

B. 钢筋实测屈服点与表 2-16 规定的最小屈服点之比不大于

1.30。

(4)工艺性能

1)弯曲性能

按表2-17规定的弯心直径弯曲180°后,钢筋受弯曲部位表面不得产生裂纹。

表 2-17

牌　号	公称直径 a(mm)	弯曲试验弯心直径
HRB335	6～25 28～50	$3a$ $4a$
HRB400	6～25 28～50	$4a$ $5a$
HRB500	6～25 28～50	$6a$ $7a$

2)反向弯曲性能

根据需方要求,钢筋可进行反向弯曲性能试验。

反向弯曲试验的弯心直径比弯曲试验相应增加一个钢筋直径。先正向弯曲45°后反向弯曲23°。经反向弯曲试验后,钢筋受弯曲部位表面不得产生裂纹。

(5)表面质量

钢筋表面不得有裂纹、结疤和折叠。

钢筋表面允许有凸块,但不得超过横肋的高度,钢筋表面上其他缺陷的深度和高度不得大于所在部位尺寸的允许偏差。

46. 钢筋混凝土用热轧带肋钢筋的检验规则有哪些?

(1)检查和验收

钢筋的检查和验收按GB/T17505的规定进行。

(2)组批规则

钢筋应按批进行检查和验收,每批重量不大于60t。

每批应由同一牌号、同一炉罐号、同一规格的钢筋组成。

允许由同一牌号、同一冶炼方法、同一浇注方法的不同炉罐号组成混合批,但各炉罐号含碳量之差不大于0.02%,含锰量之差不大于0.15%。

(3)取样数量

钢筋各检查项目的取样数量应符合有关规定。

(4)复验与判定

钢筋的复验与判定应符合GB/T17505的规定。

47. 钢筋混凝土用热轧带肋钢筋的包装、标志和质量证明书是如何规定的?

(1)带肋钢筋的表面标志应符合下列规定:

1)带肋钢筋应在其表面轧上牌号标志,还可依次轧上厂名(或商标)和直径(mm)数字。

2)钢筋牌号以阿拉伯数字表示。HRB335、HRB400、HRB500对应的阿拉伯数字分别为2、3、4,厂名以汉语拼音字头表示。直径(mm)数以阿拉伯数字表示。直径不大于ϕ10mm的钢筋,可不轧制标志,可采用挂标牌方法。

3)标志应清晰明了,标志的尺寸由供方按钢筋直径大小做适当规定,与标志相交的横肋可以取消。

(2)除上述规定外,钢筋的包装、标志和质量证明书应符合GB/T2101的有关规定。

48. 烧结多孔砖产品分类是如何划分的?

产品分类

(1)规格

砖的外形为直角六面体,其规格尺寸见表2-18。

(单位 mm) **表2-18**

代　号	长	宽	高
M	190	190	90
P	240	115	90

(2)孔洞

砖的孔洞尺寸应符合表2-19的规定。

(单位 mm)　　　　表 2-19

圆孔直径	非圆孔内切圆直径	手抓孔
≤22	≤15	(30～40)×(75～85)

(3)等级

分级

根据抗压强度、抗折荷重,分为 30、25、20、15、10、7.5 六个强度等级。

分等

根据尺寸偏差、外观质量、强度等级和物理性能分为优等品(A)、一等品(B)和合格品(C)三个等级。

(4)产品标记

砖的标记按产品名称、规格代号、强度等级、产品等级和国家标准编号顺序编写。

例如:规格代号 M、强度等级 25、优等品砖的标记为:

烧结多孔砖 M-25A-GB13544

49. 烧结多孔砖的技术要求有哪些?

(1)尺寸允许偏差

尺寸允许偏差应符合表 2-20 的规定。

(单位:mm)　　　　表 2-20

尺寸	尺寸允许偏差		
	优等品	一等品	合格品
240、190	±4	±5	±7
115	±3	±4	±5
90	±3	±4	±4

(2)外观质量

外观质量应符合表 2-21 的规定。

(单位:mm)　　**表 2-21**

项　　目	优　等　品	一　等　品	合　格　品
1. 颜色(一条面和一顶面)	基本一致	—	—
2. 完整面　　不得少于	一条面和一顶面	一条面和一顶面	—
3. 缺棱掉角的三个破坏尺寸　不得同时大于	15	20	30
4. 裂纹长度　　不大于			
(1)大面上深入孔壁 15mm 以上宽度方向及其延伸到条面的长度	80	100	120
(2)大面上深入孔壁 15mm 以上长度方向及其延伸到顶面的长度	80	120	140
(3)条、顶面上的水平裂纹	100	120	140
5. 杂质在砖面上造成的凸出高度　不大于	3	4	5
6. 欠火砖和酥砖	不允许	不允许	不允许

注:凡有下列缺陷之一者,不能称为完整面:
1. 缺损在条面或顶面上造成的破坏面尺寸同时大于 20mm×30mm。
2. 条面或顶面上裂纹宽度大于 1mm,其长度超过 70mm。
3. 压陷、焦花、粘底在条面或顶面上的凹陷或凸出超过 2mm,区域尺寸同时大于 20mm×30mm。

(3)强度

强度应符合表 2-22 的规定。

表 2-22

产品等级	强度等级	抗压强度(MPa)		抗折荷重(kN)	
		平均值不小于	单块最小值不小于	平均值不小于	单块最小值不小于
优等品	30	30.0	22.0	13.5	9.0
	25	25.0	18.0	11.5	7.5
	20	20.0	14.0	9.5	6.0
一等品	15	15.0	10.0	7.5	4.5
	10	10.0	6.0	5.5	3.0
合格品	7.5	7.5	4.5	4.5	2.5

(4)物理性能

砖的物理性能应符合表 2-23 的规定。

表 2-23

项 目	鉴 别 指 标
冻 融	1. 干质量损失不大于 2% 2. 冻裂长度不大于表 2-21 中 4 的合格品规定
泛 霜	1. 优等品:不允许出现轻微泛霜 2. 一等品:不允许出现中等泛霜 3. 合格品:不允许出现严重泛霜
石灰爆裂	试验后的每块砖样应符合表 2-21 中 4 的规定,同时每组砖样必须符合下列要求: 1. 优等品 (1)最大直径为 2~5mm 的爆裂区域不超过两处的砖样不得多于 2 块,且爆裂区域不得在同一条面或顶面上出现 (2)最大直径大于 5mm,不大于 10mm 的爆裂区域一处的砖样不得多于 1 块 (3)在各面上不得出现最大直径大于 10mm 的爆裂区域 2. 一等品 (1)最大直径大于 5mm,不大于 10mm 的爆裂区域不超过两处的砖样不得多于 2 块,且爆裂区域不得在同一条面或顶面上出现 (2)在各面上不得出现最大直径大于 10mm 的爆裂区域 3. 合格品 在条面和顶面上不得出现最大直径大于 10mm 的爆裂区域
吸水率	1. 优等品:不大于 22% 2. 一等品:不大于 25% 3. 合格品:不要求

50. 烧结多孔砖的检验规则有哪些?

(1)检验分类

砖的检验分出厂检验和型式检验。

1)出厂检验包括尺寸偏差,外观质量和强度。

2)型式检验包括尺寸偏差,外观质量,强度,吸水率,泛霜,石灰爆裂和冻融。

有下列情况之一时,应进行型式检验:

A. 新产品投产前鉴定;

B. 正常生产情况下每半年进行一次;

C. 原料、设备及生产工艺发生变化时;

D. 产品长期停产后,恢复生产时;

E. 出厂检验结果与上次型式检验有较大差异时；

F. 国家质量监督机构提出进行型式检验要求时。

(2)批量与抽样

1)批量

每5万块为一批，不足该数量时按一批计。

2)抽样

A. 尺寸偏差、外观质量检查抽样采用随机抽样法在每批产品堆垛中抽取。

B. 强度、物理性能试验的砖样从尺寸偏差和外观质量检查合格的砖样中按随机抽样法抽取。

C. 尺寸偏差、外观质量检查砖样为200块，强度和物理性能试验35块，其中：抗压强度、抗折荷重、冻融、泛霜、石灰爆裂、吸水率试验各5块，备用5块。砖样抽定后应在每块砖样上注明试验内容和编号，不允许随便更换砖样或改变试验内容。

51. 烧结多孔砖产品合格证、堆放和运输有哪些要求？

(1)产品质量合格证

产品出厂时，必须提供产品质量合格证。产品质量合格证应注明厂名、批量编号、证书编号、发证日期和产品标记，并由检验员或检验单位签章。

(2)堆放

砖应按规格、等级、强度等级、分别堆放，不得混杂。

(3)运输

装卸时应避免摔打，不得倾卸。

52. 普通混凝土小型空心砌块的技术要求有哪些？

(1)规格：

1)规格尺寸

主规格尺寸为390mm×190mm×190mm，其他规格尺寸可由供需双方协商。

2)最小外壁厚应不小于30mm,最小肋厚应不小于25mm。

3)空心率应不小于25%。

4)尺寸允许偏差应符合表2-24要求。

尺寸允许偏差(mm) **表2-24**

项目名称	优等品(A)	一等品(B)	合格品(C)
长　度	±2	±3	±3
宽　度	±2	±3	±3
高　度	±2	±3	$^{+3}_{-4}$

(2)外观质量应符合表2-25规定。

外观质量 **表2-25**

项　目　名　称		优等品(A)	一等品(B)	合格品(C)
弯曲(mm)　不大于		2	2	3
掉角缺棱	个数(个)　不多于	0	2	2
	三个方向投影尺寸的最小值(mm)　不大于	0	20	30
裂纹延伸的投影尺寸累计(mm)　不大于		0	20	30

(3)强度等级应符合表2-26的规定。

强度等级(MPa) **表2-26**

强度等级	砌块抗压强度	
	平均值不小于	单块最小值不小于
MU3.5	3.5	2.8
MU5.0	5.0	4.0
MU7.5	7.5	6.0
MU10.0	10.0	8.0
MU15.0	15.0	12.0
MU20.0	20.0	16.0

(4)相对含水率应符合表2-27规定。

相对含水率(%)　　表 2-27

使用地区	潮湿	中等	干燥
相对含水率不大于	45	40	35

注:潮湿——系指年平均相对湿度大于 75% 的地区;
中等——系指年平均相对湿度 50% ～75% 的地区;
干燥——系指年平均相对湿度小于 50% 的地区

(5)抗渗性:用于清水墙的砌块,其抗渗性应满足表 2-28 的规定。

抗渗性(mm)　　表 2-28

项目名称	指标
水面下降高度	三块中任一块不大于 10

(6)抗冻性:应符合表 2-29 的规定。

抗冻性　　表 2-29

<table>
<tr><th colspan="2">使用环境条件</th><th>抗冻等级</th><th>指标</th></tr>
<tr><td colspan="2">非采暖地区</td><td>不规定</td><td></td></tr>
<tr><td rowspan="2">采暖地区</td><td>一般环境</td><td>F15</td><td rowspan="2">强度损失≤25%
质量损失≤5%</td></tr>
<tr><td>干湿交替环境</td><td>F25</td></tr>
</table>

注:非采暖地区指最冷月份平均气温高于 -5℃ 的地区;
采暖地区指最冷月份平均气温低于或等于 -5℃ 的地区

三、工程质量检查

1. 建筑地基基础施工有什么基本规定?

(1)地基基础工程施工前,必须具备完备的地质勘察资料及工程附近管线、建筑物、构筑物和其他公共设施的构造情况,必要时应作施工勘察和调查以确保工程质量及临近建筑的安全。

(2)施工单位必须具备相应专业资质,并应建立完善的质量管理体系和质量检验制度。

(3)从事地基基础工程检测及见证试验的单位,必须具备省级以上(含省、自治区、直辖市)建设行政主管部门颁发的资质证书和计量行政主管部门颁发的计量认证合格证书。

(4)地基基础工程是分部工程,如有必要,根据现行国家标准《建筑工程施工质量验收统一标准》(GB50300)规定,可再划分若干个子分部工程。

(5)施工过程中出现异常情况时,应停止施工,由监理或建设单位组织勘察、设计、施工等有关单位共同分析情况,解决问题,消除质量隐患,并应形成文件资料。

2. 地基施工的一般规定有什么?

(1)建筑物地基的施工应具备下述资料:

1)岩土工程勘察资料。

2)临近建筑物和地下设施类型、分布及结构质量情况。

3)工程设计图纸、设计要求及需达到的标准,检验手段。

(2)砂、石子、水泥、钢材、石灰、粉煤灰等原材料的质量、检验项目、批量和检验方法,应符合国家现行标准的规定。

(3)地基施工结束,宜在一个间歇期后,进行质量验收,间歇期由设计确定。

(4)地基加固工程,应在正式施工前进行试验段施工,论证设定的施工参数及加固效果。为验证加固效果所进行的载荷试验,其施加载荷应不低于设计载荷的 2 倍。

(5)对灰土地基、砂和砂石地基、土工合成材料地基、粉煤灰地基、强夯地基、注浆地基、预压地基,其竣工后的结果(地基强度或承载力)必须达到设计要求的标准。检验数量,每单位工程不应少于 3 点,1000m^2 以上工程,每 100m^2 至少应有 1 点,3000m^2 以上工程,每 300m^2 至少应有 1 点。每一独立基础下至少应有 1 点,基槽每 20 延米应有 1 点。

(6)对水泥土搅拌桩复合地基、高压喷射注浆桩复合地基、砂桩地基、振冲桩复合地基、土和灰土挤密桩复合地基、水泥粉煤灰碎石桩复合地基及夯实水泥土桩复合地基,其承载力检验,数量为总数的 0.5%~1%,但不应少于 3 处。有单桩强度检验要求时,数量为总数的 0.5%~1%,但不应少于 3 根。

(7)除规范规定的主控项目外,其他主控项目及一般项目可随意抽查,但复合地基中的水泥土搅拌桩、高压喷射注浆桩、振冲桩、土和灰土挤密桩、水泥粉煤灰碎石桩及夯实水泥土桩至少应抽查 20%。

3. 灰土地基施工有什么规定?

(1)灰土土料、石灰或水泥(当水泥替代灰土中的石灰时)等材料及配合比应符合设计要求,灰土应搅拌均匀。

(2)施工过程中应检查分层铺设的厚度、分段施工时上下两层的搭接长度、夯实时加水量、夯压遍数、压实系数。

(3)施工结束后,应检验灰土地基的承载力。

(4)灰土地基的质量验收标准应符合表 3-1 的规定。

灰土地基质量检验标准 **表 3-1**

<table>
<tr><th rowspan="2">项</th><th rowspan="2">序</th><th rowspan="2">检查项目</th><th colspan="2">允许偏差或允许值</th><th rowspan="2">检查方法</th></tr>
<tr><th>单位</th><th>数值</th></tr>
<tr><td rowspan="3">主控项目</td><td>1</td><td>地基承载力</td><td colspan="2">设计要求</td><td>按规定方法</td></tr>
<tr><td>2</td><td>配合比</td><td colspan="2">设计要求</td><td>按拌和时的体积比</td></tr>
<tr><td>3</td><td>压实系数</td><td colspan="2">设计要求</td><td>现场实测</td></tr>
<tr><td rowspan="5">一般项目</td><td>1</td><td>石灰粒径</td><td>mm</td><td>≤5</td><td>筛分法</td></tr>
<tr><td>2</td><td>土料有机质含量</td><td>%</td><td>≤5</td><td>试验室焙烧法</td></tr>
<tr><td>3</td><td>土颗粒粒径</td><td>mm</td><td>≤15</td><td>筛分法</td></tr>
<tr><td>4</td><td>含水量(与要求的最优含水量比较)</td><td>%</td><td>±2</td><td>烘干法</td></tr>
<tr><td>5</td><td>分层厚度偏差(与设计要求比较)</td><td>mm</td><td>±50</td><td>水准仪</td></tr>
</table>

4. 砂和砂石地基施工有什么规定?

(1)砂、石等原材料质量、配合比应符合设计要求,砂、石应搅拌均匀。

(2)施工过程中必须检查分层厚度、分段施工时搭接部分的压实情况、加水量、压实遍数、压实系数。

(3)施工结束后,应检验砂石地基的承载力。

(4)砂和砂石地基的质量验收标准应符合表 3-2 的规定。

砂及砂石地基质量检验标准 **表 3-2**

<table>
<tr><th rowspan="2">项</th><th rowspan="2">序</th><th rowspan="2">检查项目</th><th colspan="2">允许偏差或允许值</th><th rowspan="2">检查方法</th></tr>
<tr><th>单位</th><th>数值</th></tr>
<tr><td rowspan="3">主控项目</td><td>1</td><td>地基承载力</td><td colspan="2">设计要求</td><td>按规定方法</td></tr>
<tr><td>2</td><td>配合比</td><td colspan="2">设计要求</td><td>检查拌和时的体积比或重量比</td></tr>
<tr><td>3</td><td>压实系数</td><td colspan="2">设计要求</td><td>现场实测</td></tr>
<tr><td rowspan="5">一般项目</td><td>1</td><td>砂石料有机质含量</td><td>%</td><td>≤5</td><td>焙烧法</td></tr>
<tr><td>2</td><td>砂石料含泥量</td><td>%</td><td>≤5</td><td>水洗法</td></tr>
<tr><td>3</td><td>石料粒径</td><td>mm</td><td>≤100</td><td>筛分法</td></tr>
<tr><td>4</td><td>含水量(与最优含水量比较)</td><td>%</td><td>±2</td><td>烘干法</td></tr>
<tr><td>5</td><td>分层厚度(与设计要求比较)</td><td>mm</td><td>±50</td><td>水准仪</td></tr>
</table>

5. 桩基础验收的一般规定有什么?

(1)桩位的放样允许偏差如下：

群桩　　20mm;

单排桩　　10mm。

(2)桩基工程的桩位验收,除设计有规定外,应按下述要求进行：

1)当桩顶设计标高与施工场地标高相同时,或桩基施工结束后,有可能对桩位进行检查时,桩基工程的验收应在施工结束后进行。

2)当桩顶设计标高低于施工场地标高,送桩后无法对桩位进行检查时,对打入桩可在每根桩桩顶沉至场地标高时,进行中间验收,待全部桩施工结束,承台或底板开挖到设计标高后,再做最终验收。对灌注桩可对护筒位置做中间验收。

(3)打(压)入桩(预制混凝土方桩、先张法预应力管桩、钢桩)的桩位偏差,必须符合表 3-3 的规定。斜桩倾斜度的偏差不得大于倾斜角正切值的 15%(倾斜角系桩的纵向中心线与铅垂线间夹角)。

预制桩(钢桩)桩位的允许偏差(mm)　　表 3-3

项	项　　目	允许偏差
1	盖有基础梁的桩： (1)垂直基础梁的中心线 (2)沿基础梁的中心线	 $100+0.01H$ $150+0.01H$
2	桩数为 1～3 根桩基中的桩	100
3	桩数为 4～16 根桩基中的桩	1/2 桩径或边长
4	桩数大于 16 根桩基中的桩： (1)最外边的桩 (2)中间桩	 1/3 桩径或边长 1/2 桩径或边长

注：H 为施工现场地面标高与桩顶设计标高的距离。

(4)灌注桩的桩位偏差必须符合表 3-4 的规定,桩顶标高至少要比设计标高高出 0.5m,桩底清孔质量按不同的成桩工艺有不同的要求,应按要求执行。每浇注 $50m^3$ 必须有 1 组试件,小于 $50m^3$ 的桩,每根桩必须有 1 组试件。

灌注桩的平面位置和垂直度的允许偏差　　　表 3-4

<table>
<tr><th rowspan="2">序号</th><th rowspan="2" colspan="2">成孔方法</th><th rowspan="2">桩径允许偏差(mm)</th><th rowspan="2">垂直度允许偏差(%)</th><th colspan="2">桩位允许偏差(mm)</th></tr>
<tr><th>-1～3 根、单排桩基垂直于中心线方向和群桩基础的边桩</th><th>条形桩基沿中心线方向和群桩基础的中间桩</th></tr>
<tr><td rowspan="2">1</td><td rowspan="2">泥浆护壁钻孔桩</td><td>$D \leqslant 1000mm$</td><td>±50</td><td rowspan="2"><1</td><td>$D/6$,且不大于 100</td><td>$D/4$,且不大于 150</td></tr>
<tr><td>$D > 1000mm$</td><td>±50</td><td>$100+0.01H$</td><td>$150+0.01H$</td></tr>
<tr><td rowspan="2">2</td><td rowspan="2">套管成孔灌注桩</td><td>$D \leqslant 500mm$</td><td rowspan="2">-20</td><td rowspan="2"><1</td><td>70</td><td>150</td></tr>
<tr><td>D>500mm</td><td>100</td><td>150</td></tr>
<tr><td>3</td><td colspan="2">千成孔灌注桩</td><td>-20</td><td><1</td><td>70</td><td>150</td></tr>
<tr><td rowspan="2">4</td><td rowspan="2">人工挖孔桩</td><td>混凝土护壁</td><td>+50</td><td><0.5</td><td>50</td><td>150</td></tr>
<tr><td>钢套管护壁</td><td>+50</td><td><1</td><td>100</td><td>200</td></tr>
</table>

注:1. 桩径允许偏差的负值是指个别断面。

2. 采用复打、反插法施工的桩,其桩径允许偏差不受上表限制。

3. H 为施工现场地面标高与桩顶设计标高的距离,D 为设计桩径。

(5)工程桩应进行承载力检验。对于地基基础设计等级为甲级或地质条件复杂,成桩质量可靠性低的灌注桩,应采用静载荷试验的方法进行检验,检验桩数不应少于总数的 1%,且不应少于 3 根,当总桩数少于 50 根时,不应少于 2 根。

(6)桩身质量应进行检验。对设计等级为甲级或地质条件复杂、成检质量可靠性低的灌注桩,抽检数量不应少于总数的 30%,且不应少于 20 根;其他桩基工程的抽检数量不应少于总数的 20%,且不应少于 10 根;对混凝土预制桩及地下水位以上且终孔后经过核验的灌注桩,检验数量不应少于总桩数的 10%,且不得少于 10 根。每个柱子承台下不得少于 1 根。

(7)对砂、石子、钢材、水泥等原材料的质量、检验项目、批量和检验方法,应符合国家现行标准的规定。

(8)除规范规定的主控项目外,其他主控项目应全部检查,对一般项目,除已明确规定外,其他可按 20% 抽查,但混凝土灌注桩应全部检查。

6. 静力压桩施工的一般规定有什么?

(1)静力压桩包括锚杆静压桩及其他各种非冲击力沉桩。

(2)施工前应对成品桩(锚杆静压成品桩一般均由工厂制造,运至现场堆放)做外观及强度检验,接桩用焊条或半成品硫磺胶泥应有产品合格证书,或送有关部门检验,压桩用压力表、锚杆规格及质量也应进行检查。硫磺胶泥半成品应每 100kg 做一组试件(3 件)。

(3)压桩过程中应检查压力、桩垂直度、接桩间歇时间、桩的连接质量及压入深度。重要工程应对电焊接桩的接头做 10% 的探伤检查。对承受反力的结构应加强观测。

(4)施工结束后,应做桩的承载力及桩体质量检验。

(5)锚杆静压桩质量检验标准应符合表 3-5 的规定

静力压桩质量检验标准　　表 3-5

项	序	检查项目	允许偏差或允许值		检查方法
			单位	数值	
主控项目	1	桩体质量检验	按基桩检测技术规范		按基桩检测技术规范
	2	桩位偏差	见表 3-3		用钢尺量
	3	承载力	按基桩检测技术规范		按基桩检测技术规范
一般项目	1	成品桩质量:外观 外形尺寸 强度	表面平整,颜色均匀,掉角深度＜10mm,蜂窝面积小于面积 0.5% 见表 3-8 满足设计要求		直观 见表 3-8 查产品合格证书或钻芯试压
	2	硫磺胶泥质量(半成品)	设计要求		查产品合格证书或抽样送检
	3	接桩 电焊接桩:焊缝质量	按规范规定		按规范规定
		接桩 电焊接桩:电焊结束后停歇时间	min	＞1.0	秒表测定
		接桩 硫磺胶泥接桩:胶泥浇注时间 浇注后停歇时间	min min	＜2 ＞7	秒表测定 秒表测定

续表

项	序	检查项目	允许偏差或允许值		检查方法
			单位	数值	
一般项目	4	电焊条质量	设计要求		查产品合格证书
	5	压桩压力(设计有要求时)	%	±5	查压力表读数
	6	接桩时上下节平面偏差 接桩时节点弯曲矢高	mm	<10 <1/1000l	用钢尺量 用钢尺量，l为两节桩长
	7	桩顶标高	mm	±50	水准仪

7. 先张法预应力管桩施工的一般规定有什么?

(1)施工前应检查进入现场的成品桩，接桩用电焊条等产品质量。

(2)施工过程中应检查桩的贯入情况、桩顶完整状况、电焊接桩质量、桩体垂直度、电焊后的停歇时间。重要工程应对电焊接头做10%的焊缝探伤检查。

(3)施工结束后，应做承载力检验及桩体质量检验。

(4)先张法预应力管桩的质量检验应符合表3-6的规定。

先张法预应力管桩质量检验标准　　表3-6

项	序	检查项目		允许偏差或允许值		检查方法
				单位	数值	
主控项目	1	桩体质量检验		按基桩检测技术规范		按基桩检测技术规范
	2	桩位偏差		见表3-3		用钢尺量
	3	承载力		按基桩检测技术规范		按基桩检测技术规范
一般项目	1	成品桩质量	外观	无蜂窝、露筋、裂缝、色感均匀、桩顶处无孔隙		直观
			桩径 管壁厚度 桩尖中心线 顶面平整度 桩体弯曲	mm mm mm mm	±5 ±5 <2 10 <1/1000l	用钢尺量 用钢尺量 用钢尺量 用水平尺量 用钢尺量，l为桩长

续表

项	序	检查项目	允许偏差或允许值		检查方法
			单位	数值	
一般项目	2	接桩:焊缝质量 电焊结束后停歇时间 上下节平面偏差 节点弯曲矢高	见规范 min mm	 >1.0 <10 <1/1000l	见规范 秒表测定 用钢尺量 用钢尺量,l 为两节桩长
	3	停锤标准	设计要求		现场实测或查沉桩记录
	4	桩顶标高	mm	±50	水准仪

8. 混凝土预制桩施工的一般规定有什么?

(1)桩在现场预制时,应对原材料、钢筋骨架(见表3-7)、混凝土强度进行检查;采用工厂生产的成品桩时,桩进场后应进行外观及尺寸检查。

(2)施工中应对桩体垂直度、沉桩情况、桩顶完整状况、接桩质量等进行检查,对电焊接桩,重要工程应做10%的焊缝探伤检查。

(3)施工结束后,应对承载力及桩体质量做检验。

(4)对长桩或总锤击数超过500击的锤击桩,应符合桩体强度及28d龄期的两项条件才能锤击。

(5)钢筋混凝土预制桩的质量检验标准应符合表3-8的规定。

预制桩钢筋骨架质量检验标准(mm)　　表3-7

项	序	检查项目	允许偏差或允许值	检查方法
主控项目	1	主筋距桩顶距离	±5	用钢尺量
	2	多节桩锚固钢筋位置	5	用钢尺量
	3	多节桩预埋铁件	±3	用钢尺量
	4	主筋保护层厚度	±5	用钢尺量
一般项目	1	主筋间距	±5	用钢尺量
	2	桩尖中心线	10	用钢尺量
	3	箍筋间距	±20	用钢尺量
	4	桩顶钢筋网片	±10	用钢尺量
	5	多节桩锚固钢筋长度	±10	用钢尺量

钢筋混凝土预制桩的质量检验标准　　　表 3-8

项	序	检查项目	允许偏差或允许值		检查方法
			单位	数值	
主控项目	1	桩体质量检验	按基桩检测技术规范		按基桩检测技术规范
	2	桩位偏差	见表 3-3		用钢尺量
	3	承载力	按基桩检测技术规范		按基桩检测技术规范
一般项目	1	砂、石、水泥、钢材等原材料（现场预制时）	符合设计要求		查出厂质保文件或抽样送检
	2	混凝土配合比及强度（现场预制时）	符合设计要求		检查称量及查试块记录
	3	成品桩外形	表面平整，颜色均匀，掉角深度＜10mm，蜂窝面积小于总面积 0.5％		直观
	4	成品桩裂缝（收缩裂缝或起吊、装运、堆放引起的裂缝）	深度＜20mm，宽度＜0.25mm，横向裂缝不超过边长的一半		裂缝测定仪，该项在地下水有侵蚀地区及锤击数超过 500 击的长桩不适用
	5	成品桩尺寸：横截面边长 桩顶对角线差 桩尖中心线 桩身弯曲矢高 桩顶平整度	mm mm mm mm	±5 ＜10 ＜10 ＜1/1000l ＜2	用钢尺量 用钢尺量 用钢尺量 用钢尺量，l为桩长 用水平尺量
	6	电焊接桩：焊缝质量 电焊结束后停歇时间 上下节平面偏差 节点弯曲矢高	见规范 min mm 	 ＞1.0 ＜10 ＜1/1000l	见规范 秒表测定 用钢尺量 用钢尺量，l为两节桩长
	7	硫磺胶泥接桩：胶泥浇注时间 浇注后停歇时间	min min	＜2 ＞7	秒表测定 秒表测定
	8	桩顶标高	mm	±50	水准仪
	9	停锤标准	设计要求		现场实测或查沉桩记录

9. 混凝土灌注桩施工的一般规定有什么?

(1)施工前应对水泥、砂、石子(如现场搅拌)、钢材等原材料进行检查,对施工组织设计中制定的施工顺序、监测手段(包括仪器、方法)也应检查。

(2)施工中应对成孔、清渣、放置钢筋笼、灌注混凝土等进行全过程检查,人工挖孔桩尚应复验孔底持力层土(岩)性。嵌岩桩必须有桩端持力层的岩性报告。

(3)施工结束后,应检查混凝土强度,并应做桩体质量及承载力的检验。

(4)混凝土灌注桩的质量检验标准应符合表3-9、表3-10的规定。

混凝土灌注桩钢筋笼质量检验标准(mm) **表3-9**

项	序	检查项目	允许偏差或允许值	检查方法
主控项目	1	主筋间距	±10	用钢尺量
	2	长度	±100	用钢尺量
一般项目	1	钢筋材质检验	设计要求	抽样送检
	2	箍筋间距	±20	用钢尺量
	3	直径	±10	用钢尺量

混凝土灌注桩质量检验标准 **表3-10**

项	序	检查项目	允许偏差或允许值		检查方法
			单位	数值	
主控项目	1	桩位	见规范		基坑开挖前量护筒,开挖后量桩中心
	2	孔深	mm	+300	只深不浅,用重锤测,或测钻杆、套管长度,嵌岩桩应确保进入设计要求的嵌岩深度
	3	桩体质量检验	按基桩检测技术规范。如钻芯取样,大直径嵌岩桩应钻至桩尖下50cm		按基桩检测技术规范
	4	混凝土强度	设计要求		试件报告或钻芯取样送检
	5	承载力	按基桩检测技术规范		按基桩检测技术规范

续表

项	序	检查项目	允许偏差或允许值		检查方法
			单位	数值	
一般项目	1	垂直度	见规范		测套管或钻杆，或用超声波探测，干施工时吊垂球
	2	桩径	见规范		井径仪或超声波检测，干施工时用钢尺量，人工挖孔桩不包括内衬厚度
	3	泥浆密度(粘土或砂性土中)	1.15～1.20		用密度计测，清孔后在距孔底50cm处取样
	4	泥浆面标高(高于地下水位)	m	0.5～1.0	目测
	5	沉渣厚度：端承桩 摩擦桩	mm mm	≤50 ≤150	用沉渣仪或重锤测量
	6	混凝土坍落度：水下灌注 干施工	mm mm	160～220 70～100	坍落度仪
	7	钢筋笼安装深度	mm	±100	用钢尺量
	8	混凝土充盈系数	>1		检查每根桩的实际灌注量
	9	桩顶标高	mm	+30 -50	水准仪，需扣除桩顶浮浆层及劣质桩体

(5)人工挖孔桩、嵌岩桩的质量检验应按规范要求执行。

10．土方工程施工有什么规定？

一般规定

(1)土方工程施工前应进行挖、填方的平衡计算，综合考虑土方运距最短、运程合理和各个工程项目的合理施工程序等，做好土方平衡调配，减少重复挖运。

土方平衡调配应尽可能与城市规划和农田水利相结合将余土一次性运到指定弃土场，做到文明施工。

(2)当土方工程挖方较深时，施工单位应采取措施，防止基坑底部土的隆起并避免危害周边环境。

(3)在挖方前，应做好地面排水和降低地下水位工作。

(4)平整场地的表面坡度应符合设计要求，如设计无要求时，排水沟方向的坡度不应小于 2‰。平整后的场地表面应逐点检查。检查点为每 100～400m^2 取 1 点，但不应少于 10 点；长度、宽度和边坡均为每 20m 取 1 点，每边不应少于 1 点。

(5)土方工程施工，应经常测量和校核其平面位置、水平标高和边坡坡度。平面控制桩和水准控制点应采取可靠的保护措施，定期复测和检查。土方不应堆在基坑边缘。

(6)对雨期和冬期施工还应遵守国家现行有关标准。

土 方 开 挖

(1)土方开挖前应检查定位放线、排水和降低地下水位系统，合理安排土方运输车的行走路线及弃土场。

(2)施工过程中应检查平面位置、水平标高、边坡坡度、压实度、排水、降低地下水位系统，并随时观测周围的环境变化。

(3)临时性挖方的边坡值应符合表 3-11 的规定。

临时性挖方边坡值 **表 3-11**

<table>
<tr><th colspan="2">土的类别</th><th>边坡值(高:宽)</th></tr>
<tr><td colspan="2">砂土(不包括细砂、粉砂)</td><td>1:1.25～1:1.50</td></tr>
<tr><td>一般性粘土</td><td>硬</td><td>1:0.75～1:1.00</td></tr>
<tr><td rowspan="2">一般性粘土</td><td>硬、塑</td><td>1:1.00～1:1.25</td></tr>
<tr><td>软</td><td>1:1.50 或更缓</td></tr>
<tr><td rowspan="2">碎石类土</td><td>充填坚硬、硬塑粘性土</td><td>1:0.50～1:1.00</td></tr>
<tr><td>充填砂土</td><td>1:1.00～1:1.50</td></tr>
</table>

注：1. 设计有要求时，应符合设计标准。
2. 如采用降水或其他加固措施，可不受本表限制，但应计算复核。
3. 开挖深度，对软土不应超过 4m，对硬土不应超过 8m。

(4)土方开挖工程的质量检验标准应符合表 3-12 的规定。

土方开挖工程质量检验标准(mm)　　表 3-12

项	序	项　目	允许偏差或允许值					检验方法
			柱基基坑基槽	挖方场地平整		管沟	地(路)面基层	
				人工	机械			
主控项目	1	标　高	−50	±30	±50	−50	−50	水准仪
	2	长度、宽度(由设计中心线向两边量)	+200 −50	+300 −100	+500 −150	+100	—	经纬仪,用钢尺量
	3	边　坡	设计要求					观察或用坡度尺检查
一般项目	1	表面平整度	20	20	50	20	20	用 2m 靠尺和楔形塞尺检查
	2	基底土性	设计要求					观察或土样分析

注:地(路)面基层的偏差只适用于直接在挖、填方上做地(路)面的基层。

土 方 回 填

(1)土方回填前应清除基底的垃圾、树根等杂物,抽除坑穴积水、淤泥,验收基底标高。如在耕植土或松土上填方,应在基底压实后再进行。

(2)对填方土料应按设计要求验收后方可填入。

(3)填方施工过程中应检查排水措施,每层填筑厚度、含水量控制、压实程度。填筑厚度及压实遍数应根据土质,压实系数及所用机具确定。如无试验依据,应符合表 3-13 的规定。

填土施工时的分层厚度及压实遍数　　表 3-13

压实机具	分层厚度(mm)	每层压实遍数
平碾	250～300	6～8
振动压实机	250～350	3～4
柴油打夯机	200～250	3～4
人工打夯	<200	3～4

(4)填方施工结束后，应检查标高、边坡坡度、压实程度等，检验标准应符合表3-14的规定。

填土工程质量检验标准(mm) **表3-14**

项	序	检查项目	允许偏差或允许值					检查方法
			桩基基坑基槽	场地平整		管沟	地(路)面基础层	
				人工	机械			
主控项目	1	标高	-50	±30	±50	-50	-50	水准仪
主控项目	2	分层压实系数	设计要求					按规定方法
一般项目	1	回填土料	设计要求					取样检查或直观鉴别
一般项目	2	分层厚度及含水量	设计要求					水准仪及抽样检查
一般项目	3	表面平整度	20	20	30	20	20	用靠尺或水准仪

11. 基坑工程施工的一般规定有什么？

(1)在基坑(槽)或管沟工程等开挖施工中，现场不宜进行放坡开挖，当可能对邻近建(构)筑物、地下管线、永久性道路产生危害时，应对基坑(槽)、管沟进行支护后再开挖。

(2)基坑(槽)、管沟开挖前应做好下述工作：

1)基坑(槽)、管沟开挖前，应根据支护结构形式、挖深、地质条件、施工方法、周围环境、工期、气候和地面载荷等资料制定施工方案、环境保护措施、监测方案，经审批后方可施工。

2)土方工程施工前，应对降水、排水措施进行设计，系统应经检查和试运转，一切正常时方可开始施工。

3)有关围护结构的施工质量验收可按规范规定执行，验收合格后方可进行土方开挖。

(3)土方开挖的顺序、方法必须与设计工况相一致，并遵循"开槽支撑,先撑后挖,分层开挖,严禁超挖”的原则。

(4)基坑(槽)、管沟的挖土应分层进行。在施工过程中基坑(槽)、管沟边堆置土方不应超过设计荷载,挖方时不应碰撞或损伤支护结构、降水设施。

(5)基坑(槽)、管沟土方施工中应对支护结构、周围环境进行观察和监测,如出现异常情况应及时处理,待恢复正常后方可继续施工。

(6)基坑(槽)、管沟开挖至设计标高后,应对坑底进行保护,经验槽合格后,方可进行垫层施工。对特大型基坑,宜分区分块挖至设计标高,分区分块及时浇筑垫层。必要时,可加强垫层。

(7)基坑(槽)、管沟土方工程验收必须确保支护结构安全和周围环境安全为前提。当设计有指标时,以设计要求为依据,如无设计指标时应按表 3-15 的规定执行。

基坑变形的监控值(cm) **表 3-15**

基坑类别	围护结构墙顶位移监控值	围护结构墙体最大位移监控值	地面最大沉降监控值
一级基坑	3	5	3
二级基坑	6	8	6
三级基坑	8	10	10

注:1. 符合下列情况之一,为一级基坑:
(1)重要工程或支护结构做主体结构的一部分;
(2)开挖深度大于 10m;
(3)与临近建筑物,重要设施的距离在开挖深度以内的基坑;
(4)基坑范围内有历史文物、近代优秀建筑、重要管线等需严加保护的基坑。
2. 三级基坑为开挖深度小于 7m,且周围环境无特别要求时的基坑。
3. 除一级和三级外的基坑属二级基坑。
4. 当周围已有的设施有特殊要求时,尚应符合这些要求。

12. 排桩墙支护工程施工有什么要求?

(1)排桩墙支护结构包括灌注桩、预制桩、板桩等类型桩构成的支护结构。

(2)灌注桩、预制桩的检验标准应符合规范规定。钢板桩均为工厂成品，新桩可按出厂标准检验，重复使用的钢板桩应符合表3-16的规定，混凝土板桩应符合表3-17的规定。

重复使用的钢板桩检验标准　　　　表3-16

序	检查项目	允许偏差或允许值		检查方法
		单位	数值	
1	桩垂直度	%	<1	用钢尺量
2	桩身弯曲度		<2%l	用钢尺量，l为桩长
3	齿槽平直度及光滑度	无电焊渣或毛刺		用1m长的桩段做通过试验
4	桩长度	不小于设计长度		用钢尺量

混凝土板桩制作标准　　　　表3-17

项	序	检查项目	允许偏差或允许值		检查方法
			单位	数值	
主控项目	1	桩长度	mm	+10 0	用钢尺量
	2	桩身弯曲度		<0.1%l	用钢尺量，l为桩长
一般项目	1	保护层厚度	mm	±5	用钢尺量
	2	横截面相对两面之差	mm	5	用钢尺量
	3	桩尖对桩轴线的位移	mm	10	用钢尺量
	4	桩厚度	mm	+10 0	用钢尺量
	5	凹凸槽尺寸	mm	±3	用钢尺量

(3)排桩墙支护的基坑，开挖后应及时支护，每一道支撑施工应确保基坑变形在设计要求的控制范围内。

(4)在含水地层范围内的排桩墙支护基坑，应有确实可靠的止水措施，确保基坑施工及邻近构筑物的安全。

13. 水泥土桩墙支护工程施工有什么要求?

(1)水泥土墙支护结构指水泥土搅拌桩(包括加筋水泥土搅拌桩)、高压喷射注浆桩所构成的围护结构。

(2)水泥土搅拌桩及高压喷射注浆桩的质量检验应满足规范规定。

(3)加筋水泥土桩应符合表 3-18 的规定。

加筋水泥土桩质量检验标准　　表 3-18

序	检查项目	允许偏差或允许值		检查方法
		单位	数值	
1	型钢长度	mm	±10	用钢尺量
2	型钢垂直度	%	<1	经纬仪
3	型钢插入标高	mm	±30	水准仪
4	型钢插入平面位置	mm	10	用钢尺量

14. 锚杆及土钉墙支护工程施工有什么要求?

(1)锚杆及土钉墙支护工程施工前应熟悉地质资料、设计图纸及周围环境,降水系统应确保正常工作,必须的施工设备如挖掘机、钻机、压浆泵、搅拌机等应能正常运转。

(2)一般情况下,应遵循分段开挖、分段支护的原则,不宜按一次挖就再行支护的方式施工。

(3)施工中应对锚杆或土钉位置,钻孔直径、深度及角度,锚杆或土钉插入长度,注浆配比、压力及注浆量,喷锚墙面厚度及强度、锚杆或土钉应力等进行检查。

(4)每段支护体施工完后,应检查坡顶或坡面位移,坡顶沉降及周围环境变化,如有异常情况应采取措施,恢复正常后方可继续施工。

(5)锚杆及土钉墙支护工程质量检验应符合表 3-19 的规定。

锚杆及土钉墙支护工程质量检验标准　　表 3-19

项	序	检 查 项 目	允许偏差或允许值		检 查 方 法
			单　位	数　值	
主控项目	1	锚杆土钉长度	mm	±30	用钢尺量
	2	锚杆锁定力	设计要求		现场实测
一般项目	1	锚杆或土钉位置	mm	±100	用钢尺量
	2	钻孔倾斜度	°	±1	测钻机倾角
	3	浆体强度	设计要求		试样送检
	4	注浆量	大于理论计算浆量		检查计量数据
	5	土钉墙面厚度	mm	±10	用钢尺量
	6	墙体强度	设计要求		试样送检

15. 钢或混凝土支撑系统施工和验收有什么要求?

(1)支撑系统包括围图及支撑,当支撑较长时(一般超过15m),还包括支撑下的立柱及相应的立柱桩。

(2)施工前应熟悉支撑系统的图纸及各种计算工况,掌握开挖及支撑设置的方式、预顶力及周围环境保护的要求。

(3)施工过程中应严格控制开挖和支撑的程序及时间,对支撑的位置(包括立柱及立柱桩的位置)、每层开挖深度、预加顶力(如需要时)、钢围图与围护体或支撑与围图的密贴度应做周密检查。

(4)全部支撑安装结束后,仍应维持整个系统的正常运转直至支撑全部拆除。

(5)作为永久性结构的支撑系统尚应符合现行国家标准《混凝土结构工程施工质量验收规范》(GB50204)的要求。

(6)钢或混凝土支撑系统工程质量检验标准应符合表 3-20 的规定。

钢及混凝土支撑系统工程质量检验标准　　表 3-20

项	序	检查项目	允许偏差或允许值		检查方法
			单位	数量	
主控项目	1	支撑位置：标高 平面	mm mm	30 100	水准仪 用钢尺量
	2	预加顶力	kN	±50	油泵读数或传感器
一般项目	1	围囹标高	mm	30	水准仪
	2	立柱桩	参见规范		参见规范
	3	立柱位置：标高 平面	mm mm	30 50	水准仪 用钢尺量
	4	开挖超深(开槽放支撑不在此范围)	mm	<200	水准仪
	5	支撑安装时间	设计要求		用钟表估测

16. 降水与排水系统施工有什么要求?

(1)降水与排水是配合基坑开挖的安全措施，施工前应有降水与排水设计。当在基坑外降水时，应有降水范围的估算，对重要建筑物或公共设施在降水过程中应监测。

(2)对不同的土质应用不同的降水形式，表 3-21 为常用的降水形式。

降水类型及适用条件　　表 3-21

降水类型＼适用条件	渗透系数(cm/s)	可能降低的水位深度(m)
轻型井点多级轻型井点	$10^{-2} \sim 10^{-5}$	3~6 6~12
喷射井点	$10^{-3} \sim 10^{-6}$	8~20
电渗井点	$<10^{-6}$	宜配合其他形式降水使用
深井井管	$\geqslant 10^{-5}$	>10

(3)降水系统施工完后，应试运转，如发现井管失效，应采取措施使其恢复正常，如无可能恢复则应报废，另行设置新的井管。

(4)降水系统运转过程中应随时检查观测孔中的水位。

基坑内明排水应设置排水沟及集水井，排水沟纵坡宜控制在1‰～2‰。

(5)降水与排水施工的质量检验标准应符合表3-22的规定。

降水与排水施工质量检验标准　　表3-22

序	检查项目	允许值或允许偏差		检查方法
		单位	数值	
1	排水沟坡度	‰	1～2	目测：坑内不积水，沟内排水畅通
2	井管(点)垂直度	%	1	插管时目测
3	井管(点)间距(与设计相比)	%	≤150	用钢尺量
4	井管(点)插入深度(与设计相比)	mm	≤200	水准仪
5	过滤砂砾料填灌(与计算值相比)	mm	≤5	检查回填料用量
6	井点真空度：轻型井点 喷射井点	kPa kPa	＞60 ＞93	真空度表 真空度表
7	电渗井点阴阳极距离：轻型井点 喷射井点	mm mm	80～100 120～150	用钢尺量 用钢尺量

17. 地基与基础施工勘察要点有哪些？

(1)所有建(构)筑物均应进行施工验槽。遇到下列情况之一时，应进行专门的施工勘察。

1)工程地质条件复杂，详勘阶段难以查清时；

2)开挖基槽发现土质、土层结构与勘察资料不符时；

3)施工中边坡失稳，需查明原因，进行观察处理时；

4)施工中，地基土受扰动，需查明其性状及工程性质时；

5)为地基处理，需进一步提供勘察资料时；

6)建(构)筑物有特殊要求，或在施工时出现新的岩土工程地质问题时。

(2)施工勘察应针对需要解决的岩土工程问题布置工作量，勘察方法可根据具体情况选用施工验槽、钻探取样和原位测试等。

天然地基基础基槽检验要点

(1)基槽开挖后，应检验下列内容：

1)核对基坑的位置、平面尺寸、坑底标高；

2)核对基坑土质和地下水情况；

3)空穴、古墓、古井、防空掩体及地下埋设物的位置、深度、性状。

(2)在进行直接观察时，可用袖珍式贯入仪作为辅助手段。

(3)遇到下列情况之一时，应在基坑底普遍进行轻型动力触探：

1)持力层明显不均匀；

2)浅部有软弱下卧层；

3)有浅埋的坑穴、古墓、古井等，直接观察难以发现时；

4)勘察报告或设计文件规定应进行轻型动力触探时。

(4)采用轻型动力触探进行基槽检验时，检验深度及间距按表3-23执行：

轻型动力触探检验深度及间距表(m)　　**表3-23**

排列方式	基槽宽度	检验深度	检验间距
中心一排	<0.8	1.2	1.0～1.5m视地层复杂情况定
两排错开	0.8～2.0	1.5	
梅花形	>2.0	2.1	

(5)遇下列情况之一时，可不进行轻型动力触探：

1)基坑不深处有承压水层，触探可造成冒水涌砂时；

2)持力层为砾石层或卵石层，且其厚度符合设计要求时。

(6)基槽检验应填写验槽记录或检验报告。

深基础施工勘察要点

(1)当预制打入桩、静力压桩或锤击沉管灌注桩的入土深度与勘察资料不符或对桩端下卧层有怀疑时，应核查桩端下主要受力层范围内的标准贯入击数和岩土工程性质。

(2)在单柱单桩的大直径桩施工中，如发现地层变化异常或怀疑持力层可能存在破碎带或溶洞等情况时，应对其分布、性质、程度进行核查，评价其对工程安全的影响程度。

(3)人工挖孔混凝土灌注桩应逐孔进行持力层岩土性质的描述及鉴别，当发现与勘察资料不符时，应对异常之处进行施工勘察，重新评价，并提供处理的技术措施。

地基处理工程施工勘察要点

(1)根据地基处理方案，对勘察资料中场地工程地质及水文地质条件进行核查和补充；对详勘阶段遗留问题或地基处理设计中的特殊要求进行有针对性的勘察，提供地基处理所需的岩土工程设计参数，评价现场施工条件及施工对环境的影响。

(2)当地基处理施工中发生异常情况时，进行施工勘察，查明原因，为调整、变更设计方案提供岩土工程设计参数，并提供处理的技术措施。

施工勘察报告

施工勘察报告应包括下列主要内容：

(1)工程概况；

(2)目的和要求；

(3)原因分析；

(4)工程安全性评价；

(5)处理措施及建议。

18. 建筑地面工程施工有什么基本规定?

(1)建筑地面工程、子分部工程、分项工程的划分，按表 3-24 执行。

建筑地面子分部工程、分项工程划分表　　表 3-24

分部工程	子分部工程		分项工程
建筑装饰装修工程	地面	整体面层	基层：基土、灰土垫层、砂垫层和砂石垫层、碎石垫层和碎砖垫层、三合土垫层、炉渣垫层、水泥混凝土垫层、找平层、隔离层、填充层
			面层：水泥混凝土面层、水泥砂浆面层、水磨石面层、水泥钢(铁)屑面层、防油渗面层、不发火(防爆的)面层

续表

分部工程	子分部工程		分 项 工 程
建筑装饰装修工程	地面	板块面层	基层:基土、灰土垫层、砂垫层和砂石垫层、碎石垫层和碎砖垫层、三合土垫层、炉渣垫层、水泥混凝土垫层、找平层、隔离层、填充层
			面层:砖面层(陶瓷锦砖、缸砖、陶瓷地砖和水泥花砖面层)、大理石面层和花岗石面层、预制板块面层(水泥混凝土板块、水磨石板块面层)、料石面层(条石、块石面层)、塑料板面层、活动地板面层、地毯面层
		木、竹面层	基层:基土、灰土垫层、砂垫层和砂石垫层、碎石垫层和碎砖垫层、三合土垫层、炉渣垫层、水泥混凝土垫层、找平层、隔离层、填充层
			面层:实木地板面层(条材、块材面层)、实木复合地板面层(条材、块材面层)、中密度(强化)复合地板面层(条材面层)、竹地板面层

(2)建筑施工企业在建筑地面工程施工时,应有质量管理体系和相应的施工工艺技术标准。

(3)建筑地面工程采用的材料应按设计要求和规范的规定选用,并应符合国家标准的规定;进场材料应有中文质量合格证明文件、规格、型号及性能检测报告,对重要材料应有复验报告。

(4)建筑地面采用的大理石、花岗石等天然石材必须符合国家现行行业标准《天然石材产品放射防护分类控制标准》(JC518)中有关材料有害物质有限量规定。进场应具有检测报告。

(5)胶粘剂、沥青胶结料和涂料等材料应按设计要求选用,并应符合现行国家标准《民用建筑工程室内环境污染控制规范》(GB50325)的规定。

(6)厕浴间和有防滑要求的建筑地面的板块材料应符合设计要求。

(7)建筑地面下的沟槽、暗管等工程完工后,经检验合格并做隐蔽记录,方可进行建筑地面工程的施工。

(8)建筑地面工程基层(各构造层)和面层的铺设,均应待其下一层检验合格后方可施工上一层。建筑地面工程各层铺设前与相关专业的分部(子分部)工程、分项工程以及设备管道安装工程之间，应进行交接检验。

(9)建筑地面工程施工时，各层环境温度的控制应符合下列规定：

1)采用掺有水泥、石灰的拌和料铺设以及用石油沥青胶结料铺贴时，不应低于5℃；

2)采用有机胶粘剂粘贴时，不应低于10℃；

3)采用砂、石材料铺设时，不应低于0℃。

(10)铺设有坡度的地面应采用基土高差达到设计要求的坡度；铺设有坡度的楼面(或架空地面)应采用在钢筋混凝土板上变更填充层(或找平层)铺设的厚度或以结构起坡达到设计要求的坡度。

(11)室外散水、明沟、踏步、台阶和坡道等附属工程，其面层和基层(各构造层)均应符合设计要求。施工时应按规范基层铺设中基土和相应垫层以及面层的规定执行。

(12)水泥混凝土散水、明沟，应设置伸缩缝，其延米间距不得大于10m；房屋转角处应做45°缝。水泥混凝土散水、明沟和台阶等与建筑物连接处应设缝处理。上述缝宽度为15～20mm，缝内填嵌柔性密封材料。

(13)建筑地面的变形缝应按设计要求设置，并应符合下列规定：

1)建筑地面的沉降缝、伸缩缝和防震缝，应与结构相应缝的位置一致，且应贯通建筑地面的各构造层；

2)沉降缝和防震缝的宽度应符合设计要求，缝内清理干净，以柔性密封材料填嵌后用板封盖，并应与面层齐平。

(4)建筑地面镶边，当设计无要求时，应符合下列规定：

1)有强烈机械作用下的水泥类整体面层与其他类型的面层邻接处，应设置金属镶边构件；

2)采用水磨石整体面层时，应用同类材料以分格条设置镶边；

3)条石面层和砖面层与其他面层邻接处，应用顶铺的同类材料镶边；

4)采用木、竹面层和塑料板面层时，应用同类材料镶边；

5)地面面层与管沟、孔洞、检查井等邻接处，均应设置镶边；

6)管沟、变形缝等处的建筑地面面层的镶边构件，应在面层铺设前装设。

(15)厕浴间、厨房和有排水(或其他液体)要求的建筑地面面层与相连接各类面层的标高差应符合设计要求。

(16)检验水泥混凝土和水泥砂浆强度试块的组数，按每一层(或检验批)建筑地面工程不应小于1组。当每一层(或检验批)建筑地面工程面积大于1000m^{2}时，每增加1000m^{2}应增做1组试块；小于1000m^{2}按1000m^{2}计算。当改变配合比时，亦应相应地制作试块组数。

(17)各类面层的铺设宜在室内装饰工程基本完工后进行。木、竹面层以及活动地板、塑料板、地毯面层的铺设，应待抹灰工程或管道试压等施工完工后进行。

(18)建筑地面工程施工质量的检验，应符合下列规定：

1)基层(各构造层)和各类面层的分项工程的施工质量验收应按每一层次或每层施工段(或变形缝)作为检验批，高层建筑的标准层可按每三层(不足三层按三层计)作为检验批；

2)每检验批应以各子分部工程的基层(各构造层)和各类面层所划分的分项工程按自然间(或标准间)检验，抽查数量应随机检验不应少于3间；不足3间，应全数检查；其中走廊(过道)应以10延长米为1间，工业厂房(按单跨计)、礼堂、门厅应以两个轴线为1间计算；

3)有防水要求的建筑地面子分部工程的分项工程施工质量每检验批抽查数量应按其房间总数随机检验不应少于4间，不足4间，应全数检查。

(19)建筑地面工程的分项工程施工质量检验的主控项目，必须达到本规范规定的质量标准，认定为合格；一般项目80%以上的检查点(处)符合本规范规定的质量要求，其他检查点(处)不得有明显影响使用，并不得大于允许偏差值的50%为合格。凡达不到质量标准时，应按现行国家标准《建筑工程施工质量验收统一标准》(GB50300)的规定处理。

(20)建筑地面工程完工后，施工质量验收应在建筑施工企业自检合格的基础上，由监理单位组织有关单位对分项工程、子分部工程进行检验。

(21)检验方法应符合下列规定：

1)检查允许偏差应采用钢尺、2m靠尺、楔形塞尺、坡度尺和水准仪；

2)检查空鼓应采用敲击的方法；

3)检查有防水要求建筑地面的基层(各构造层)和面层，应采用泼水或蓄水方法，蓄水时间不得少于24h；

4)检查各类面层(含不需铺设部分或局部面层)表面的裂纹、脱皮、麻面和起砂等缺陷，应采用观感的方法。

(22)建筑地面工程完工后，应对面层采取保护措施。

19. 基土铺设有什么要求？

(1)对软弱土层应按设计要求进行处理。

(2)填土应分层压(夯)实，填土质量应符合现行国家标准《地基与基础工程施工质量验收规范》(GB50202)的有关规定。

(3)填土时应为最优含水量。重要工程或大面积的地面填土前，应取土样，按击实试验确定最优含水量与相应的最大干密度。

主 控 项 目

(4)基于严禁用淤泥、腐植土、冻土、耕植土、膨胀土和含有有机物质大于8%的土作为填土。

检验方法：观察检查和检查土质记录。

(5)基土应均匀密实，压实系数应符合设计要求，设计无要求时，不应小于0.90。

检验方法：观察检查和检查试验记录。

一 般 项 目

(6)基土表面的允许偏差应符合规范规定。

检验方法:应按规范中的检验方法检验。

20. 灰土垫层铺设有什么要求?

(1)灰土垫层应采用熟化石灰与粘土(或粉质粘土、粉土)的拌和料铺设,其厚度不应小于100mm。

(2)熟化石灰可采用磨细生石灰,亦可用粉煤灰或电石渣代替。

(3)灰土垫层应铺设在不受地下水浸泡的基土上。施工后应有防止水浸泡的措施。

(4)灰土垫层应分层夯实,经湿润养护、晾干后方可进行下一道工序施工。

主 控 项 目

(5)灰土体积比应符合设计要求。

检验方法:观察检查和检查配合比通知单记录。

一 般 项 目

(6)熟化石灰颗粒粒径不得大于5mm;粘土(或粉质粘土、粉土)内不得含有有机物质,颗粒粒径不得大于15mm。

检验方法:观察检查和检查材质合格记录。

(7)灰土垫层表面的允许偏差应符合规范的规定。

检验方法:应按规范中的检验方法检验。

21. 砂垫层和砂石垫层铺设有什么要求?

(1)砂垫层厚度不应小于60mm;砂石垫层厚度不应小于100mm。

(2)砂石应选用天然级配材料。铺设时不应有粗细颗粒分离现象,压(夯)至不松动为止。

主 控 项 目

(3)砂和砂石不得含有草根等有机杂质;砂应采用中砂;石子最大粒径不得大于垫层厚度的2/3。

检验方法:观察检查和检查材质合格证明文件及检测报告。

(4)砂垫层和砂石垫层的干密度(或贯入度)应符合设计要求。

检验方法:观察检查和检查试验记录。

一 般 项 目

(5)表面不应有砂窝、石堆等质量缺陷。

检验方法:观察检查。

(6)砂垫层和砂石垫层表面的允许偏差应符合规范的规定。

检验方法:应按规范中的检验方法检验。

22. 碎石垫层和碎砖垫层铺设有什么要求?

(1)碎石垫层和碎砖垫层厚度不应小于100mm。

(2)垫层应分层压(夯)实,达到表面坚实、平整。

主 控 项 目

(3)碎石的强度应均匀,最大粒径不应大于垫层厚度的2/3;碎砖不应采用风化、酥松、夹有有机杂质的砖料,颗粒粒径不应大于60mm。

检验方法:观察检查和检查材质合格证明文件及检测报告。

(4)碎石、碎砖垫层的密实度应符合设计要求。

检验方法:观察检查和检查试验记录。

一 般 项 目

(5)碎石、碎砖垫层的表面允许偏差应符合规范的规定。

检验方法:应按规范中的检验方法检验。

23. 三合土垫层铺设有什么要求?

(1)三合土垫层采用石灰、砂(可掺入少量粘土)与碎砖的拌和料铺设,其厚度不应小于100mm。

(2)三合土垫层应分层夯实。

主 控 项 目

(3)熟化石灰颗粒粒径不得大于5mm;砂应用中砂,并不得含有草根等有机物质;碎砖不应采用风化、酥松和有机杂质的砖料,颗粒粒径不应大于60mm。

检验方法:观察检查和检查材质合格证明文件及检测报告。

(4)三合土的体积比应符合设计要求。

检验方法:观察检查和检查配合比通知单记录。

一 般 项 目

(5)三合土垫层表面的允许偏差应符合规范的规定。

检验方法:应按规范的检验方法检验。

24. 炉渣垫层铺设有什么要求?

(1)炉渣垫层采用炉渣或水泥与炉渣或水泥、石灰与炉渣的拌和料铺设,其厚度不应小于80mm。

(2)炉渣或水泥炉渣垫层的炉渣,使用前应浇水闷透;水泥石灰炉渣垫层的炉渣,使用前应用石灰浆或用熟化石灰浇水拌和闷透;闷透时间均不得少于5d。

(3)在垫层铺设前,其下一层应湿润;铺设时应分层压实,铺设后应养护,待其凝结后方可进行下一道工序施工。

主 控 项 目

(4)炉渣内不应含有有机杂质和未燃尽的煤块,颗粒粒径不应大于40mm,且颗粒粒径在5mm及其以下的颗粒,不得超过总体积的40%;熟化石灰颗粒粒径不得大于5mm。

检验方法;观察检查和检查材质合格证明文件及检测报告。

(5)炉渣垫层的体积比应符合设计要求。

检验方法;观察检查和检查配合比通知单。

一 般 项 目

(6)炉渣垫层与其下一层结合牢固,不得有空鼓和松散炉渣颗粒。

检验方法:观察检查和用小锤轻击检查。

(7)炉渣垫层表面的允许偏差应符合规范的规定。

检验方法:应按规范的检验方法检验。

25. 水泥混凝土垫层铺设有什么要求?

(1)水泥混凝土垫层铺设在基土上,当气温长期处于0℃以下，设计无要求时，垫层应设置伸缩缝。

(2)水泥混凝土垫层的厚度不应小于 60mm。

(3)垫层铺设前，其下一层表面应湿润。

(4)室内地面的水泥混凝土垫层，应设置纵向缩缝和横向缩缝；纵向缩缝间距不得大于 6m，横向缩缝不得大于 12m。

(5)垫层的纵向缩缝应做平头缝或加肋板平头缝。当垫层厚度大于 150mm 时，可做企口缝。横向缩缝应做假缝。

平头缝和企口缝的缝间不得放置隔离材料，浇筑时应互相紧贴。企口缝的尺寸应符合设计要求，假缝宽度为 5～20mm，深度为垫层厚度的 1/3，缝内填水泥砂浆。

(6)工业厂房、礼堂、门厅等大面积水泥混凝土垫层应分区段浇筑。分区段应结合变形缝位置、不同类型的建筑地面连接处和设备基础的位置进行划分，并应与设置的纵向、横向缩缝的间距相一致。

(7)水泥混凝土施工质量检验尚应符合现行国家标准《混凝土结构工程施工质量验收规范》(GB50204)的有关规定。

主 控 项 目

(8)水泥混凝土垫层采用的粗骨料，其最大粒径不应大于垫层厚度的 2/3；含泥量不应大于 2%；砂为中粗砂，其含泥量不应大于 3%。

检验方法：观察检查和检查材质合格证明文件及检测报告。

(9)混凝土的强度等级应符合设计要求，且不应小于 C10。

检验方法：观察检查和检查配合比通知单及检测报告。

一 般 项 目

(10)水泥混凝土垫层表面的允许偏差应符合规范的规定。

检验方法：应按规范中的检验方法检验。

26. 找平层铺设有什么要求？

(1)找平层应采用水泥砂浆或水泥混凝土铺设，并应符合规范有关面层的规定。

(2)铺设找平层前，当其下一层有松散填充料时，应予铺平振实。

(3)有防水要求的建筑地面工程，铺设前必须对立管、套管和地漏与楼板节点之间进行密封处理；排水坡度应符合设计要求。

(4)在预制钢筋混凝土板上铺设找平层前，板缝填嵌的施工应符合下列要求：

1)预制钢筋混凝土板相邻缝底宽不应小于20mm；

2)填嵌时，板缝内应清理干净，保持湿润；

3)填缝采用细石混凝土，其强度等级不得小于C20。填缝高度应低于板面10～20mm，且振捣密实，表面不应压光；填缝后应养护；

4)当板缝底宽大于40mm时，应按设计要求配置钢筋。

(5)在预制钢筋混凝土板上铺设找平层时，其板端应按设计要求做防裂的构造措施。

主控项目

(6)找平层采用碎石或卵石的粒径不应大于其厚度的2/3，含泥量不应大于2%；砂为中粗砂，其含泥量不应大于3%。

检验方法：观察检查和检查材质合格证明文件及检测报告。

(7)水泥砂浆体积比或水泥混凝土强度等级应符合设计要求，且水泥砂浆体积比不应小于1∶3(或相应的强度等级)；水泥混凝土强度等级不应小于C15。

检验方法：观察检查和检查配合比通知单及检测报告。

(8)有防水要求的建筑地面工程的立管、套管、地漏处严禁渗漏，坡向应正确、无积水。

检验方法：观察检查和蓄水、泼水检验及坡度尺检查。

一般项目

(9)找平层与其下一层结合牢固，不得有空鼓。

检验方法：用小锤轻击检查。

(10)找平层表面应密实，不得有起砂、蜂窝和裂缝等缺陷。

检验方法：观察检查。

(11)找平层的表面允许偏差应符合规范的规定。

检验方法:应按规范中的检验方法检验。

27. 隔离层铺设有什么要求?

(1)隔离层的材料,其材质应经有资质的检测单位认定。

(2)在水泥类找平层上铺设沥青类防水卷材、防水涂料或以水泥类材料作为防水隔离层时,其表面应坚固、洁净、干燥。铺设前,应涂刷基层处理剂。基层处理剂应采用与卷材性能配套的材料或采用同类涂料的底子油。

(3)当采用掺有防水剂的水泥类找平层作为防水隔离层时,其掺量和强度等级(或配合比)应符合设计要求。

(4)铺设防水隔离层时,在管道穿过楼板面四周,防水材料应向上铺涂,并超过套管的上口;在靠近墙面处,应高出面层200~300mm或按设计要求的高度铺涂。阴阳角和管道穿过楼板面的根部应增加铺涂附加防水隔离层。

(5)防水材料铺设后,必须蓄水检验。蓄水深度应为20~30mm;24h内无渗漏为合格,并做记录。

(6)隔离层施工质量检验应符合现行国家标准《屋面工程质量验收规范》(GB50207)的有关规定。

主 控 项 目

(7)隔离层材质必须符合设计要求和国家产品标准的规定。

检验方法:观察检查和检查材质合格证明文件、检测报告。

(8)厕浴间和有防水要求的建筑地面必须设置防水隔离层。楼层结构必须采用现浇混凝土或整块预制混凝土板,混凝土强度等级不应小于C20;楼板四周除门洞外,应做混凝土翻边,其高度不应小于120mm。施工时结构层标高和预留孔洞位置应准确,严禁乱凿洞。

检验方法:观察和钢尺检查。

(9)水泥类防水隔离层的防水性能和强度等级必须符合设计要求。

检验方法:观察检查和检查检测报告。

(10)防水隔离层严禁渗漏,坡向应正确、排水通畅。

检验方法:观察检查和蓄水、泼水检验或坡度尺检查及检查检验记录。

一 般 项 目

(11)隔离层厚度应符合设计要求。

检验方法:观察检查和用钢尺检查。

(12)隔离层与其下一层粘结牢固,不得有空鼓;防水涂层应平整、均匀,无脱皮、起壳、裂缝、鼓泡等缺陷。

检验方法:用小锤轻击检查和观察检查。

(13)隔离层表面的允许偏差应符合规范的规定。

检验方法:应按规范中的检验方法检验。

28. 填充层铺设有什么要求?

(1)填充层应按设计要求选用材料,其密度和导热系数应符合国家有关产品标准的规定。

(2)填充层的下一层表面应平整。当为水泥类时,尚应洁净、干燥,并不得有空鼓、裂缝和起砂等缺陷。

(3)采用松散材料铺设填充层时,应分层铺平拍实;采用板、块状材料铺设填充层时,应分层错缝铺贴。

(4)填充层施工质量检验尚应符合现行国家标准《屋面工程质量验收规范》(GB50207)的有关规定。

主 控 项 目

(5)填充层的材料质量必须符合设计要求和国家产品标准的规定。

检验方法:观察检查和检查材质合格证明文件、检测报告。

(6)填充层的配合比必须符合设计要求。

检验方法:观察检查和检查配合比通知单。

一 般 项 目

(7)松散材料填充层铺设应密实;板块状材料填充层应压实、

无翘曲。

检验方法:观察检查。

(8)填充层表面的允许偏差应符合规范的规定。

检验方法:应按规范中的检验方法检验。

29. 整体面层铺设的一般规定有什么?

(1)这里所讨论的适用于水泥混凝土(含细石混凝土)面层、水泥砂浆面层、水磨石面层、水泥钢(铁)屑面层、防油渗面层和不发火(防爆的)面层等面层分项工程的施工质量检验。

(2)铺设整体面层时,其水泥类基层的抗压强度不得小于1.2MPa;表面应粗糙、洁净、湿润并不得有积水。铺设前宜涂刷界面处理剂。

(3)铺设整体面层,应符合设计要求和规范的规定。

(4)整体面层施工后,养护时间不应少于7d;抗压强度应达到5MPa后,方准上人行走;抗压强度应达到设计要求后,方可正常使用。

(5)当采用掺有水泥拌和料做踢脚线时,不得用石灰砂浆打底。

(6)整体面层的抹平工作应在水泥初凝前完成,压光工作应在水泥终凝前完成。

(7)整体面层的允许偏差应符合表3-25的规定。

整体面层的允许偏差和检验方法(mm)　　表3-25

项次	项目	允许偏差						检验方法
		水泥混凝土面层	水泥砂浆面层	普通水磨石面层	高级水磨石面层	水泥钢(铁)屑面层	防油渗混凝土和不发火(防爆的)面层	
1	表面平整度	5	4	3	2	4	5	用2m靠尺和楔形塞尺检查
2	踢脚线上口平直	4	4	3	3	4	4	拉5m线和用钢尺检查
3	缝格平直	3	3	3	2	3	3	

30. 水泥混凝土面层铺设有什么要求?

(1)水泥混凝土面层厚度应符合设计要求。

(2)水泥混凝土面层铺设不得留施工缝。当施工间隙超过允许时间规定时,应对接槎处进行处理。

主 控 项 目

(3)水泥混凝土采用的粗骨料,其最大粒径不应大于面层厚度的 2/3,细石混凝土面层采用的石子粒径不应大于 15mm。

检验方法:观察检查和检查材质合格证明文件及检测报告。

(4)面层的强度等级应符合设计要求,且水泥混凝土面层强度等级不应小于 C20;水泥混凝土垫层兼面层强度等级不应小于 C15。

检验方法:检查配合比通知单及检测报告。

(5)面层与下一层应结合牢固,无空鼓、裂纹。

检验方法:用小锤轻击检查。

注:空鼓面积不应大于 $400cm^2$,且每自然间(标准间)不多于 2 处可不计。

一 般 项 目

(6)面层表面不应有裂纹、脱皮、麻面、起砂等缺陷。

检验方法:观察检查。

(7)面层表面的坡度应符合设计要求,不得有倒泛水和积水现象。

检验方法:观察和采用泼水或用坡度尺检查。

(8)水泥砂浆踢脚线与墙面应紧密结合,高度一致,出墙厚度均匀。

检验方法:用小锤轻击、钢尺和观察检查。

注:局部空鼓长度不应大于 300mm,且每自然间(标准间)不多于 2 处可不计。

(9)楼梯踏步的宽度、高度应符合设计要求。楼层梯段相邻踏步高度差不应大于 10mm,每踏步两端宽度差不应大于 10mm;旋转楼梯梯段的每踏步两端宽度的允许偏差为5mm。楼梯踏步的齿角应整齐,防滑条应顺直。

检验方法:观察和钢尺检查。

(10)水泥混凝土面层的允许偏差应符合规范的规定。

检验方法:应按规范中的检验方法检验。

31. 水泥砂浆面层铺设有什么要求?

(1)水泥砂浆面层的厚度应符合设计要求,且不应小于20mm。

主 控 项 目

(2)水泥采用硅酸盐水泥、普通硅酸盐水泥,其强度等级不应小于32.5,不同品种、不同强度等级的水泥严禁混用;砂应为中粗砂,当采用石屑时,其粒径应为1~5mm,且含泥量不应大于3%。

检验方法:观察检查和检查材质合格证明文件及检测报告。

(3)水泥砂浆面层的体积比(强度等级)必须符合设计要求;且体积比应为1:2,强度等级不应小于M15。

检验方法:检查配合比通知单和检测报告。

(4)面层与下一层应结合牢固,无空鼓、裂纹。

检验方法:用小锤轻击检查。

注:空鼓面积不应大于400cm^2,且每自然间(标准间)不多于2处可不计。

一 般 项 目

(5)面层表面的坡度应符合设计要求,不得有倒泛水和积水现象。

检验方法:观察和采用泼水或坡度尺检查。

(6)面层表面应洁净,无裂纹、脱皮、麻面、起砂等缺陷。

检验方法:观察检查。

(7)踢脚线与墙面应紧密结合,高度一致,出墙厚度均匀。

检验方法:用小锤轻击、钢尺和观察检查。

注:局部空鼓长度不应大于300mm,且每自然间(标准间)不多于2处可不计。

(8)楼梯踏步的宽度、高度应符合设计要求。楼层梯段相邻踏步高度差不应大于10mm,每踏步两端宽度差不应大于10mm;旋转楼梯梯段的每踏步两端宽度的允许偏差为5mm。楼梯踏步的齿角应整齐,防滑条应顺直。

检验方法:观察和钢尺检查。

(9)水泥砂浆面层的允许偏差应符合规范的规定。

检验方法:应按规范中的检验方法检验。

32. 水磨石面层铺设有什么要求?

(1)水磨石面层应采用水泥与石粒的拌和料铺设。面层厚度除有特殊要求外,宜为12～18mm,且按石粒粒径确定。水磨石面层的颜色和图案应符合设计要求。

(2)白色或浅色的水磨石面层,应采用白水泥;深色的水磨石面层,宜采用硅酸盐水泥、普通硅酸盐水泥或矿渣硅酸盐水泥;同颜色的面层应使用同一批水泥。同一彩色面层应使用同厂、同批的颜料;其掺入量宜为水泥重量的3%～6%或由试验确定。

(3)水磨石面层的结合层的水泥砂浆体积比宜为1:3,相应的强度等级不应小于M10,水泥砂浆稠度(以标准圆锥体沉入度计)宜为30～35mm。

(4)普通水磨石面层磨光遍数不应少于3遍。高级水磨石面层的厚度和磨光遍数由设计确定。

(5)在水磨石面层磨光后,涂草酸和上蜡前,其表面不得污染。

主 控 项 目

(6)水磨石面层的石粒,应采用坚硬可磨白云石、大理石等岩石加工而成,石粒应洁净无杂物,其粒径除特殊要求外应为6～15mm;水泥强度等级不应小于32.5;颜料应采用耐光、耐碱的矿物原料,不得使用酸性颜料。

检验方法:观察检查和检查材质合格证明文件。

(7)水磨石面层拌和料的体积比应符合设计要求,且为

1∶1.5～1∶2.5(水泥∶石粒)。

检验方法:检查配合比通知单和检测报告。

(8)面层与下一层结合应牢固,无空鼓、裂纹。

检验方法:用小锤轻击检查。

注:空鼓面积不应大于 400cm^2,且每自然间(标准间)不多于 2 处可不计。

一 般 项 目

(9)面层表面应光滑;无明显裂纹、砂眼和磨纹;石粒密实,显露均匀,颜色图案一致,不混色;分格条牢固、顺直和清晰。

检验方法:观察检查。

(10)踢脚线与墙面应紧密结合,高度一致,出墙厚度均匀。

检验方法:用小锤轻击、钢尺和观察检查。

注:局部空鼓长度不大于 300mm,且每自然间(标准间)不多于 2 处可不计。

(11)楼梯踏步的宽度、高度应符合设计要求。楼层梯段相邻踏步高度差不应大于 10mm,每踏步两端宽度差不应大于 10mm,旋转楼梯梯段的每踏步两端宽度的允许偏差为 5mm。楼梯踏步的齿角应整齐,防滑条应顺直。

检验方法:观察和钢尺检查。

(12)水磨石面层的允许偏差应符合规范的规定。

检验方法:应按规范中的检验方法检验。

33. 砖面层铺设有什么要求?

(1)砖面层采用陶瓷锦砖、缸砖、陶瓷地砖和水泥花砖应在结合层上铺设。

(2)有防腐蚀要求的砖面层采用的耐酸瓷砖、浸渍沥青砖、缸砖的材质、铺设以及施工质量验收应符合现行国家标准《建筑防腐蚀工程施工及验收规范》(GB50212)的规定。

(3)在水泥砂浆结合层上铺贴缸砖、陶瓷地砖和水泥花砖面层时,应符合下列规定:

1)在铺贴前,应对砖的规格尺寸、外观质量、色泽等进行预选,浸水湿润晾干待用;

2)勾缝和压缝应采用同品种、同强度等级、同颜色的水泥,并做养护和保护。

(4)在水泥砂浆结合层上铺贴陶瓷锦砖面层时,砖底面应洁净,每联陶瓷锦砖之间、与结合层之间以及在墙角、镶边和靠墙处,应紧密贴合。在靠墙处不得采用砂浆填补。

(5)在沥青胶结料结合层上铺贴缸砖面层时,缸砖应干净,铺贴时应在摊铺热沥青胶结料上进行,并应在胶结料凝结前完成。

(6)采用胶粘剂在结合层上粘贴砖面层时,胶粘剂选用应符合现行国家标准《民用建筑工程室内环境污染控制规范》(GB50325)的规定。

主 控 项 目

(7)面层所用的板块的品种、质量必须符合设计要求。

检验方法:观察检查和检查材质合格证明文件及检测报告。

(8)面层与下一层的结合(粘结)应牢固,无空鼓。

检验方法:用小锤轻击检查。

注:凡单块砖边角有局部空鼓,且每自然间(标准间)不超过总数的5%可不计。

一 般 项 目

(9)砖面层的表面应洁净、图案清晰,色泽一致,接缝平整,深浅一致,周边顺直。板块无裂纹、掉角和缺楞等缺陷。

检验方法:观察检查。

(10)面层邻接处的镶边用料及尺寸应符合设计要求,边角整齐、光滑。

检验方法:观察和用钢尺检查。

(11)踢脚线表面应洁净、高度一致、结合牢固、出墙厚度一致。

检验方法:观察和用小锤轻击及钢尺检查。

(12)楼梯踏步和台阶板块的缝隙宽度应一致、齿角整齐;楼层梯段相邻踏步高度差不应大于10mm;防滑条顺直。

检验方法:观察和用钢尺检查。

(13)面层表面的坡度应符合设计要求,不倒泛水、无积水;与地漏、管道结合处应严密牢固,无渗漏。

检验方法:观察、泼水或坡度尺及蓄水检查。

(14)砖面层的允许偏差应符合规范的规定。

检验方法:应按规范中的检验方法检验。

34. 大理石面层和花岗石面层铺设有什么要求?

(1)大理石、花岗石面层采用天然大理石、花岗石(或碎拼大理石、碎拼花岗石)板材应在结合层上铺设。

(2)天然大理石、花岗石的技术等级、光泽度、外观等质量要求应符合国家现行行业标准《天然大理石建筑板材》(JC79)、《天然花岗石建筑板材》(JC205)的规定。

3)板材有裂缝、掉角、翘曲和表面有缺陷时应予剔除,品种不同的板材不得混杂使用;在铺设前,应根据石材的颜色、花纹、图案、纹理等按设计要求,试拼编号。

(4)铺设大理石、花岗石面层前,板材应浸湿、晾干;结合层与板材应分段同时铺设。

主 控 项 目

(5)大理石、花岗石面层所用板块的品种、质量应符合设计要求。

检验方法:观察检查和检查材质合格记录。

(6)面层与下一层应结合牢固,无空鼓。

检验方法:用小锤轻击检查。

注:凡单块板块边角有局部空鼓,且每自然间(标准间)不超过总数的5%可不计。

一 般 项 目

(7)大理石、花岗石面层的表面应洁净、平整、无磨痕,且应图案清晰、色泽一致、接缝均匀、周边顺直、镶嵌正确、板块无裂纹、掉角、缺楞等缺陷。

检验方法:观察检查。

(8)踢脚线表面应洁净,高度一致、结合牢固、出墙厚度一致。

检验方法:观察和用小锤轻击及钢尺检查。

(9)楼梯踏步和台阶板块的缝隙宽度应一致、齿角整齐,楼层梯段相邻踏步高度差不应大于10mm,防滑条应顺直、牢固。

检验方法:观察和用钢尺检查。

(10)面层表面的坡度应符合设计要求,不倒泛水、无积水;与地漏、管道结合处应严密牢固,无渗漏。

检验方法:观察、泼水或坡度尺及蓄水检查。

(11)大理石和花岗石面层(或碎拼大理石、碎拼花岗石)的允许偏差应符合规范的规定。

检验方法:应按规范中的检验方法检验。

35. 料石面层铺设有什么要求?

(1)料石面层采用天然条石和块石应在结合层上铺设。

(2)条石和块石面层所用的石材的规格、技术等级和厚度应符合设计要求。条石的质量应均匀,形状为矩形六面体,厚度为80~120mm;块石形状为直棱柱体,顶面粗琢平整,底面面积不宜小于顶面面积的60%,厚度为100~150mm。

(3)不导电的料石面层的石料应采用辉绿岩石加工制成。填缝材料亦采用辉绿岩石加工的砂嵌实。耐高温的料石面层的石料,应按设计要求选用。

(4)块石面层结合层铺设厚度:砂垫层不应小于60mm;基土层应为均匀密实的基土或夯实的基土。

主控项目

(5)面层材质应符合设计要求;条石的强度等级应大于MU60,块石的强度等级应大于MU30。

检验方法:观察检查和检查材质合格证明文件及检测报告。

(6)面层与下一层应结合牢固、无松动。

检验方法:观察检查和用锤击检查。

一 般 项 目

(7)条石面层应组砌合理,无十字缝,铺砌方向和坡度应符合设计要求;块石面层石料缝隙应相互错开,通缝不超过两块石料。

检验方法:观察和用坡度尺检查。

(8)条石面层和块石面层的允许偏差应符合规范的规定。

检验方法:应按规范中的检验方法检验。

36. 活动地板面层铺设有什么要求?

(1)活动地板面层用于防尘和防静电要求的专业用房的建筑地面工程。采用特制的平压刨花板为基材,表面饰以装饰板和底层用镀锌板经粘结胶合组成的活动地板块,配以横梁、橡胶垫条和可供调节高度的金属支架组装成架空板铺设在水泥类面层(或基层)上。

(2)活动地板所有的支座柱和横梁应构成框架一体,并与基层连接牢固;支架抄平后高度应符合设计要求。

(3)活动地板面层包括标准地板、异形地板和地板附件(即支架和横梁组件)。采用的活动地板块应平整、坚实,面层承载力不得小于7.5MPa,其系统电阻:A级板为$1.0\times10^5\sim1.0\times10^8\Omega$;B级板为$1.0\times10^5\sim1.0\times10^{10}\Omega$。

(4)活动地板面层的金属支架应支承在现浇水泥混凝土基层(或面层)上,基层表面应平整、光洁、不起灰。

(5)活动板块与横梁接触搁置处应达到四角平整、严密。

(6)当活动地板不符合模数时,其不足部分在现场根据实际尺寸将板块切割后镶补,并配装相应的可调支撑和横梁。切割边不经处理不得镶补安装,并不得有局部膨胀变形情况。

(7)活动地板在门口处或预留洞口处应符合设置构造要求,四周侧边应用耐磨硬质板材封闭或用镀锌钢板包裹,胶条封边应符合耐磨要求。

主 控 项 目

(8)面层材质必须符合设计要求,且应具有耐磨、防潮、阻燃、耐污染、耐老化和导静电等特点。

检验方法:观察检查和检查材质合格证明文件及检测报告。

(9)活动地板面层应无裂纹、掉角和缺楞等缺陷。行走无声响、无摆动。

检验方法:观察和脚踩检查。

一 般 项 目

(10)活动地板面层应排列整齐、表面洁净、色泽一致、接缝均匀、周边顺直。

检验方法:观察检查。

(11)活动地板面层的允许偏差应符合规范的规定。

检验方法:应按规范中的检验方法检验。

37. 地毯面层铺设有什么要求?

(1)地毯面层采用方块、卷材地毯在水泥类面层(或基层)上铺设。

(2)水泥类面层(或基层)表面应坚硬、平整、光洁、干燥,无凹坑、麻面、裂缝,并应清除油污、钉头和其他突出物。

(3)海绵衬垫应满铺平整,地毯拼缝处不露底衬。

(4)固定式地毯铺设应符合下列规定:

1)固定地毯用的金属卡条(倒刺板)、金属压条、专用双面胶带等必须符合设计要求;

2)铺设的地毯张拉应适宜,四周卡条固定牢;门口处应用金属压条等固定;

3)地毯周边应塞入卡条和踢脚线之间的缝中;

4)粘贴地毯应用胶粘剂与基层粘贴牢固。

(5)活动式地毯铺设应符合下列规定:

1)地毯拼成整块后直接铺在洁净的地上,地毯周边应塞入踢脚线下;

2)与不同类型的建筑地面连接处,应按设计要求收口;

3)小方块地毯铺设,块与块之间应挤紧服贴。

(6)楼梯地毯铺设,每梯段顶级地毯应用压条固定于平台上,每级阴角处应用卡条固定牢。

主 控 项 目

(7)地毯的品种、规格、颜色、花色、胶料和辅料及其材质必须符合设计要求和国家现行地毯产品标准的规定。

检验方法:观察检查和检查材质合格记录。

(8)地毯表面应平服、拼缝处粘贴牢固、严密平整、图案吻合。

检验方法:观察检查。

一 般 项 目

(9)地毯表面不应起鼓、起皱、翘边、卷边、显拼缝、露线和无毛边,绒面毛顺光一致,毯面干净,无污染和损伤。

检验方法:观察检查。

(10)地毯同其他面层连接处、收口处和墙边、柱子周围应顺直、压紧。

检验方法:观察检查。

38. 实木地板面层铺设有什么要求?

(1)实木地板面层采用条材和块材实木地板或采用拼花实木地板,以空铺或实铺方式在基层上铺设。

(2)实木地板面层可采用双层面层和单层面层铺设,其厚度应符合设计要求。实木地板面层的条材和块材应采用具有商品检验合格证的产品,其产品类型、型号、适用树种、检验规则以及技术条件等均应符合现行国家标准《实木地板块》(GB/T15036.1～6)的规定。

(3)铺设实木地板面层时,其木搁栅的截面尺寸、间距和稳固方法等均应符合设计要求。木搁栅固定时,不得损坏基层和预埋管线。木搁栅应垫实钉牢,与墙之间应留出30mm的缝隙,表面应平直。

(4)毛地板铺设时,木材髓心应向上,其板间缝隙不应大于3mm,与墙之间应留8～12mm空隙,表面应刨平。

(5)实木地板面层铺设时，面板与墙之间应留8~12mm缝隙。

(6)采用实木制作的踢脚线，背面应抽槽并做防腐处理。

主 控 项 目

(7)实木地板面层所采用的材质和铺设时的木材含水率必须符合设计要求。木搁栅、垫木和毛地板等必须做防腐、防蛀处理。

检验方法：观察检查和检查材质合格证明文件及检测报告。

(8)木搁栅安装应牢固、平直。

检验方法：观察、脚踩检查。

(9)面层铺设应牢固；粘结无空鼓。

检验方法：观察、脚踩或用小锤轻击检查。

一 般 项 目

(10)实木地板面层应刨平、磨光，无明显刨痕和毛刺等现象；图案清晰、颜色均匀一致。

检验方法：观察、手摸和脚踩检查。

(11)面层缝隙应严密；接头位置应错开、表面洁净。

检验方法：观察检查。

(12)拼花地板接缝应对齐，粘、钉严密；缝隙宽度均匀一致；表面洁净，胶粘无溢胶。

检验方法：观察检查。

(13)踢脚线表面应光滑，接缝严密，高度一致。

检验方法：观察和钢尺检查。

(14)实木地板面层的允许偏差应符合规范的规定。

检验方法：应按规范中的检验方法检验。

39. 实木复合地板面层铺设有什么要求？

(1)实木复合地板面层采用条材和块材实木复合地板或采用拼花实木复合地板，以空铺或实铺方式在基层上铺设。

(2)实木复合地板面层的条材和块材应采用具有商品检验合格证的产品，其技术等级及质量要求均应符合国家现行标准的规定。

(3)铺设实木复合地板面层时,其木搁栅的截面尺寸、间距和稳固方法等均应符合设计要求。木搁栅固定时,不得损坏基层和预埋管线。木搁栅应垫实钉牢,与墙之间应留出30mm缝隙,表面应平直。

(4)毛地板铺设时,按规范规定执行。

(5)实木复合地板面层可采用整贴和点贴法施工。粘贴材料应采用具有耐老化、防水和防菌、无毒等性能的材料,或按设计要求选用。

(6)实木复合地板面层下衬垫的材质和厚度应符合设计要求。

(7)实木复合地板面层铺设时,相邻板材接头位置应错开不小于300mm距离;与墙之间应留不小于10mm空隙。

(8)大面积铺设实木复合地板面层时,应分段铺设,分段缝的处理应符合设计要求。

主 控 项 目

(9)实木复合地板面层所采用的条材和块材,其技术等级及质量要求应符合设计要求。木搁栅、垫木和毛地板等必须做防腐、防蛀处理。

检验方法:观察检查和检查材质合格证明文件及检测报告。

(10)木搁栅安装应牢固、平直。

检验方法:观察、脚踩检查。

(11)面层铺设应牢固;粘贴无空鼓。

检验方法:观察、脚踩或用小锤轻击检查。

一 般 项 目

(12)实木复合地板面层图案和颜色应符合设计要求,图案清晰,颜色一致,板面无翘曲。

检验方法:观察、用2m靠尺和楔形塞尺检查。

(13)面层的接头应错开、缝隙严密、表面洁净。

检验方法:观察检查。

(14)踢脚线表面光滑,接缝严密,高度一致。

检验方法:观察和钢尺检查。

(15)实木复合地板面层的允许偏差应符合规范的规定。

检验方法:应按规范中的检验方法检验。

40. 中密度(强化)复合地板面层铺设有什么要求?

(1)中密度(强化)复合地板面层的材料以及面层下的板或衬垫等材质应符合设计要求,并采用具有商品检验合格证的产品,其技术等级及质量要求均应符合国家现行标准的规定。

(2)中密度(强化)复合地板面层铺设时,相邻条板端头应错开不小于300mm距离;衬垫层及面层与墙之间应留不小于10mm空隙。

主 控 项 目

(3)中密度(强化)复合地板面层所采用的材料,其技术等级及质量要求应符合设计要求。木搁栅、垫木和毛地板等应做防腐、防蛀处理。

检验方法:观察检查和检查材质合格证明文件及检测报告。

(4)木搁栅安装应牢固、平直。

检验方法:观察、脚踩检查。

(5)面层铺设应牢固。

检验方法:观察、脚踩检查。

一 般 项 目

(6)中密度(强化)复合地板面层图案和颜色应符合设计要求,图案清晰,颜色一致,板面无翘曲。

检验方法:观察、用2m靠尺和楔形塞尺检查。

(7)面层的接头应错开、缝隙严密、表面洁净。

检验方法:观察检查。

(8)踢脚线表面应光滑,接缝严密,高度一致。

检验方法:观察和钢尺检查。

(9)中密度(强化)复合木地板面层的允许偏差应符合本规范的规定。

检验方法:应按规范中的检验方法检验。

41. 竹地板面层铺设有什么要求?

(1)竹地板面层的铺设应按规范规定执行。

(2)竹子具有纤维硬、密度大、水分少、不易变形等优点。竹地板应经严格选材、硫化、防腐、防蛀处理,并采用具有商品检验合格证的产品,其技术等级及质量要求均应符合国家现行行业标准《竹地板》(LY/T1573)的规定。

主 控 项 目

(3)竹地板面层所采用的材料,其技术等级和质量要求应符合设计要求。木搁栅、毛地板和垫木等应做防腐、防蛀处理。

检验方法:观察检查和检查材质合格证明文件及检测报告。

(4)木搁栅安装应牢固、平直。

检验方法:观察、脚踩检查。

(5)面层铺设应牢固;粘贴无空鼓。

检验方法:观察、脚踩或用小锤轻击检查。

一 般 项 目

(6)竹地板面层品种与规格应符合设计要求,板面无翘曲。

检验方法:观察、用2m靠尺和楔形塞尺检查。

(7)面层缝隙应均匀、接头位置错开,表面洁净。

检验方法:观察检查。

(8)踢脚线表面应光滑,接缝均匀,高度一致。

检验方法:观察和用钢尺检查。

(9)竹地板面层的允许偏差应符合规范的规定。

检验方法:应按规范的检验方法检验。

42. 砌体施工有什么基本规定?

(1)砌体工程所用的材料应有产品的合格证书、产品性能检测报告。块材、水泥、钢筋、外加剂等尚应有材料主要性能的进场复验报告。严禁使用国家明令淘汰的材料。

(2)砌筑基础前,应校核放线尺寸,允许偏差应符合表3-26的规定。

放线尺寸的允许偏差　　表 3-26

长度 L、宽度 B(m)	允许偏差(mm)	长度 L、宽度 B(m)	允许偏差(mm)
L(或 B)≤30	±5	60＜L(或 B)≤90	±15
30＜L(或 B)≤60	±10	L(或 B)＞90	±20

(3)砌筑顺序应符合下列规定：

1)基底标高不同时，应从低处砌起，并应由高处向低处搭砌。当设计无要求时，搭接长度不应小于基础扩大部分的高度。

2)砌体的转角处和交接处应同时砌筑。当不能同时砌筑时，应按规定留槎、接槎。

(4)在墙上留置临时施工洞口，其侧边离交接处墙面不应小于500mm，洞口净宽度不应超过 1m。

抗震设防烈度为 9 度的地区建筑物的临时施工洞口位置，应会同设计单位确定。

临时施工洞口应做好补砌。

(5)不得在下列墙体或部位设置脚手眼：

1)120mm 厚墙、料石清水墙和独立柱；

2)过梁上与过梁成 60°角的三角形范围及过梁净跨度 1/2 的高度范围内；

3)宽度小于 1m 的窗间墙；

4)砌体门窗洞口两侧 200mm(石砌体为 300mm)和转角处450mm(石砌体为 600mm)范围内；

5)梁或梁垫下及其左右 500mm 范围内；

6)设计不允许设置脚手眼的部位。

(6)施工脚手眼补砌时，灰缝应填满砂浆，不得用干砖填塞。

(7)设计要求的洞口、管道、沟槽应于砌筑时正确留出或预埋，未经设计同意，不得打凿墙体和在墙体上开凿水平沟槽。宽度超过 300mm 的洞口上部，应设置过梁。

(8)尚未施工楼板或屋面的墙或柱，当可能遇到大风时，其允许自由高度不得超过表3-27的规定。如超过表中限值时，必须采用临时支撑等有效措施。

墙和柱的允许自由高度(m)　　**表3-27**

墙(柱)厚(mm)	砌体密度>1600(kg/m³)			砌体密度1300～1600(kg/m³)		
	风载(kN/m²)			风载(kN/m²)		
	0.3(约7级风)	0.4(约8级风)	0.5(约9级风)	0.3(约7级风)	0.4(约8级风)	0.5(约9级风)
190	—	—	—	1.4	1.1	0.7
240	2.8	2.1	1.4	2.2	1.7	1.1
370	5.2	3.9	2.6	4.2	3.2	2.1
490	8.6	6.5	4.3	7.0	5.2	3.5
620	14.0	10.5	7.0	11.4	8.6	5.7

注：1. 本表适用于施工处相对标高(H)在10m范围内的情况。如10m<H≤15m、15m<H≤20m时，表中的允许自由高度应分别乘以0.9、0.8的系数；如H>20m时，应通过抗倾覆验算确定其允许自由高度。
2. 当所砌筑的墙有横墙或其他结构与其连接，而且间距小于表列限值的2倍时，砌筑高度可不受本表的限制。

(9)搁置预制梁、板的砌体顶面应找平，安装时应座浆。当设计无具体要求时，应采用1:2.5的水泥砂浆。

(10)砌体施工质量控制等级应分为三级，并应符合表3-28的规定。

砌体施工质量控制等级　　**表3-28**

项　目	施工质量控制等级		
	A	B	C
现场质量管理	制度健全，并严格执行；非施工方质量监督人员经常到现场，或现场设有常驻代表；施工方有在岗专业技术管理人员，人员齐全，并持证上岗	制度基本健全，并能执行；非施工方质量监督人员间断地到现场进行质量控制；施工方有在岗专业技术管理人员，并持证上岗	有制度；非施工方质量监督人员很少作现场质量控制；施工方有在岗专业技术管理人员

续表

项目	施工质量控制等级		
	A	B	C
砂浆、混凝土强度	试块按规定制作，强度满足验收规定，离散性小	试块按规定制作，强度满足验收规定，离散性较小	试块强度满足验收规定，离散性大
砂浆拌合方式	机械拌合；配合比计量控制严格	机械拌合；配合比计量控制一般	机械或人工拌合；配合比计量控制较差
砌筑工人	中级工以上，其中高级工不少于20%	高、中级工不少于70%	初级工以上

(11)设置在潮湿环境或有化学侵蚀性介质的环境中的砌体灰缝内的钢筋应采取防腐措施。

(12)砌体施工时，楼面和屋面堆载不得超过楼板的允许荷载值。施工层进料口楼板下，宜采取临时加撑措施。

(13)分项工程的验收应在检验批验收合格的基础上进行。检验批的确定可根据施工段划分。

(14)砌体工程检验批验收时，其主控项目应全部符合规范的规定；一般项目应有80%及以上的抽检处符合规范的规定，或偏差值在允许偏差范围以内。

43. 砌筑砂浆有什么要求？

(1)水泥进场使用前，应分批对其强度、安定性进行复验。检验批应以同一生产厂家、同一编号为一批。

当在使用中对水泥质量有怀疑或水泥出厂超过三个月（快硬硅酸盐水泥超过一个月）时，应复查试验，并按其结果使用。

不同品种的水泥，不得混合使用。

(2)砂浆用砂不得含有有害杂物。砂浆用砂的含泥量应满足下列要求：

1)对水泥砂浆和强度等级不小于M5的水泥混合砂浆，不应超过5%；

2)对强度等级小于M5的水泥混合砂浆,不应超过10%;

3)人工砂、山砂及特细砂,应经试配能满足砌筑砂浆技术条件要求。

(3)配制水泥石灰砂浆时,不得采用脱水硬化的石灰膏。

(4)消石灰粉不得直接使用于砌筑砂浆中。

(5)拌制砂浆用水,水质应符合国家现行标准《混凝土拌合用水标准》(JGJ63)的规定。

(6)砌筑砂浆应通过试配确定配合比。当砌筑砂浆的组成材料有变更时,其配合比应重新确定。

(7)施工中当采用水泥砂浆代替水泥混合砂浆时,应重新确定砂浆强度等级。

(8)凡在砂浆中掺入有机塑化剂、早强剂、缓凝剂、防冻剂等,应经检验和试配符合要求后,方可使用。有机塑化剂应有砌体强度的型式检验报告。

(9)砂浆现场拌制时,各组分材料应采用重量计量。

(10)砌筑砂浆应采用机械搅拌,自投料完算起,搅拌时间应符合下列规定:

1)水泥砂浆和水泥混合砂浆不得少于2min;

2)水泥粉煤灰砂浆和掺用外加剂的砂浆不得少于3min;

3)掺用有机塑化剂的砂浆,应为3~5min。

(11)砂浆应随拌随用,水泥砂浆和水泥混合砂浆应分别在3h和4h内使用完毕;当施工期间最高气温超过30℃时,应分别在拌成后2h和3h内使用完毕。

注:对掺用缓凝剂的砂浆,其使用时间可根据具体情况延长。

(12)砌筑砂浆试块强度验收时其强度合格标准必须符合以下规定:

同一验收批砂浆试块抗压强度平均值必须大于或等于设计强度等级所对应的立方体抗压强度;同一验收批砂浆试块抗压强度的最小一组平均值必须大于或等于设计强度等级所对应的立方体抗压强度的0.75倍。

注：①砌筑砂浆的验收批，同一类型、强度等级的砂浆试块应不少于3组。当同一验收批只有一组试块时，该组试块抗压强度的平均值必须大于或等于设计强度等级所对应的立方体抗压强度。

②砂浆强度应以标准养护，龄期为28d的试块抗压试验结果为准。

抽检数量：每一检验批且不超过250m^{3}砌体的各种类型及强度等级的砌筑砂浆，每台搅拌机应至少抽检一次。

检验方法：在砂浆搅拌机出料口随机取样制作砂浆试块（同盘砂浆只应制作一组试块），最后检查试块强度试验报告单。

(13)当施工中或验收时出现下列情况，可采用现场检验方法对砂浆和砌体强度进行原位检测或取样检测，并判定其强度：

1)砂浆试块缺乏代表性或试块数量不足；

2)对砂浆试块的试验结果有怀疑或有争议；

3)砂浆试块的试验结果，不能满足设计要求。

44. 砖砌体工程的一般规定有什么？

(1)这里所讨论的仅适用于烧结普通砖、烧结多孔砖、蒸压灰砂砖、粉煤灰砖等砌体工程。

(2)用于清水墙、柱表面的砖，应边角整齐，色泽均匀。

(3)有冻胀环境和条件的地区，地面以下或防潮层以下的砌体，不宜采用多孔砖。

(4)砌筑砖砌体时，砖应提前1～2d浇水湿润。

(5)砌砖工程当采用铺浆法砌筑时，铺浆长度不得超过750mm；施工期间气温超过30℃时，铺浆长度不得超过500mm。

(6)240mm厚承重墙的每层墙的最上一皮砖，砖砌体的阶台水平面上及挑出层，应整砖丁砌。

(7)砖砌平拱过梁的灰缝应砌成楔形缝。灰缝的宽度，在过梁的底面不应小于5mm；在过梁的顶面不应大于15mm。

拱脚下面应伸入墙内不小于20mm，拱底应有1%的起拱。

(8)砖过梁底部的模板，应在灰缝砂浆强度不低于设计强度的

50%时，方可拆除。

(9)多孔砖的孔洞应垂直于受压面砌筑。

(10)施工时施砌的蒸压(养)砖的产品龄期不应小于28d。

(11)竖向灰缝不得出现透明缝、瞎缝和假缝。

(12)砖砌体施工临时间断处补砌时，必须将接槎处表面清理干净，浇水湿润，并填实砂浆，保持灰缝平直。

45. 砖砌体工程的主控项目与一般项目有什么要求?

主 控 项 目

(1)砖和砂浆的强度等级必须符合设计要求。

抽检数量：每一生产厂家的砖到现场后，按烧结砖15万块、多孔砖5万块、灰砂砖及粉煤灰砖10万块各为一验收批，抽检数量为1组。砂浆试块的抽检数量执行规范的有关规定。

检验方法：查砖和砂浆试块试验报告。

(2)砌体水平灰缝的砂浆饱满度不得小于80%。

抽检数量：每检验批抽查不应少于5处。

检验方法：用百格网检查砖底面与砂浆的粘结痕迹面积。每处检测3块砖，取其平均值。

(3)砖砌体的转角处和交接处应同时砌筑，严禁无可靠措施的内外墙分砌施工。对不能同时砌筑而又必须留置的临时间断处应砌成斜槎，斜槎水平投影长度不应小于高度的2/3。

抽检数量：每检验批抽20%接槎，且不应少于5处。

检验方法：观察检查。

(4)非抗震设防及抗震设防烈度为6度、7度地区的临时间断处，当不能留斜槎时，除转角处外，可留直槎，但直槎必须做成凸槎。留直槎处应加设拉结钢筋，拉结钢筋的数量为每120mm墙厚放置1ϕ6拉结钢筋(120mm厚墙放置2ϕ6拉结钢筋)，间距沿墙高不应超过500mm；埋入长度从留槎处算起每边均不应小于500mm，对抗震设防烈度6度、7度的地区，不应小于1000mm；末端应有90°弯钩(图3-1)。

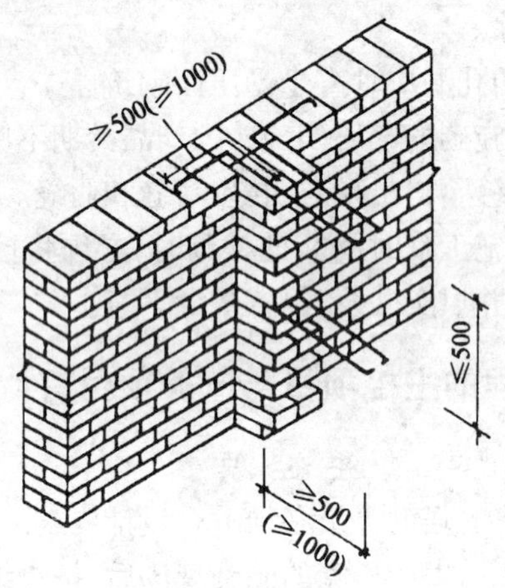

图 3-1

抽检数量：每检验批抽 20％接槎，且不应少于 5 处。

检验方法：观察和尺量检查。

合格标准：留槎正确，拉结钢筋设置数量、直径正确，竖向间距偏差不超过 100mm，留置长度基本符合规定。

(5)砖砌体的位置及垂直度允许偏差应符合表 3-29 的规定。

砖砌体的位置及垂直度允许偏差　　　　表 3-29

<table>
<tr><th>项次</th><th colspan="3">项　目</th><th>允许偏差(mm)</th><th>检 验 方 法</th></tr>
<tr><td>1</td><td colspan="3">轴线位置偏移</td><td>10</td><td>用经纬仪和尺检查或用其他测量仪器检查</td></tr>
<tr><td rowspan="3">2</td><td rowspan="3">垂直度</td><td colspan="2">每　层</td><td>5</td><td>用 2m 托线板检查</td></tr>
<tr><td rowspan="2">全高</td><td>≤10m</td><td>10</td><td rowspan="2">用经纬仪、吊线和尺检查，或用其他测量仪器检查</td></tr>
<tr><td>>10m</td><td>20</td></tr>
</table>

抽检数量：轴线查全部承重墙柱；外墙垂直度全高查阳角，不应少于 4 处，每层每 20m 查一处；内墙按有代表性的自然间抽 10％，但不应少于 3 间，每间不应少于 2 处，柱不少于 5 根。

一 般 项 目

(6)砖砌体组砌方法应正确，上、下错缝，内外搭砌，砖柱不得采用包心砌法。

抽检数量:外墙每 20m 抽查一处,每处 3～5m,且不应少于 3 处;内墙按有代表性的自然间抽 10%,且不应少于 3 间。

检验方法:观察检查。

合格标准:除符合本条要求外,清水墙、窗间墙无通缝;混水墙中长度大于或等于 300mm 的通缝每间不超过 3 处,且不得位于同一面墙体上。

(7)砖砌体的灰缝应横平竖直,厚薄均匀。水平灰缝厚度宜为 10mm,但不应小于 8mm,也不应大于 12mm。

抽检数量:每步脚手架施工的砌体,每 20m 抽查 1 处。

检验方法:用尺量 10 皮砖砌体高度折算。

(8)砖砌体的一般尺寸允许偏差应符合表 3-30 的规定。

砖砌体一般尺寸允许偏差　　　　表 3-30

项次	项　目		允许偏差(mm)	检验方法	抽检数量
1	基础顶面和楼面标高		±15	用水平仪和尺检查	不应少于 5 处
2	表面平整度	清水墙、柱	5	用 2m 靠尺和楔形塞尺检查	有代表性自然间 10%,但不应少于 3 间,每间不应少于 2 处
		混水墙、柱	8		
3	门窗洞口高、宽(后塞口)		±5	用尺检查	检验批洞口的 10%,且不应少于 5 处
4	外墙上下窗口偏移		20	以底层窗口为准,用经纬仪或吊线检查	检验批的 10%,且不应少于 5 处
5	水平灰缝平直度	清水墙	7	拉 10m 线和尺检查	有代表性自然间 10%,但不应少于 3 间,每间不应少于 2 处
		混水墙	10		
6	清水墙游丁走缝		20	吊线和尺检查,以每层第一皮砖为准	有代表性自然间 10%,但不应少于 3 间,每间不应少于 2 处

46. 混凝土小型空心砌体工程施工的一般规定有什么?

(1)这里所讨论的仅适用于普通混凝土小型空心砌块和轻骨料混凝土小型空心砌块(以下简称小砌块)工程的施工质量验收。

(2)施工时所用的小砌块的产品龄期不应小于28d。

(3)砌筑小砌块时,应清除表面污物和芯柱用小砌块孔洞底部的毛边,剔除外观质量不合格的小砌块。

(4)施工时所用的砂浆,宜选用专用的小砌块砌筑砂浆。

(5)底层室内地面以下或防潮层以下的砌体,应采用强度等级不低于C20的混凝土灌实小砌块的孔洞。

(6)小砌块砌筑时,在天气干燥炎热的情况下,可提前洒水湿润小砌块;对轻骨料混凝土小砌块,可提前浇水湿润。小砌块表面有浮水时,不得施工。

(7)承重墙体严禁使用断裂小砌块。

(8)小砌块墙体应对孔错缝搭砌,搭接长度不应小于90mm。墙体的个别部位不能满足上述要求时,应在灰缝中设置拉结钢筋或钢筋网片,但竖向通缝仍不得超过两皮小砌块。

(9)小砌块应底面朝上反砌于墙上。

(10)浇灌芯柱的混凝土,宜选用专用的小砌块灌孔混凝土,当采用普通混凝土时,其坍落度不应小于90mm。

(11)浇灌芯柱混凝土,应遵守下列规定:

1)清除孔洞内的砂浆等杂物,并用水冲洗;

2)砌筑砂浆强度大于1MPa时,方可浇灌芯柱混凝土;

3)在浇灌芯柱混凝土前应先注入适量与芯柱混凝土相同的去石水泥砂浆,再浇灌混凝土。

(12)需要移动砌体中的小砌块或小砌块被撞动时,应重新铺砌。

47. 混凝土小型空心砌体的主控项目与一般项目有什么要求?

主 控 项 目

(1)小砌块和砂浆的强度等级必须符合设计要求。

抽检数量:每一生产厂家,每1万块小砌块至少应抽检一组。用于多层以上建筑基础和底层的小砌块抽检数量不应少于2组。砂浆试块的抽检数量执行本规范第4.0.12条的有关规定。

检验方法:查小砌块和砂浆试块试验报告。

(2)砌体水平灰缝的砂浆饱满度,应按净面积计算不得低于90%;竖向灰缝饱满度不得小于80%,竖缝凹槽部位应用砌筑砂浆填实;不得出现瞎缝、透明缝。

抽检数量:每检验批不应少于3处。

检验方法:用专用百格网检测小砌块与砂浆粘结痕迹,每处检测3块小砌块,取其平均值。

(3)墙体转角处和纵横墙交接处应同时砌筑。临时间断处应砌成斜槎,斜槎水平投影长度不应小于高度的2/3。

抽检数量:每检验批抽20%接槎,且不应少于5处。

检验方法:观察检查。

(4)砌体的轴线偏移和垂直度偏差应按规范的规定执行。

48. 石砌体工程施工的一般规定有什么?

(1)墙体的水平灰缝厚度和竖向灰缝宽度宜为10mm,但不应大于12mm,也不应小于8mm。

抽检数量:每层楼的检测点不应少于3处。

抽检方法:用尺量5皮小砌块的高度和2m砌体长度折算。

(2)小砌块墙体的一般尺寸允许偏差应按规范中的规定进行。

49. 石砌体的主控项目与一般项目有什么?

主 控 项 目

(1)石材及砂浆强度等级必须符合设计要求。

抽检数量:同一产地的石材至少应抽检一组。砂浆试块的抽检数量执行本规范第4.0.12条的有关规定。

检验方法:料石检查产品质量证明书,石材、砂浆检查试块试验报告。

(2)砂浆饱满度不应小于80%。

抽检数量:每步架抽查不应少于1处。

检验方法:观察检查。

（3）石砌体的轴线位置及垂直度允许偏差应符合表3-31的规定。

石砌体的轴线位置及垂直度允许偏差　　　表3-31

项次	项目		允许偏差（mm）							检验方法
			毛石砌体		料石砌体					
					毛料石		粗料石		细料石	
			基础	墙	基础	墙	基础	墙	墙、柱	
1	轴线位置		20	15	20	15	15	10	10	用经纬仪和尺检查，或用其他测量仪器检查
2	墙面垂直度	每层		20		20		10	7	用经纬仪、吊线和尺检查或用其他测量仪器检查
		全高		30		30		25	20	

抽检数量：外墙，按楼层（或4m高以内）每20m抽查1处，每处3延长米，但不应少于3处；内墙，按有代表性的自然间抽查10%，但不应少于3间，每间不应少于2处，柱子不应少于5根。

一般项目

（4）石砌体的一般尺寸允许偏差应符合表3-32的规定。

石砌体的一般尺寸允许偏差　　　表3-32

项次	项目		允许偏差（mm）							检验方法
			毛石砌体		料石砌体					
					毛料石		粗料石		细料石	
			基础	墙	基础	墙	基础	墙	墙、柱	
1	基础和墙砌体顶面标高		±25	±15	±25	±15	±15	±15	±10	用水准仪和尺检查
2	砌体厚度		±30	+20 −10	+30	+20 −10	+15	+10 −5	+10 −5	用尺检查
3	表面平整度	清水墙、柱	—	20	—	20	—	10	5	细料石用2m靠尺和楔形塞尺检查，其他用两直尺垂直于灰缝拉2m线和尺检查
		混水墙、柱	—	20	—	20	—	15	—	
4	清水墙水平灰缝平直度		—	—	—	—	—	10	5	拉10m线和尺检查

抽检数量：外墙，按楼层（4m 高以内）每 20m 抽查 1 处，每处 3 延长米，但不应少于 3 处；内墙，按有代表性的自然间抽查 10%，但不应少于 3 间，每间不应少于 2 处，柱子不应少于 5 根。

（5）石砌体的组砌形式应符合下列规定：

1）内外搭砌，上下错缝，拉结石、丁砌石交错设置；

2）毛石墙拉结石每 0.7m^2 墙面不应少于 1 块。

检查数量：外墙，按楼层（或 4m 高以内）每 20m 抽查 1 处，每处 3 延长米，但不应少于 3 处；内墙，按有代表性的自然间抽查 10%，但不应少于 3 间。

检验方法：观察检查。

50. 配筋砌体工程施工有哪些要求？

一 般 规 定

（1）配筋砌体工程应符合规范的规定。

（2）构造柱浇灌混凝土前，必须将砌体留槎部位和模板浇水湿润，将模板内的落地灰、砖渣和其他杂物清理干净，并在结合面处注入适量与构造柱混凝土相同的去石水泥砂浆。振捣时，应避免触碰墙体，严禁通过墙体传震。

（3）设置在砌体水平灰缝中钢筋的锚固长度不宜小于 50d，且其水平或垂直弯折段的长度不宜小于 20d 和 150mm；钢筋的搭接长度不应小于 55d。

（4）配筋砌块砌体剪力墙，应采用专用的小砌块砌筑砂浆和专用的小砌块灌孔混凝土。

主 控 项 目

（5）钢筋的品种、规格和数量应符合设计要求。

检验方法：检查钢筋的合格证书、钢筋性能试验报告、隐蔽工程记录。

（6）构造柱、芯柱、组合砌体构件、配筋砌体剪力墙构件的混凝土或砂浆的强度等级应符合设计要求。

抽检数量：各类构件每一检验批砌体至少应做一组试块。

检验方法：检查混凝土或砂浆试块试验报告。

(7)构造柱与墙体的连接处应砌成马牙槎，马牙槎应先退后进，预留的拉结钢筋应位置正确，施工中不得任意弯折。

抽检数量：每检验批抽20%构造柱，且不少于3处。

检验方法：观察检查。

合格标准：钢筋竖向移位不应超过100mm，每一马牙槎沿高度方向尺寸不应超过300mm。钢筋竖向位移和马牙槎尺寸偏差每一构造柱不应超过2处。

(8)构造柱位置及垂直度的允许偏差应符合表3-33的规定。

构造柱尺寸允许偏差 表3-33

<table>
<tr><th>项次</th><th colspan="3">项　　目</th><th>允许偏差(mm)</th><th>抽检方法</th></tr>
<tr><td>1</td><td colspan="3">柱中心线位置</td><td>10</td><td>用经纬仪和尺检查或用其他测量仪器检查</td></tr>
<tr><td>2</td><td colspan="3">柱层间错位</td><td>8</td><td>用经纬仪和尺检查或用其他测量仪器检查</td></tr>
<tr><td rowspan="3">3</td><td rowspan="3">柱垂直度</td><td colspan="2">每　层</td><td>10</td><td>用2m托线板检查</td></tr>
<tr><td rowspan="2">全高</td><td>≤10m</td><td>15</td><td rowspan="2">用经纬仪、吊线和尺检查，或用其他测量仪器检查</td></tr>
<tr><td>>10m</td><td>20</td></tr>
</table>

抽检数量：每检验批抽10%，且不应少于5处。

(9)对配筋混凝土小型空心砌块砌体，芯柱混凝土应在装配式楼盖处贯通，不得削弱芯柱截面尺寸。

抽检数量：每检验批抽10%，且不应少于5处。

检验方法：观察检查。

一般项目

(10)设置在砌体水平灰缝内的钢筋，应居中置于灰缝中。水平灰缝厚度应大于钢筋直径4mm以上。砌体外露面砂浆保护层的厚度不应小于15mm。

抽检数量：每检验批抽检3个构件，每个构件检查3处。

检验方法：观察检查，辅以钢尺检测。

(11)设置在砌体灰缝内的钢筋的防腐保护应符合规范的规定。

抽检数量：每检验批抽检10%的钢筋。

检验方法：观察检查。

合格标准：防腐涂料无漏刷（喷浸），无起皮脱落现象。

（12）网状配筋砌体中，钢筋网及放置间距应符合设计规定。

抽检数量：每检验批抽10%，且不应少于5处。

检验方法：钢筋规格检查钢筋网成品，钢筋网放置间距局部剔缝观察，或用探针刺入灰缝内检查，或用钢筋位置测定仪测定。

合格标准：钢筋网沿砌体高度位置超过设计规定一皮砖厚不得多于1处。

（13）组合砖砌体构件，竖向受力钢筋保护层应符合设计要求，距砖砌体表面距离不应小于5mm；拉结筋两端应设弯钩，拉结筋及箍筋的位置应正确。

抽检数量：每检验批抽检10%，且不应少于5处。

检验方法：支模前观察与尺量检查。

合格标准：钢筋保护层符合设计要求；拉结筋位置及弯钩设置80%及以上符合要求，箍筋间距超过规定者，每件不得多于2处，且每处不得超过一皮砖。

（14）配筋砌块砌体剪力墙中，采用搭接接头的受力钢筋搭接长度不应小于35d，且不应少于300mm。

抽检数量：每检验批每类构件抽20%（墙、柱、连梁），且不应少于3件。

检验方法：尺量检查。

51. 填充墙砌体工程施工有哪些要求？

一 般 规 定

（1）这里讨论的适用于房屋建筑采用空心砖、蒸压加气混凝土砌块、轻骨料混凝土小型空心砌块等砌筑填充墙砌体的施工质量验收。

（2）蒸压加气混凝土砌块、轻骨料混凝土小型空心砌块砌筑时，其产品龄期应超过28d。

（3）空心砖、蒸压加气混凝土砌块、轻骨料混凝土小型空心砌块等的运输、装卸过程中，严禁抛掷和倾倒。进场后应按品种、规格分别堆放整齐，堆置高度不宜超过2m。加气混凝土砌块应防止雨淋。

(4)填充墙砌体砌筑前块材应提前2d浇水湿润。蒸压加气混凝土砌块砌筑时，应向砌筑面适量浇水。

(5)用轻骨料混凝土小型空心砌块或蒸压加气混凝土砌块砌筑墙体时，墙底部应砌烧结普通砖或多孔砖，或普通混凝土小型空心砌块，或现浇混凝土坎台等，其高度不宜小于200mm。

主 控 项 目

(6)砖、砌块和砌筑砂浆的强度等级应符合设计要求。

检验方法：检查砖或砌块的产品合格证书、产品性能检测报告和砂浆试块试验报告。

一 般 项 目

(7)填充墙砌体一般尺寸的允许偏差应符合表3-34的规定。

抽检数量：

1)对表中1、2项，在检验批的标准间中随机抽查10%，但不应少于3间；大面积房间和楼道按两个轴线或每10延长米按一标准间计数。每间检验不应少于3处。

2)对表3-34中3、4项，在检验批中抽检10%，且不应少于5处。

填充墙砌体一般尺寸允许偏差 **表3-34**

<table>
<tr><th>项次</th><th colspan="2">项　　目</th><th>允许偏差(mm)</th><th>检 验 方 法</th></tr>
<tr><td rowspan="3">1</td><td colspan="2">轴线位移</td><td>10</td><td>用尺检查</td></tr>
<tr><td rowspan="2">垂直度</td><td>小于或等于3m</td><td>5</td><td rowspan="2">用2m托线板或吊线、尺检查</td></tr>
<tr><td>大于3m</td><td>10</td></tr>
<tr><td>2</td><td colspan="2">表面平整度</td><td>8</td><td>用2m靠尺和楔形塞尺检查</td></tr>
<tr><td>3</td><td colspan="2">门窗洞口高、宽(后塞口)</td><td>±5</td><td>用尺检查</td></tr>
<tr><td>4</td><td colspan="2">外墙上、下窗口偏移</td><td>20</td><td>用经纬仪或吊线检查</td></tr>
</table>

(8)蒸压加气混凝土砌块砌体和轻骨料混凝土小型空心砌块砌体不应与其他块材混砌。

抽检数量：在检验批中抽检20%，且不应少于5处。

检验方法:外观检查。

(9)填充墙砌体的砂浆饱满度及检验方法应符合表3-35的规定。

抽检数量:每步架子不少于3处,且每处不应少于3块。

填充墙砌体的砂浆饱满度及检验方法　　表3-35

砌体分类	灰缝	饱满度及要求	检验方法
空心砖砌体	水平	≥80%	采用百格网检查块材底面砂浆的粘结痕迹面积
	垂直	填满砂浆,不得有透明缝、瞎缝、假缝	
加气混凝土砌块和轻骨料混凝土小砌块砌体	水平	≥80%	
	垂直	≥80%	

(10)填充墙砌体留置的拉结钢筋或网片的位置应与块体皮数相符合。拉结钢筋或网片应置于灰缝中,埋置长度应符合设计要求,竖向位置偏差不应超过一皮高度。

抽检数量:在检验批中抽检20%,且不应少于5处。

检验方法:观察和用尺量检查。

(11)填充墙砌筑时应错缝搭砌,蒸压加气混凝土砌块搭砌长度不应小于砌块长度的1/3;轻骨料混凝土小型空心砌块搭砌长度不应小于90mm;竖向通缝不应大于2皮。

抽检数量:在检验批的标准间中抽查10%,且不应少于3间。

检查方法:观察和用尺检查。

(12)填充墙砌体的灰缝厚度和宽度应正确。空心砖、轻骨料混凝土小型空心砌块的砌体灰缝应为8～12mm。蒸压加气混凝土砌块砌体的水平灰缝厚度及竖向灰缝宽度分别宜为15mm和20mm。

抽检数量:在检验批的标准间中抽查10%,且不应少于3间。

检查方法:用尺量5皮空心砖或小砌块的高度和2m砌体长度折算。

(13)填充墙砌至接近梁、板底时,应留一定空隙,待填充墙砌筑完并应至少间隔7d后,再将其补砌挤紧。

抽检数量:每验收批抽10%填充墙片(每两柱间的填充墙为

一墙片)，且不应少于3片墙。

检验方法:观察检查。

52. 砌体冬期施工有什么规定?

(1)当室外日平均气温连续5d稳定低于5℃时，砌体工程应采取冬期施工措施。

注:①气温根据当地气象资料确定。

②冬期施工期限以外，当日最低气温低于0℃时，也应按规范的规定执行。

(2)冬期施工的砌体工程质量验收除应符合规范要求外，尚应符合国家现行标准《建筑工程冬期施工规程》(JGJ104)的规定。

(3)砌体工程冬期施工应有完整的冬期施工方案。

(4)冬期施工所用材料应符合下列规定:

1)石灰膏、电石膏等应防止受冻，如遭冻结，应经融化后使用;

2)拌制砂浆用砂，不得含有冰块和大于10mm的冻结块;

3)砌体用砖或其他块材不得遭水浸冻。

(4)冬期施工砂浆试块的留置，除应按常温规定要求外，尚应增留不少于1组与砌体同条件养护的试块，测试检验28d强度。

(5)基土无冻胀性时，基础可在冻结的地基上砌筑;基土有冻胀性时，应在未冻的地基上砌筑。在施工期间和回填土前，均应防止地基遭受冻结。

(6)普通砖、多孔砖和空心砖在气温高于0℃条件下砌筑时，应浇水湿润。在气温低于、等于0℃条件下砌筑时，可不浇水，但必须增大砂浆稠度。抗震设防烈度为9度的建筑物，普通砖、多孔砖和空心砖无法浇水湿润时，如无特殊措施，不得砌筑。

53. 屋面工程施工的基本规定有什么?

(1)屋面工程应根据建筑物的性质、重要程度、使用功能要求以及防水层合理使用年限，按不同等级进行设防，并应符合表3-36的要求。

屋面防水等级和设防要求 **表 3-36**

项目	屋面防水等级			
	Ⅰ	Ⅱ	Ⅲ	Ⅳ
建筑物类别	特别重要或对防水有特殊要求的建筑	重要的建筑和高层建筑	一般的建筑	非永久性的建筑
防水层合理使用年限	25年	15年	10年	5年
防水层选用材料	宜选用合成高分子防水卷材、高聚物改性沥青防水卷材、金属板材、合成高分子防水涂料、细石混凝土等材料	宜选用高聚物改性沥青防水卷材、合成高分子防水卷材、金属板材、合成高分子防水涂料、高聚物改性沥青防水涂料、细石混凝土、平瓦、油毡瓦等材料	宜选用三毡四油沥青防水卷材、高聚物改性沥青防水卷材、合成高分子防水卷材、金属板材、高聚物改性沥青防水涂料、合成高分子防水涂料、细石混凝土、平瓦、油毡瓦等材料	可选用二毡三油沥青防水卷材、高聚物改性沥青防水涂料等材料
设防要求	三道或三道以上防水设防	二道防水设防	一道防水设防	一道防水设防

(2)屋面工程应根据工程特点、地区自然条件等,按照屋面防水等级的设防要求,进行防水构造设计,重要部位应有详图;对屋面保温层的厚度,应通过计算确定。

(3)屋面工程施工前,施工单位应进行图纸会审,并应编制屋面工程施工方案或技术措施。

(4)屋面工程施工时,应建立各道工序的自检、交接检和专职人员检查的"三检"制度,并有完整的检查记录。每道工序完成,应经监理单位(或建设单位)检查验收,合格后方可进行下道工序的施工。

(5)屋面工程的防水层应由经资质审查合格的防水专业队伍进行施工。作业人员应持有当地建设行政主管部门颁发的上岗证。

(6)屋面工程所采用的防水、保温隔热材料应有产品合格证书和性能检测报告,材料的品种、规格、性能等应符合现行国家产品标准和设计要求。

(7)材料进场后,应按规范的规定抽样复验,并提出试验报告;不合格的材料,不得在屋面工程中使用。

(8)当下道工序或相邻工程施工时,对屋面已完成的部分应采取保护措施。

(9)伸出屋面的管道、设备或预埋件等,应在防水层施工前安设完毕。屋面防水层完工后,不得在其上凿孔打洞或重物冲击。

(10)屋面工程完工后,应按规范的有关规定对细部构造、接缝、保护层等进行外观检验,并应进行淋水或蓄水检验。

(11)屋面的保温层和防水层严禁在雨天、雪天和五级风及其以上时施工。施工环境气温宜符合表 3-37 的要求。

屋面保温层和防水层施工环境气温　　　表 3-37

项　　目	施工环境气温
粘结保温层	热沥青不低于-10℃;水泥砂浆不低于5℃
沥青防水卷材	不低于5℃
高聚物改性沥青防水卷材	冷粘法不低于5℃;热熔法不低于-10℃
合成高分子防水卷材	冷粘法不低于5℃;热风焊接法不低于-10℃
高聚物改性沥青防水涂料	溶剂型不低于-5℃,水溶型不低于5℃
合成高分子防水涂料	溶剂型不低于-5℃,水溶型不低于5℃
刚性防水层	不低于5℃

(12)屋面工程各子分部工程和分项工程的划分,应符合表 3-38 的要求。

屋面工程各子分部工程和分项工程的划分　　　表 3-38

分部工程	子分部工程	分　项　工　程
屋面工程	卷材防水屋面	保温层,找平层,卷材防水层,细部构造
	涂膜防水屋面	保温层,找平层,涂膜防水层,细部构造
	刚性防水屋面	细石混凝土防水层,密封材料嵌缝,细部构造
	瓦屋面	平瓦屋面,油毡瓦屋面,金属板材屋面,细部构造
	隔热屋面	架空屋面,蓄水屋面,种植屋面

(13)屋面工程各分项工程的施工质量检验批量应符合下列规定:

1)卷材防水屋面、涂膜防水屋面、刚性防水屋面、瓦屋面和隔热屋面工程,应按屋面面积每 $100m^2$ 抽查一处,每处 $10m^2$,且不得少于 3 处。

2)接缝密封防水,每 50m 应抽查一处,每处 5m,且不得少于 3 处。

3)细部构造根据分项工程的内容,应全部进行检查。

54. 屋面找平层的验收有什么要求?

(1)这里讨论的适用于防水层基层采用水泥砂浆、细石混凝土或沥青砂浆的整体找平层。

(2)找平层的厚度和技术要求应符合表 3-39 的规定。

找平层的厚度和技术要求　　　　表 3-39

类　别	基层种类	厚度(mm)	技术要求
水泥砂浆找平层	整体混凝土	15～20	1:2.5～1:3(水泥:砂)体积比,水泥强度等级不低于 32.5 级
	整体或板状材料保温层	20～25	
	装配式混凝土板,松散材料保温层	20～30	
细石混凝土找平层	松散材料保温层	30～35	混凝土强度等级不低于 C20
沥青砂浆找平层	整体混凝土	15～20	1:8(沥青:砂)质量比
	装配式混凝土板,整体或板状材料保温层	20～25	

(3)找平层的基层采用装配式钢筋混凝土板时,应符合下列规定:

1)板端、侧缝应用细石混凝土灌缝,其强度等级不应低于 C20。

2)板缝宽度大于 40mm 或上窄下宽时,板缝内应设置构造钢筋。

3)板端缝应进行密封处理。

(4)找平层的排水坡度应符合设计要求。平屋面采用结构找坡不应小于3%,采用材料找坡宜为2%;天沟、檐沟纵向找坡不应小于1%,沟底水落差不得超过200mm。

(5)基层与突出屋面结构(女儿墙、山墙、天窗壁、变形缝、烟囱等)的交接处和基层的转角处,找平层均应做成圆弧形,圆弧半径应符合表3-40的要求。内部排水的水落口周围,找平层应做成略低的凹坑。

转角处圆弧半径 **表3-40**

卷材种类	圆弧半径(mm)
沥青防水卷材	100~150
高聚物改性沥青防水卷材	50
合成高分子防水卷材	20

(6)找平层宜设分格缝,并嵌填密封材料。分格缝应留设在板端缝处,其纵横缝的最大间距:水泥砂浆或细石混凝土找平层,不宜大于6m;沥青砂浆找平层,不宜大于4m。

主控项目

(7)找平层的材料质量及配合比,必须符合设计要求。

检验方法:检查出厂合格证、质量检验报告和计量措施。

(8)屋面(含天沟、檐沟)找平层的排水坡度,必须符合设计要求。

检验方法:用水平仪(水平尺)、拉线和尺量检查。

一般项目

(9)基层与突出屋面结构的交接处和基层的转角处,均应做成圆弧形,且整齐平顺。

检验方法:观察和尺量检查。

(10)水泥砂浆、细石混凝土找平层应平整、压光,不得有酥松、起砂、起皮现象;沥青砂浆找平层不得有拌合不匀、蜂窝现象。

检验方法:观察检查。

(11)找平层分格缝的位置和间距应符合设计要求。

检验方法：观察和尺量检查。

(12)找平层表面平整度的允许偏差为5mm。

检验方法：用2m靠尺和楔形塞尺检查。

55. 屋面保温层的验收有什么要求？

(1)这里讨论的适用于松散、板状材料或整体现浇(喷)保温层。

(2)保温层应干燥，封闭式保温层的含水率应相当于该材料在当地自然风干状态下的平衡含水率。

(3)屋面保温层干燥有困难时，应采用排汽措施。

(4)倒置式屋面应采用吸水率小、长期浸水不腐烂的保温材料。保温层上应用混凝土等块材、水泥砂浆或卵石做保护层；卵石保护层与保温层之间，应干铺一层无纺聚酯纤维布做隔离层。

(5)松散材料保温层施工应符合下列规定：

1)铺设松散材料保温层的基层应平整、干燥和干净。

2)保温层含水率应符合设计要求。

3)松散保温材料应分层铺设并压实，压实的程度与厚度应经试验确定。

4)保温层施工完成后，应及时进行找平层和防水层的施工；雨季施工时，保温层应采取遮盖措施。

(6)板状材料保温层施工应符合下列规定：

1)板状材料保温层的基层应平整、干燥和干净。

2)板状保温材料应紧靠在需保温的基层表面上，并应铺平垫稳。

3)分层铺设的板块上下层接缝应相互错开；板间缝隙应采用同类材料嵌填密实。

4)粘贴的板状保温材料应贴严、粘牢。

(7)整体现浇(喷)保温层施工应符合下列规定：

1)沥青膨胀蛭石、沥青膨胀珍珠岩宜用机械搅拌，并应色泽一致，无沥青团；压实程度根据试验确定，其厚度应符合设计要求，表面应平整。

2)硬质聚氨酯泡沫塑料应按配比准确计量,发泡厚度均匀一致。

主 控 项 目

(8)保温材料的堆积密度或表观密度、导热系数以及板材的强度、吸水率,必须符合设计要求。

检验方法:检查出厂合格证、质量检验报告和现场抽样复验报告。

(9)保温层的含水率必须符合设计要求。

检验方法:检查现场抽样检验报告。

一 般 项 目

(10)保温层的铺设应符合下列要求:

1)松散保温材料:分层铺设,压实适当,表面平整,找坡正确。

2)板状保温材料:紧贴(靠)基层,铺平垫稳,拼缝严密,找坡正确。

3)整体现浇保温层:拌合均匀,分层铺设,压实适当,表面平整,找坡正确。

检验方法:观察检查。

(11)保温层厚度的允许偏差:松散保温材料和整体现浇保温层为+10%,-5%;板状保温材料为±5%,且不得大于4mm。

检验方法:用钢针插入和尺量检查。

(12)当倒置式屋面保护层采用卵石铺压时,卵石应分布均匀,卵石的质(重)量应符合设计要求。

检验方法:观察检查和按堆积密度计算其质(重)量。

56. 卷材防水层的验收有什么要求?

(1)这里讨论的适用于防水等级为Ⅰ～Ⅳ级的屋面防水。

(2)卷材防水层应采用高聚物改性沥青防水卷材、合成高分子防水卷材或沥青防水卷材。所选用的基层处理剂、接缝胶粘剂、密封材料等配套材料应与铺贴的卷材材性相容。

(3)在坡度大于25%的屋面上采用卷材作防水层时,应采取固定措施。固定点应密封严密。

(4)铺设屋面隔汽层和防水层前，基层必须干净、干燥。

干燥程度的简易检验方法，是将 $1m^2$ 卷材平坦地干铺在找平层上，静置3~4h后掀开检查，找平层覆盖部位与卷材上未见水印即可铺设。

(5)卷材铺贴方向应符合下列规定：

1)屋面坡度小于3%时，卷材宜平行屋脊铺贴。

2)屋面坡度在3%~15%时，卷材可平行或垂直屋脊铺贴。

3)屋面坡度大于15%或屋面受震动时，沥青防水卷材应垂直屋脊铺贴，高聚物改性沥青防水卷材和合成高分子防水卷材可平行或垂直屋脊铺贴。

4)上下层卷材不得相互垂直铺贴。

(6)卷材厚度选用应符合表3-41的规定。

卷材厚度选用表 **表3-41**

屋面防水等级	设防道数	合成高分子防水卷材	高聚物改性沥青防水卷材	沥青防水卷材
Ⅰ级	三道或三道以上设防	不应小于1.5mm	不应小于3mm	—
Ⅱ级	二道设防	不应小于1.2mm	不应小于3mm	—
Ⅲ级	一道设防	不应小于1.2mm	不应小于4mm	三毡四油
Ⅳ	一道设防	—	—	二毡三油

(7)铺贴卷材采用搭接法时，上下层及相邻两幅卷材的搭接缝应错开。各种卷材搭接宽度应符合表3-42的要求。

卷材搭接宽度(mm) **表3-42**

铺贴方法 / 卷材种类	短边搭接		长边搭接	
	满粘法	空铺、点粘、条粘法	满粘法	空铺、点粘、条粘法
沥青防水卷材	100	150	70	100
高聚物改性沥青防水卷材	80	100	80	100

续表

卷材种类 \ 铺贴方法		短边搭接		长边搭接	
		满粘法	空铺、点粘、条粘法	满粘法	空铺、点粘、条粘法
合成高分子防水卷材	胶粘剂	80	100	80	100
	胶粘带	50	60	50	60
	单缝焊	60,有效焊接宽度不小于25			
	双缝焊	80,有效焊接宽度 10×2+空腔宽			

(8)冷粘法铺贴卷材应符合下列规定:

1)胶粘剂涂刷应均匀,不露底,不堆积。

2)根据胶粘剂的性能,应控制胶粘剂涂刷与卷材铺贴的间隔时间。

3)铺贴的卷材下面的空气应排尽,并辊压粘结牢固。

4)铺贴卷材应平整顺直,搭接尺寸准确,不得扭曲、皱折。

5)接缝口应用密封材料封严,宽度不应小于10mm。

(9)热熔法铺贴卷材应符合下列规定:

1)火焰加热器加热卷材应均匀,不得过分加热或烧穿卷材;厚度小于3mm的高聚物改性沥青防水卷材严禁采用热熔法施工。

2)卷材表面热熔后应立即滚铺卷材,卷材下面的空气应排尽,并辊压粘结牢固,不得空鼓。

3)卷材接缝部位必须溢出热熔的改性沥青胶。

4)铺贴的卷材应平整顺直,搭接尺寸准确,不得扭曲、皱折。

(10)自粘法铺贴卷材应符合下列规定:

1)铺贴卷材前基层表面应均匀涂刷基层处理剂,干燥后应及时铺贴卷材。

2)铺贴卷材时,应将自粘胶底面的隔离纸全部撕净。

3)卷材下面的空气应排尽,并辊压粘结牢固。

4)铺贴的卷材应平整顺直,搭接尺寸准确,不得扭曲、皱折。搭接部位宜采用热风加热,随即粘贴牢固。

5)接缝口应用密封材料封严,宽度不应小于10mm。

(11)卷材热风焊接施工应符合下列规定：

1)焊接前卷材的铺设应平整顺直，搭接尺寸准确，不得扭曲、皱折。

2)卷材的焊接面应清扫干净，无水滴、油污及附着物。

3)焊接时应先焊长边搭接缝，后焊短边搭接缝。

4)控制热风加热温度和时间，焊接处不得有漏焊、跳焊、焊焦或焊接不牢现象。

5)焊接时不得损害非焊接部位的卷材。

(12)沥青玛𤨣脂的配制和使用应符合下列规定：

1)配制沥青玛𤨣脂的配合比应视使用条件、坡度和当地历年极端最高气温，并根据所用的材料经试验确定；施工中应按确定的配合比严格配料，每工作班应检查软化点和柔韧性。

2)热沥青玛𤨣脂的加热温度不应高于 240℃，使用温度不应低于 190℃。

3)冷沥青玛𤨣脂使用时应搅匀，稠度太大时可加少量溶剂稀释搅匀。

4)沥青玛𤨣脂应涂刮均匀，不得过厚或堆积。

粘结层厚度：热沥青玛𤨣脂宜为 1～1.5mm，冷沥青玛𤨣脂宜为 0.5～1mm；

面层厚度：热沥青玛𤨣脂宜为 2～3mm，冷沥青玛𤨣脂宜为 1～1.5mm。

(13)天沟、檐沟、檐口、泛水和立面卷材收头的端部应裁齐，塞入预留凹槽内，用金属压条钉压固定，最大钉距不应大于 900mm，并用密封材料嵌填封严。

(14)卷材防水层完工并经验收合格后，应做好成品保护。保护层的施工应符合下列规定：

1)绿豆砂应清洁、预热、铺撒均匀，并使其与沥青玛𤨣脂粘结牢固，不得残留未粘结的绿豆砂。

2)云母或蛭石保护层不得有粉料，撒铺应均匀，不得露底，多余的云母或蛭石应清除。

3)水泥砂浆保护层的表面应抹平压光,并设表面分格缝,分格面积宜为1m²。

4)块体材料保护层应留设分格缝,分格面积不宜大于100m²,分格缝宽度不宜小于20mm。

5)细石混凝土保护层,混凝土应密实,表面抹平压光,并留设分格缝,分格面积不大于36m²。

6)浅色涂料保护层应与卷材粘结牢固,厚薄均匀,不得漏涂。

7)水泥砂浆、块材或细石混凝土保护层与防水层之间应设置隔离层。

8)刚性保护层与女儿墙、山墙之间应预留宽度为30mm的缝隙,并用密封材料嵌填严密。

主 控 项 目

(15)卷材防水层所用卷材及其配套材料,必须符合设计要求。

检验方法:检查出厂合格证、质量检验报告和现场抽样复验报告。

(16)卷材防水层不得有渗漏或积水现象。

检验方法:雨后或淋水、蓄水检验。

(17)卷材防水层在天沟、檐沟、檐口、水落口、泛水、变形缝和伸出屋面管道的防水构造,必须符合设计要求。

检验方法:观察检查和检查隐蔽工程验收记录。

一 般 项 目

(18)卷材防水层的搭接缝应粘(焊)结牢固,密封严密,不得有皱折、翘边和鼓泡等缺陷;防水层的收头应与基层粘结并固定牢固,缝口封严,不得翘边。

检验方法:观察检查。

(19)卷材防水层上的撒布材料和浅色涂料保护层应铺撒或涂刷均匀,粘结牢固;水泥砂浆、块材或细石混凝土保护层与卷材防水层间应设置隔离层;刚性保护层的分格缝留置应符合设计要求。

检验方法:观察检查。

(20)排汽屋面的排汽道应纵横贯通,不得堵塞。排汽管应安装牢固,位置正确,封闭严密。

检验方法:观察检查。

(21)卷材的铺贴方向应正确,卷材搭接宽度的允许偏差为-10mm。

检验方法:观察和尺量检查。

57. 涂膜防水层的验收有什么要求?

(1)这里讨论的适用于防水等级为Ⅰ~Ⅳ级屋面防水。

(2)防水涂料应采用高聚物改性沥青防水涂料、合成高分子防水涂料。

(3)防水涂膜施工应符合下列规定:

1)涂膜应根据防水涂料的品种分层分遍涂布,不得一次涂成。

2)应待先涂的涂层干燥成膜后,方可涂后一遍涂料。

3)需铺设胎体增强材料时,屋面坡度小于15%时可平行屋脊铺设,屋面坡度大于15%时应垂直于屋脊铺设。

4)胎体长边搭接宽度不应小于50mm,短边搭接宽度不应小于70mm。

5)采用二层胎体增强材料时,上下层不得相互垂直铺设,搭接缝应错开,其间距不应小于幅宽的1/3。

(4)涂膜厚度选用应符合表3-43的规定。

涂膜厚度选用表 **表3-43**

屋面防水等级	设防道数	高聚物改性沥青防水涂料	合成高分子防水涂料
Ⅰ级	三道或三道以上设防	—	不应小于1.5mm
Ⅱ级	二道设防	不应小于3mm	不应小于1.5mm
Ⅲ级	一道设防	不应小于3mm	不应小于2mm
Ⅳ级	一道设防	不应小于2mm	—

(5)屋面基层的干燥程度应视所用涂料特性确定。当采用溶剂型涂料时,屋面基层应干燥。

(6)多组分涂料应按配合比准确计量,搅拌均匀,并应根据有效时间确定使用量。

(7)天沟、檐沟、檐口、泛水和立面涂膜防水层的收头,应用防水涂料多遍涂刷或用密封材料封严。

(8)涂膜防水层完工并经验收合格后,应做好成品保护。保护层的施工应符合规范的规定。

主 控 项 目

(9)防水涂料和胎体增强材料必须符合设计要求。

检验方法:检查出厂合格证、质量检验报告和现场抽样复验报告。

(10)涂膜防水层不得有渗漏或积水现象。

检验方法:雨后或淋水、蓄水检验。

(11)涂膜防水层在天沟、檐沟、檐口、水落口、泛水、变形缝和伸出屋面管道的防水构造,必须符合设计要求。

检验方法:观察检查和检查隐蔽工程验收记录。

一 般 项 目

(12)涂膜防水层的平均厚度应符合设计要求,最小厚度不应小于设计厚度的80%。

检验方法:针测法或取样量测。

(13)涂膜防水层与基层应粘结牢固,表面平整,涂刷均匀,无流淌、皱折、鼓泡、露胎体和翘边等缺陷。

检验方法:观察检查。

(14)涂膜防水层上的撒布材料或浅色涂料保护层应铺撒或涂刷均匀,粘结牢固;水泥砂浆、块材或细石混凝土保护层与涂膜防水层间应设置隔离层;刚性保护层的分格缝留置应符合设计要求。

检验方法:观察检查。

58. 细石混凝土防水层的验收有什么要求?

(1)这里所讨论的适用于防水等级为Ⅰ～Ⅲ级的屋面防水;不适用于设有松散材料保温层的屋面以及受较大震动或冲击的和坡度大于15%的建筑屋面。

(2)细石混凝土不得使用火山灰质水泥;当采用矿渣硅酸盐水泥时,应采用减少泌水性的措施。粗骨料含泥量不应大于1%,细骨料含泥量不应大于2%。

混凝土水灰比不应大于0.55;每立方米混凝土水泥用量不得少于330kg;含砂率宜为35%~40%;灰砂比宜为1:2~1:2.5;混凝土强度等级不应低于C20。

(3)混凝土中掺加膨胀剂、减水剂、防水剂等外加剂时,应按配合比准确计量,投料顺序得当,并应用机械搅拌,机械振捣。

(4)细石混凝土防水层的分格缝,应设在屋面板的支承端、屋面转折处、防水层与突出屋面结构的交接处,其纵横间距不宜大于6m。分格缝内应嵌填密封材料。

(5)细石混凝土防水层的厚度不应小于40mm,并应配置双向钢筋网片。钢筋网片在分格缝处应断开,其保护层厚度不应小于10mm。

(6)细石混凝土防水层与立墙及突出屋面结构等交接处,均应做柔性密封处理;细石混凝土防水层与基层间宜设置隔离层。

主 控 项 目

(7)细石混凝土的原材料及配合比必须符合设计要求。

检验方法:检查出厂合格证、质量检验报告、计量措施和现场抽样复验报告。

(8)细石混凝土防水层不得有渗漏或积水现象。

检验方法:雨后或淋水、蓄水检验。

(9)细石混凝土防水层在天沟、檐沟、檐口、水落口、泛水、变形缝和伸出屋面管道的防水构造,必须符合设计要求。

检验方法:观察检查和检查隐蔽工程验收记录。

一 般 项 目

(10)细石混凝土防水层应表面平整、压实抹光,不得有裂缝、起壳、起砂等缺陷。

检验方法:观察检查。

(11)细石混凝土防水层的厚度和钢筋位置应符合设计要求。

检验方法:观察和尺量检查。

(12)细石混凝土分格缝的位置和间距应符合设计要求。

检验方法:观察和尺量检查。

(13)细石混凝土防水层表面平整度的允许偏差为5mm。

检验方法:用2m靠尺和楔形塞尺检查。

59. 平瓦屋面的验收有什么要求?

(1)这里所讨论的适用于防水等级为Ⅱ、Ⅲ级以及坡度不小于20%的屋面。

(2)平瓦屋面与立墙及突出屋面结构等交接处,均应做泛水处理。天沟、檐沟的防水层,应采用合成高分子防水卷材、高聚物改性沥青防水卷材、沥青防水卷材、金属板材或塑料板材等材料铺设。

(3)平瓦屋面的有关尺寸应符合下列要求:

1)脊瓦在两坡面瓦上的搭盖宽度,每边不小于40mm。

2)瓦伸入天沟、檐沟的长度为50~70mm。

3)天沟、檐沟的防水层伸入瓦内宽度不小于150mm。

4)瓦头挑出封檐板的长度为50~70mm。

5)突出屋面的墙或烟囱的侧面瓦伸入泛水宽度不小于50mm。

主控项目

(4)平瓦及其脊瓦的质量必须符合设计要求。

检验方法:观察检查和检查出厂合格证或质量检验报告。

(5)平瓦必须铺置牢固。地震设防地区或坡度大于50%的屋面,应采取固定加强措施。

检验方法:观察和手扳检查。

一般项目

(6)挂瓦条应分档均匀,铺钉平整、牢固;瓦面平整,行列整齐,搭接紧密,檐口平直。

检验方法:观察检查。

(7)脊瓦应搭盖正确,间距均匀,封固严密;屋脊和斜脊应顺直,无起伏现象。

检验方法:观察或手扳检查。

(8)泛水做法应符合设计要求,顺直整齐,结合严密,无渗漏。

检验方法:观察检查和雨后或淋水检验。

60. 油毡瓦屋面的验收有什么要求?

(1)这里所讨论的适用于防水等级为Ⅱ、Ⅲ级以及坡度不小于20%的屋面。

(2)油毡瓦屋面与立墙及突出屋面结构等交接处,均应做泛水处理。

(3)油毡瓦的基层应牢固平整。如为混凝土基层,油毡瓦应用专用水泥钢钉与冷沥青玛𤧛脂粘结固定在混凝土基层上;如为木基层,铺瓦前应在木基层上铺设一层沥青防水卷材垫毡,用油毡钉铺钉,钉帽应盖在垫毡下面。

(4)油毡瓦屋面的有关尺寸应符合下列要求:

1)脊瓦与两坡面油毡瓦搭盖宽度每边不小于100mm。

2)脊瓦与脊瓦的压盖面不小于脊瓦面积的1/2。

3)油毡瓦在屋面与突出屋面结构的交接处铺贴高度不小于250mm。

主控项目

(5)油毡瓦的质量必须符合设计要求。

检验方法:检查出厂合格证和质量检验报告。

(6)油毡瓦所用固定钉必须钉平、钉牢,严禁钉帽外露油毡瓦表面。

检验方法:观察检查。

一般项目

(7)油毡瓦的铺设方法应正确;油毡瓦之间的对缝,上下层不得重合。

检验方法:观察检查。

(8)油毡瓦应与基层紧贴,瓦面平整,檐口顺直。

检验方法：观察检查。

(9)泛水做法应符合设计要求，顺直整齐，结合严密，无渗漏。

检验方法：观察检查和雨后或淋水检验。

61. 架空屋面的验收有什么要求？

(1)架空隔热层的高度应按照屋面宽度或坡度大小的变化确定。如设计无要求，一般以100～300mm为宜。当屋面宽度大于10m时，应设置通风屋脊。

(2)架空隔热制品支座底面的卷材、涂膜防水层上应采取加强措施，操作时不得损坏已完工的防水层。

(3)架空隔热制品的质量应符合下列要求：

1)非上人屋面的粘土砖强度等级不应低于MU7.5；上人屋面的粘土砖强度等级不应低于MU10。

2)混凝土板的强度等级不应低于C20，板内宜加放钢丝网片。

主 控 项 目

(4)架空隔热制品的质量必须符合设计要求，严禁有断裂和露筋等缺陷。

检验方法：观察检查和检查构件合格证或试验报告。

一 般 项 目

(5)架空隔热制品的铺设应平整、稳固，缝隙勾填应密实；架空隔热制品距山墙或女儿墙不得小于250mm，架空层中不得堵塞，架空高度及变形缝做法应符合设计要求。

检验方法：观察和尺量检查。

(6)相邻两块制品的高低差不得大于3mm。

检验方法：用直尺和楔形塞尺检查。

62. 蓄水屋面的验收有什么要求？

(1)蓄水屋面应采用刚性防水层或在卷材、涂膜防水层上面再做刚性防水层，防水层应采用耐腐蚀、耐霉烂、耐穿刺性能好的材料。

(2)蓄水屋面应划分为若干蓄水区,每区的边长不宜大于10m,在变形缝的两侧应分成两个互不连通的蓄水区;长度超过40m的蓄水屋面应做横向伸缩缝一道。蓄水屋面应设置人行通道。

(3)蓄水屋面所设排水管、溢水口和给水管等,应在防水层施工前安装完毕。

(4)每个蓄水区的防水混凝土应一次浇筑完毕,不得留施工缝。

主 控 项 目

(5)蓄水屋面上设置的溢水口、过水孔、排水管、溢水管,其大小、位置、标高的留设必须符合设计要求。

检验方法:观察和尺量检查。

(6)蓄水屋面防水层施工必须符合设计要求,不得有渗漏现象。

检验方法:蓄水至规定高度观察检查。

63. 建筑装饰装修工程验收有什么基本规定?

设 计

(1)建筑装饰装修工程必须进行设计,并出具完整的施工图设计文件。

(2)承担建筑装饰装修工程设计的单位应具备相应的资质,并应建立质量管理体系。由于设计原因造成的质量问题应由设计单位负责。

(3)建筑装饰装修设计应符合城市规划、消防、环保、节能等有关规定。

(4)承担建筑装饰装修工程设计的单位应对建筑物进行必要的了解和实地勘察,设计深度应满足施工要求。

(5)建筑装饰装修工程设计必须保证建筑物的结构安全和主要使用功能。当涉及主体和承重结构改动或增加荷载时,必须由原结构设计单位或具备相应资质的设计单位核查有关原始资料,对既有建筑结构的安全性进行核验、确认。

(6)建筑装饰装修工程的防火、防雷和抗震设计应符合现行国家标准的规定。

(7)当墙体或吊顶内的管线可能产生冰冻或结露时,应进行防冻或防结露设计。

材　料

(1)建筑装饰装修工程所用材料的品种、规格和质量应符合设计要求和国家现行标准的规定。当设计无要求时应符合国家现行标准的规定。严禁使用国家明令淘汰的材料。

(2)建筑装饰装修工程所用材料的燃烧性能应符合现行国家标准《建筑内部装修设计防火规范》(GB50222)、《建筑设计防火规范》(GBJ16)和《高层民用建筑设计防火规范》(GB50045)的规定。

(3)建筑装饰装修工程所用材料应符合国家有关建筑装饰装修材料有害物质限量标准的规定。

(4)所有材料进场时应对品种、规格、外观和尺寸进行验收。材料包装应完好,应有产品合格证书、中文说明书及相关性能的检测报告;进口产品应按规定进行商品检验。

(5)进场后需要进行复验的材料种类及项目应符合本规范各章的规定。同一厂家生产的同一品种、同一类型的进场材料应至少抽取一组样品进行复验,当合同另有约定时应按合同执行。

(6)当国家规定或合同约定应对材料进行见证检测时,或对材料的质量发生争议时,应进行见证检测。

(7)承担建筑装饰装修材料检测的单位应具备相应的资质,并应建立质量管理体系。

(8)建筑装饰装修工程所使用的材料在运输、储存和施工过程中,必须采取有效措施防止损坏、变质和污染环境。

(9)建筑装饰装修工程所使用的材料应按设计要求进行防火、防腐和防虫处理。

(10)现场配制的材料如砂浆、胶粘剂等,应按设计要求或产品说明书配制。

施　工

(1)承担建筑装饰装修工程施工的单位应具备相应的资质,并应建立质量管理体系。施工单位应编制施工组织设计并应经过审查批准。施工单位应按有关的施工工艺标准或经审定的施工技术方案施工,并应对施工全过程实行质量控制。

(2)承担建筑装饰装修工程施工的人员应有相应岗位的资格证书。

(3)建筑装饰装修工程的施工质量应符合设计要求和规范的规定,由于违反设计文件和规范规定施工造成的质量问题应由施工单位负责。

(4)建筑装饰装修工程施工中,严禁违反设计文件擅自改动建筑主体、承重结构或主要使用功能;严禁未经设计确认和有关部门批准擅自拆改水、暖、电、燃气、通讯等配套设施。

(5)施工单位应遵守有关环境保护的法律法规,并应采取有效措施控制施工现场的各种粉尘、废气、废弃物、噪声、振动等对周围环境造成的污染和危害。

(6)施工单位应遵守有关施工安全、劳动保护、防火和防毒的法律法规,应建立相应的管理制度,并应配备必要的设备、器具和标识。

(7)建筑装饰装修工程应在基体或基层的质量验收合格后施工。对既有建筑进行装饰装修前,应对基层进行处理并达到本规范的要求。

(8)建筑装饰装修工程施工前应有主要材料的样板或做样板间(件),并应经有关各方确认。

(9)墙面采用保温材料的建筑装饰装修工程,所用保温材料的类型、品种、规格及施工工艺应符合设计要求。

(10)管道、设备等的安装及调试应在建筑装饰装修工程施工前完成,当必须同步进行时,应在饰面层施工前完成。装饰装修工程不得影响管道、设备等的使用和维修。涉及燃气管道的建筑装饰装修工程必须符合有关安全管理的规定。

(11)建筑装饰装修工程的电器安装应符合设计要求和国家现行标准的规定。严禁不经穿管直接埋设电线。

(12)室内外装饰装修工程施工的环境条件应满足施工工艺的要求。施工环境温度不应低于5℃。当必须在低于5℃气温下施工时,应采取保证工程质量的有效措施。

(13)建筑装饰装修工程施工过程中应做好半成品、成品的保护,防止污染和损坏。

(14)建筑装饰装修工程验收前应将施工现场清理干净。

64. 抹灰工程验收的一般规定有什么?

(1)这里所讨论的适用于一般抹灰、装饰抹灰和清水砌体勾缝等分项工程的质量验收。

(2)抹灰工程验收时应检查下列文件和记录:

1)抹灰工程的施工图、设计说明及其他设计文件。

2)材料的产品合格证书、性能检测报告、进场验收记录和复验报告。

3)隐蔽工程验收记录。

4)施工记录。

(3)抹灰工程应对水泥的凝结时间和安定性进行复验。

(4)抹灰工程应对下列隐蔽工程项目进行验收:

1)抹灰总厚度大于或等于35mm时的加强措施。

2)不同材料基体交接处的加强措施。

(5)各分项工程的检验批应按下列规定划分:

1)相同材料、工艺和施工条件的室外抹灰工程每500~1000m^2应划分为一个检验批,不足500m^2也应划分为一个检验批。

2)相同材料、工艺和施工条件的室内抹灰工程每50个自然间(大面积房间和走廊按抹灰面积30m^2为一间)应划分为一个检验批,不足50间也应划分为一个检验批。

(6)检查数量应符合下列规定：

1)室内每个检验批应至少抽查10%，并不得少于3间；不足3间时应全数检查。

2)室外每个检验批每100m^2应至少抽查一处，每处不得小于10m^2。

(7)外墙抹灰工程施工前应先安装钢木门窗框、护栏等，并应将墙上的施工孔洞堵塞密实。

(8)抹灰用的石灰膏的熟化期不应少于15d；罩面用的磨细石灰粉的熟化期不应少于3d。

(9)室内墙面、柱面和门洞口的阳角做法应符合设计要求。设计无要求时，应采用1:2水泥砂浆做暗护角，其高度不应低于2m，每侧宽度不应小于50mm。

(10)当要求抹灰层具有防水、防潮功能时，应采用防水砂浆。

(11)各种砂浆抹灰层，在凝结前应防止快干、水冲、撞击、振动和受冻，在凝结后应采取措施防止玷污和损坏。水泥砂浆抹灰层应在湿润条件下养护。

(12)外墙和顶棚的抹灰层与基层之间及各抹灰层之间必须粘结牢固。

65. 一般抹灰工程的验收有什么要求？

(1)这里所讨论的适用于石灰砂浆、水泥砂浆、水泥混合砂浆、聚合物水泥砂浆和麻刀石灰、纸筋石灰、石膏灰等一般抹灰工程的质量验收。一般抹灰工程分为普通抹灰和高级抹灰，当设计无要求时，按普通抹灰验收。

主 控 项 目

(2)抹灰前基层表面的尘土、污垢、油渍等应清除干净，并应洒水润湿。

检验方法：检查施工记录。

(3)一般抹灰所用材料的品种和性能应符合设计要求。水泥的凝结时间和安定性复验应合格。砂浆的配合比应符合设计要求。

检验方法:检查产品合格证书、进场验收记录、复验报告和施工记录。

(4)抹灰工程应分层进行。当抹灰总厚度大于或等于 35mm 时,应采取加强措施。不同材料基体交接处表面的抹灰,应采取防止开裂的加强措施,当采用加强网时,加强网与各基体的搭接宽度不应小于 100mm。

检验方法:检查隐蔽工程验收记录和施工记录。

(5)抹灰层与基层之间及各抹灰层之间必须粘结牢固,抹灰层应无脱层、空鼓,面层应无爆灰和裂缝。

检验方法:观察;用小锤轻击检查;检查施工记录。

一 般 项 目

(6)一般抹灰工程的表面质量应符合下列规定:

1)普通抹灰表面应光滑、洁净、接槎平整,分格缝应清晰。

2)高级抹灰表面应光滑、洁净、颜色均匀、无抹纹,分格缝和灰线应清晰美观。

检验方法:观察;手摸检查。

(7)护角、孔洞、槽、盒周围的抹灰表面应整齐、光滑;管道后面的抹灰表面应平整。

检验方法:观察。

(8)抹灰层的总厚度应符合设计要求;水泥砂浆不得抹在石灰砂浆层上;罩面石膏灰不得抹在水泥砂浆层上。

检验方法:检查施工记录。

(9)抹灰分格缝的设置应符合设计要求,宽度和深度应均匀,表面应光滑,棱角应整齐。

检验方法:观察;尺量检查。

(10)有排水要求的部位应做滴水线(槽)。滴水线(槽)应整齐顺直,滴水线应内高外低,滴水槽的宽度和深度均不应小于 10mm。

检验方法:观察;尺量检查。

(11)一般抹灰工程质量的允许偏差和检验方法应符合表 3-44的规定。

一般抹灰的允许偏差和检验方法　　表 3-44

项次	项　　目	允许偏差(mm)		检验方法
		普通抹灰	高级抹灰	
1	立面垂直度	4	3	用 2m 垂直检测尺检查
2	表面平整度	4	3	用 2m 靠尺和塞尺检查
3	阴阳角方正	4	3	用直角检测尺检查
4	分格条(缝)直线度	4	3	拉 5m 线,不足 5m 拉通线,用钢直尺检查
5	墙裙、勒脚上口直线度	4	3	拉 5m 线,不足 5m 拉通线,用钢直尺检查

注:1. 普通抹灰,本表第 3 项阴角方正可不检查。
　2. 顶棚抹灰,本表第 2 项表面平整度可不检查,但应平顺。

66. 装饰抹灰工程的验收有什么要求?

(1)这里所讨论的适用于水刷石、斩假石、干粘石、假面砖等装饰抹灰工程的质量验收。

主 控 项 目

(2)抹灰前基层表面的尘土、污垢、油渍等应清除干净,并应洒水润湿。

检验方法:检查施工记录。

(3)装饰抹灰工程所用材料的品种和性能应符合设计要求。水泥的凝结时间和安定性复验应合格。砂浆的配合比应符合设计要求。

检验方法:检查产品合格证书、进场验收记录、复验报告和施工记录。

(4)抹灰工程应分层进行。当抹灰总厚度大于或等于 35mm 时,应采取加强措施。不同材料基体交接处表面的抹灰,应采取防止开裂的加强措施,当采用加强网时,加强网与各基体的搭接宽度不应小于 100mm。

检验方法:检查隐蔽工程验收记录和施工记录。

(5)各抹灰层之间及抹灰层与基体之间必须粘接牢固,抹灰层应无脱层、空鼓和裂缝。

检验方法:观察;用小锤轻击检查;检查施工记录。

一 般 项 目

(6)装饰抹灰工程的表面质量应符合下列规定:

1)水刷石表面应石粒清晰、分布均匀、紧密平整、色泽一致,应无掉粒和接槎痕迹。

2)斩假石表面剁纹应均匀顺直、深浅一致,应无漏剁处;阳角处应横剁并留出宽窄一致的不剁边条,棱角应无损坏。

3)干粘石表面应色泽一致、不露浆、不漏粘,石粒应粘结牢固、分布均匀,阳角处应无明显黑边。

4)假面砖表面应平整、沟纹清晰、留缝整齐、色泽一致,应无掉角、脱皮、起砂等缺陷。

检验方法:观察;手摸检查。

(7)装饰抹灰分格条(缝)的设置应符合设计要求,宽度和深度应均匀,表面应平整光滑,棱角应整齐。

检验方法:观察。

(8)有排水要求的部位应做滴水线(槽)。滴水线(槽)应整齐顺直,滴水线应内高外低,滴水槽的宽度和深度均不应小于10mm。

检验方法:观察;尺量检查。

(9)装饰抹灰工程质量的允许偏差和检验方法应符合表3-45的规定。

装饰抹灰的允许偏差和检验方法　　　表3-45

项次	项　目	允许偏差(mm)				检验方法
		水刷石	斩假石	干粘石	假面砖	
1	立面垂直度	5	4	5	5	用2m垂直检测尺检查
2	表面平整度	3	3	5	4	用2m靠尺和塞尺检查
3	阳角方正	3	3	4	4	用直角检测尺检查
4	分格条(缝)直线度	3	3	3	3	拉5m线,不足5m拉通线,用钢直尺检查
5	墙裙、勒脚上口直线度	3	3	—	—	拉5m线,不足5m拉通线,用钢直尺检查

67. 清水砌体勾缝工程的质量验收有什么要求?

(1)这里所讨论的适用于清水砌体砂浆勾缝和原浆勾缝工程的质量验收。

主 控 项 目

(2)清水砌体勾缝所用水泥的凝结时间和安定性复验应合格。砂浆的配合比应符合设计要求。

检验方法:检查复验报告和施工记录。

(3)清水砌体勾缝应无漏勾。勾缝材料应粘结牢固、无开裂。

检验方法:观察。

一 般 项 目

(4)清水砌体勾缝应横平竖直,交接处应平顺,宽度和深度应均匀,表面应压实抹平。

检验方法:观察;尺量检查。

(5)灰缝应颜色一致,砌体表面应洁净。

检验方法:观察。

68. 木门窗制作与安装工程的质量验收有什么要求?

(1)这里所讨论的适用于木门窗制作与安装工程的质量验收。

主 控 项 目

(2)木门窗的木材品种、材质等级、规格、尺寸、框扇的线型及人造木板的甲醛含量应符合设计要求。设计未规定材质等级时,所用木材的质量应符合规范的规定。

检验方法:观察;检查材料进场验收记录和复验报告。

(3)木门窗应采用烘干的木材,含水率应符合《建筑木门、木窗》(JG/T122)的规定。

检验方法:检查材料进场验收记录。

(4)木门窗的防火、防腐、防虫处理应符合设计要求。

检验方法:观察;检查材料进场验收记录。

(5)木门窗的结合处和安装配件处不得有木节或已填补的木节。木门窗如有允许限值以内的死节及直径较大的虫眼时,应用同一材质的木塞加胶填补。对于清漆制品,木塞的木纹和色泽应与制品一致。

检验方法:观察。

(6)门窗框和厚度大于 50mm 的门窗扇应用双榫连接。榫槽应采用胶料严密嵌合,并应用胶楔加紧。

检验方法:观察;手扳检查。

(7)胶合板门、纤维板门和模压门不得脱胶。胶合板不得刨透表层单板,不得有戗槎。制作胶合板门、纤维板门时,边框和横楞应在同一平面上,面层、边框及横楞应加压胶结。横楞和上、下冒头应各钻两个以上的透气孔,透气孔应通畅。

检验方法:观察。

(8)木门窗的品种、类型、规格、开启方向、安装位置及连接方式应符合设计要求。

检验方法:观察;尺量检查;检查成品门的产品合格证书。

(9)木门窗框的安装必须牢固。预埋木砖的防腐处理、木门窗框固定点的数量、位置及固定方法应符合设计要求。

检验方法:观察;手扳检查;检查隐蔽工程验收记录和施工记录。

(10)木门窗扇必须安装牢固,并应开关灵活,关闭严密,无倒翘。

检验方法:观察;开启和关闭检查;手扳检查。

(11)木门窗配件的型号、规格、数量应符合设计要求,安装应牢固,位置应正确,功能应满足使用要求。

检验方法:观察;开启和关闭检查;手扳检查。

一 般 项 目

(12)木门窗表面应洁净,不得有刨痕、锤印。

检验方法:观察。

(13)木门窗的割角、拼缝应严密平整。门窗框、扇裁口应顺直，刨面应平整。

检验方法：观察。

(14)木门窗上的槽、孔应边缘整齐，无毛刺。

检验方法：观察。

(15)木门窗与墙体间缝隙的填嵌材料应符合设计要求，填嵌应饱满。寒冷地区外门窗（或门窗框）与砌体间的空隙应填充保温材料。

检验方法：轻敲门窗框检查；检查隐蔽工程验收记录和施工记录。

(16)木门窗批水、盖口条、压缝条、密封条的安装应顺直，与门窗结合应牢固、严密。

检验方法：观察；手扳检查。

(17)木门窗制作的允许偏差和检验方法应符合表 3-46 的规定。

木门窗制作的允许偏差和检验方法　　表 3-46

项次	项目	构件名称	允许偏差(mm)		检验方法
			普通	高级	
1	翘曲	框	3	2	将框、扇平放在检查平台上，用塞尺检查
		扇	2	2	
2	对角线长度差	框、扇	3	2	用钢尺检查，框量裁口里角，扇量外角
3	表面平整度	扇	2	2	用 1m 靠尺和塞尺检查
4	高度、宽度	框	0；－2	0；－1	用钢尺检查，框量裁口里角，扇量外角
		扇	＋2；0	＋1；0	
5	裁口、线条结合处高低差	框、扇	1	0.5	用钢直尺和塞尺检查
6	相邻棂子两端间距	扇	2	1	用钢直尺检查

(18)木门窗安装的留缝限值、允许偏差和检验方法应符合表3-47的规定。

木门窗安装的留缝限值、允许偏差和检验方法　　表3-47

项次	项目		留缝限值(mm)		允许偏差(mm)		检验方法
			普通	高级	普通	高级	
1	门窗槽口对角线长度差		—	—	3	2	用钢尺检查
2	门窗框的正、侧面垂直度		—	—	2	1	用1m垂直检测尺检查
3	框与扇、扇与扇接缝高低差		—	—	2	1	用钢直尺和塞尺检查
4	门窗扇对口缝		1~2.5	1.5~2	—	—	用塞尺检查
5	工业厂房双扇大门对口缝		2~5	—	—	—	
6	门窗扇与上框间留缝		1~2	1~1.5	—	—	
7	门窗扇与侧框间留缝		1~2.5	1~1.5	—	—	
8	窗扇与下框间留缝		2~3	2~2.5	—	—	
9	门扇与下框间留缝		3~5	3~4	—	—	
10	双层门窗内外框间距		—	—	4	3	用钢尺检查
11	无下框时门扇与地面间留缝	外　门	4~7	5~6	—	—	用塞尺检查
		内　门	5~8	6~7	—	—	
		卫生间门	8~12	8~10	—	—	
		厂房大门	10~20	—	—	—	

69. 金属门窗安装工程的质量验收有什么要求?

(1)这里所讨论的适用于钢门窗、铝合金门窗、涂色镀锌钢板门窗等金属门窗安装工程的质量验收。

主 控 项 目

(2)金属门窗的品种、类型、规格、尺寸、性能、开启方向、安装位置、连接方式及铝合金门窗的型材壁厚应符合设计要求。金属门窗的防腐处理及填嵌、密封处理应符合设计要求。

检验方法:观察;尺量检查;检查产品合格证书、性能检测报告、进场验收记录和复验报告;检查隐蔽工程验收记录。

(3)金属门窗框和副框的安装必须牢固。预埋件的数量、位置、埋设方式、与框的连接方式必须符合设计要求。

检验方法:手扳检查;检查隐蔽工程验收记录。

(4)金属门窗扇必须安装牢固,并应开关灵活、关闭严密,无倒翘。推拉门窗扇必须有防脱落措施。

检验方法:观察;开启和关闭检查;手扳检查。

(5)金属门窗配件的型号、规格、数量应符合设计要求,安装应牢固,位置应正确,功能应满足使用要求。

检验方法:观察;开启和关闭检查;手扳检查。

一 般 项 目

(6)金属门窗表面应洁净、平整、光滑、色泽一致,无锈蚀。大面应无划痕、碰伤。漆膜或保护层应连续。

检验方法:观察。

(7)铝合金门窗推拉门窗扇开关力应不大于100N。

检验方法;用弹簧秤检查。

(8)金属门窗框与墙体之间的缝隙应填嵌饱满,并采用密封胶密封。密封胶表面应光滑、顺直,无裂纹。

检验方法:观察;轻敲门窗框检查;检查隐蔽工程验收记录。

(9)金属门窗扇的橡胶密封条或毛毡密封条应安装完好,不得脱槽。

检验方法:观察;开启和关闭检查。

(10)有排水孔的金属门窗,排水孔应畅通,位置和数量应符合设计要求。

检验方法:观察。

(11)钢门窗安装的留缝限值、允许偏差和检验方法应符合表3-48的规定。

钢门窗安装的留缝限值、允许偏差和检验方法　　表 3-48

项次	项目		留缝限值(mm)	允许偏差(mm)	检验方法
1	门窗槽口宽度、高度	≤1500mm	—	2.5	用钢尺检查
		>1500mm	—	3.5	
2	门窗槽口对角线长度差	≤2000mm	—	5	用钢尺检查
		>2000mm	—	6	
3	门窗框的正、侧面垂直度		—	3	用 1m 垂直检测尺检查
4	门窗横框的水平度		—	3	用 1m 水平尺和塞尺检查
5	门窗横框标高		—	5	用钢尺检查
6	门窗竖向偏离中心		—	4	用钢尺检查
7	双层门窗内外框间距		—	5	用钢尺检查
8	门窗框、扇配合间隙		≤2	—	用塞尺检查
9	无下框时门扇与地面间留缝		4～8	—	用塞尺检查

(12)铝合金门窗安装的允许偏差和检验方法应符合表 3-49 的规定。

铝合金门窗安装的允许偏差和检验方法　　表 3-49

项次	项目		允许偏差(mm)	检验方法
1	门窗槽口宽度、高度	≤1500mm	1.5	用钢尺检查
		>1500mm	2	
2	门窗槽口对角线长度差	≤2000mm	3	用钢尺检查
		>2000mm	4	
3	门窗框的正、侧面垂直度		2.5	用垂直检测尺检查
4	门窗横框的水平度		2	用 1m 水平尺和塞尺检查
5	门窗横框标高		5	用钢尺检查
6	门窗竖向偏离中心		5	用钢尺检查
7	双层门窗内外框间距		4	用钢尺检查
8	推拉门窗扇与框搭接量		1.5	用钢直尺检查

(13)涂色镀锌钢板门窗安装的允许偏差和检验方法应符合表表 3-50 的规定。

涂色镀锌钢板门窗安装的允许偏差和检验方法　　表 3-50

项次	项目		允许偏差(mm)	检验方法
1	门窗槽口宽度、高度	≤1500mm	2	用钢尺检查
		>1500mm	3	
2	门窗槽口对角线长度差	≤2000mm	4	用钢尺检查
		>2000mm	5	
3	门窗框的正、侧面垂直度		3	用垂直检测尺检查
4	门窗横框的水平度		3	用 1m 水平尺和塞尺检查
5	门窗横框标高		5	用钢尺检查
6	门窗竖向偏离中心		5	用钢尺检查
7	双层门窗内外框间距		4	用钢尺检查
8	推拉门窗扇与框搭接量		2	用钢直尺检查

70. 塑料门窗安装工程的质量验收有什么要求?

(1)这里所讨论的适用于塑料门窗安装工程的质量验收。

主 控 项 目

(2)塑料门窗的品种、类型、规格、尺寸、开启方向、安装位置、连接方式及填嵌密封处理应符合设计要求,内衬增强型钢的壁厚及设置应符合国家现行产品标准的质量要求。

检验方法:观察;尺量检查;检查产品合格证书、性能检测报告、进场验收记录和复验报告;检查隐蔽工程验收记录。

(3)塑料门窗框、副框和扇的安装必须牢固。固定片或膨胀螺栓的数量与位置应正确,连接方式应符合设计要求。固定点应距窗角、中横框、中竖框 150~200mm,固定点间距应不大于 600mm。

检验方法:观察;手扳检查;检查隐蔽工程验收记录。

(4)塑料门窗拼樘料内衬增强型钢的规格、壁厚必须符合设计要求，型钢应与型材内腔紧密吻合，其两端必须与洞口固定牢固。窗框必须与拼樘料连接紧密，固定点间距应不大于600mm。

检验方法：观察；手扳检查；尺量检查；检查进场验收记录。

(5)塑料门窗扇应开关灵活、关闭严密，无倒翘。推拉门窗扇必须有防脱落措施。

检验方法：观察；开启和关闭检查；手扳检查。

(6)塑料门窗配件的型号、规格、数量应符合设计要求，安装应牢固，位置应正确，功能应满足使用要求。

检验方法；观察；手扳检查；尺量检查。

(7)塑料门窗框与墙体间缝隙应采用闭孔弹性材料填嵌饱满，表面应采用密封胶密封。密封胶应粘结牢固，表面应光滑、顺直、无裂纹。

检验方法：观察；检查隐蔽工程验收记录。

一 般 项 目

(8)塑料门窗表面应洁净、平整、光滑，大面应无划痕、碰伤。

检验方法：观察。

(9)塑料门窗扇的密封条不得脱槽。旋转窗间隙应基本均匀。

(10)塑料门窗扇的开关力应符合下列规定：

1)平开门窗扇平铰链的开关力应不大于80N；滑撑铰链的开关力应不大于80N，并不小于30N。

2)推拉门窗扇的开关力应不大于100N。

检验方法：观察；用弹簧秤检查。

(11)玻璃密封条与玻璃及玻璃槽口的接缝应平整，不得卷边、脱槽。

检验方法：观察。

(12)排水孔应畅通，位置和数量应符合设计要求。

检验方法：观察。

(13)塑料门窗安装的允许偏差和检验方法应符合表3-51的规定。

塑料门窗安装的允许偏差和检验方法　　　　表 3-51

项次	项目		允许偏差(mm)	检验方法
1	门窗槽口宽度、高度	≤1500mm	2	用钢尺检查
		>1500mm	3	
2	门窗槽口对角线长度差	≤2000mm	3	用钢尺检查
		>2000mm	5	
3	门窗框的正、侧面垂直度		3	用 1m 垂直检测尺检查
4	门窗横框的水平度		3	用 1m 水平尺和塞尺检查
5	门窗横框标高		5	用钢尺检查
6	门窗竖向偏离中心		5	用钢直尺检查
7	双层门窗内外框间距		4	用钢尺检查
8	同樘平开门窗相邻扇高度差		2	用钢直尺检查
9	平开门窗铰链部位配合间隙		+2；-1	用塞尺检查
10	推拉门窗扇与框搭接量		+1.5；-2.5	用钢直尺检查
11	推拉门窗扇与竖框平行度		2	用 1m 水平尺和塞尺检查

71. 吊顶工程的质量验收有什么一般规定?

(1)这里所讨论的适用于暗龙骨吊顶、明龙骨吊顶等分项工程的质量验收。

(2)吊顶工程验收时应检查下列文件和记录:

1)吊顶工程的施工图、设计说明及其他设计文件。

2)材料的产品合格证书、性能检测报告、进场验收记录和复验报告。

3)隐蔽工程验收记录。

4)施工记录。

(3)吊顶工程应对人造木板的甲醛含量进行复验。

(4)吊顶工程应对下列隐蔽工程项目进行验收:

1)吊顶内管道、设备的安装及水管试压。

2)木龙骨防火、防腐处理。

3)预埋件或拉结筋。

4)吊杆安装。

5)龙骨安装。

6)填充材料的设置。

(5)各分项工程的检验批应按下列规定划分:

同一品种的吊顶工程每50间(大面积房间和走廊按吊顶面积$30m^2$为一间)应划分为一个检验批,不足50间也应划分为一个检验批。

(6)检查数量应符合下列规定:

每个检验批应至少抽查10%,并不得少于3间;不足3间时应全数检查。

(7)安装龙骨前,应按设计要求对房间净高、洞口标高和吊顶内管道、设备及其支架的标高进行交接检验。

(8)吊顶工程的木吊杆、木龙骨和木饰面板必须进行防火处理,并应符合有关设计防火规范的规定。

(9)吊顶工程中的预埋件、钢筋吊杆和型钢吊杆应进行防锈处理。

(10)安装饰面板前应完成吊顶内管道和设备的调试及验收。

(11)吊杆距主龙骨端部距离不得大于300mm,当大于300mm时,应增加吊杆。当吊杆长度大于1.5m时,应设置反支撑。当吊杆与设备相遇时,应调整并增设吊杆。

(12)重型灯具、电扇及其他重型设备严禁安装在吊顶工程的龙骨上。

72. 暗龙骨吊顶工程的质量验收有什么要求?

(1)这里所讨论的适用于以轻钢龙骨、铝合金龙骨、木龙骨等为骨架,以石膏板、金属板、矿棉板、木板、塑料板或格栅等为饰面材料的暗龙骨吊顶工程的质量验收。

主 控 项 目

(2)吊顶标高、尺寸、起拱和造型应符合设计要求。

检验方法:观察;尺量检查。

(3)饰面材料的材质、品种、规格、图案和颜色应符合设计要求。

检验方法:观察;检查产品合格证书、性能检测报告、进场验收记录和复验报告。

(4)暗龙骨吊顶工程的吊杆、龙骨和饰面材料的安装必须牢固。

检验方法:观察;手扳检查;检查隐蔽工程验收记录和施工记录。

(5)吊杆、龙骨的材质、规格、安装间距及连接方式应符合设计要求。金属吊杆、龙骨应经过表面防腐处理;木吊杆、龙骨应进行防腐、防火处理。

检验方法:观察;尺量检查;检查产品合格证书、性能检测报告、进场验收记录和隐蔽工程验收记录。

(6)石膏板的接缝应按其施工工艺标准进行板缝防裂处理。安装双层石膏板时,面层板与基层板的接缝应错开,并不得在同一根龙骨上接缝。

检验方法:观察。

一 般 项 目

(7)饰面材料表面应洁净、色泽一致,不得有翘曲、裂缝及缺损。压条应平直、宽窄一致。

检验方法:观察;尺量检查。

(8)饰面板上的灯具、烟感器、喷淋头、风口篦子等设备的位置应合理、美观,与饰面板的交接应吻合、严密。

检验方法:观察。

(9)金属吊杆、龙骨的接缝应均匀一致,角缝应吻合,表面应平整,无翘曲、锤印。木质吊杆、龙骨应顺直,无劈裂、变形。

检验方法:检查隐蔽工程验收记录和施工记录。

(10)吊顶内填充吸声材料的品种和铺设厚度应符合设计要求,并应有防散落措施。

检验方法:检查隐蔽工程验收记录和施工记录。

(11)暗龙骨吊顶工程安装的允许偏差和检验方法应符合表3-52的规定。

暗龙骨吊顶工程安装的允许偏差和检验方法　　表3-52

项次	项目	允许偏差(mm)				检验方法
		纸面石膏板	金属板	矿棉板	木板、塑料板、格栅	
1	表面平整度	3	2	2	2	用2m靠尺和塞尺检查
2	接缝直线度	3	1.5	3	3	拉5m线,不足5m拉通线,用钢直尺检查
3	接缝高低差	1	1	1.5	1	用钢直尺和塞尺检查

73. 明龙骨吊顶工程的质量验收有什么要求?

(1)这里所讨论的适用于以轻钢龙骨、铝合金龙骨、木龙骨等为骨架,以石膏板、金属板、矿棉板、塑料板、玻璃板或格栅等为饰面材料的明龙骨吊顶工程的质量验收。

主 控 项 目

(2)吊顶标高、尺寸、起拱和造型应符合设计要求。

检验方法:观察;尺量检查。

(3)饰面材料的材质、品种、规格、图案和颜色应符合设计要求。当饰面材料为玻璃板时,应使用安全玻璃或采取可靠的安全措施。

检验方法:观察;检查产品合格证书、性能检测报告和进场验收记录。

(4)饰面材料的安装应稳固严密。饰面材料与龙骨的搭接宽度应大于龙骨受力面宽度的2/3。

检验方法:观察;手扳检查;尺量检查。

(5)吊杆、龙骨的材质、规格、安装间距及连接方式应符合设计要求。金属吊杆、龙骨应进行表面防腐处理;木龙骨应进行防腐、防火处理。

检验方法：观察；尺量检查；检查产品合格证书，进场验收记录和隐蔽工程验收记录。

(6)明龙骨吊顶工程的吊杆和龙骨安装必须牢固。

检验方法：手扳检查；检查隐蔽工程验收记录和施工记录。

一 般 项 目

(7)饰面材料表面应洁净、色泽一致，不得有翘曲、裂缝及缺损。饰面板与明龙骨的搭接应平整、吻合，压条应平直、宽窄一致。

检验方法：观察；尺量检查。

(8)饰面板上的灯具、烟感器、喷淋头、风口篦子等设备的位置应合理、美观，与饰面板的交接应吻合、严密。

检验方法：观察。

(9)金属龙骨的接缝应平整、吻合、颜色一致，不得有划伤、擦伤等表面缺陷。木质龙骨应平整、顺直，无劈裂。

检验方法：观察。

(10)吊顶内填充吸声材料的品种和铺设厚度应符合设计要求，并应有防散落措施。

检验方法：检查隐蔽工程验收记录和施工记录。

(11)明龙骨吊顶工程安装的允许偏差和检验方法应符合表3-53的规定。

明龙骨吊顶工程安装的允许偏差和检验方法　表3-53

项次	项　目	允许偏差(mm)				检验方法
		石膏板	金属板	矿棉板	塑料板、玻璃板	
1	表面平整度	3	2	3	2	用2m靠尺和塞尺检查
2	接缝直线度	3	2	3	3	拉5m线，不足5m拉通线，用钢直尺检查
3	接缝高低差	1	1	2	1	用钢直尺和塞尺检查

74. 板材隔墙工程的质量验收有什么要求？

(1)这里所讨论的适用于复合轻质墙板、石膏空心板、预制或现制的钢丝网水泥板等板材隔墙工程的质量验收。

(2)板材隔墙工程的检查数量应符合下列规定:

每个检验批应至少抽查10%,并不得少于3间;不足3间时应全数检查。

主 控 项 目

(3)隔墙板材的品种、规格、性能、颜色应符合设计要求。有隔声、隔热、阻燃、防潮等特殊要求的工程,板材应有相应性能等级的检测报告。

检验方法:观察;检查产品合格证书、进场验收记录和性能检测报告。

(4)安装隔墙板材所需预埋件、连接件的位置、数量及连接方法应符合设计要求。

检验方法:观察;尺量检查;检查隐蔽工程验收记录。

(5)隔墙板材安装必须牢固。现制钢丝网水泥隔墙与周边墙体的连接方法应符合设计要求,并应连接牢固。

检验方法:观察;手扳检查。

(6)隔墙板材所用接缝材料的品种及接缝方法应符合设计要求。

检验方法:观察;检查产品合格证书和施工记录。

一 般 项 目

(7)隔墙板材安装应垂直、平整、位置正确,板材不应有裂缝或缺损。

检验方法:观察;尺量检查。

(8)板材隔墙表面应平整光滑、色泽一致、洁净,接缝应均匀、顺直。

检验方法:观察;手摸检查。

(9)隔墙上的孔洞、槽、盒应位置正确、套割方正、边缘整齐。

检验方法:观察。

(10)板材隔墙安装的允许偏差和检验方法应符合表3-54的规定。

板材隔墙安装的允许偏差和检验方法　　表 3-54

项次	项　目	允许偏差(mm)				检验方法
		复合轻质墙板		石膏空心板	钢丝网水泥板	
		金属夹芯板	其他复合板			
1	立面垂直度	2	3	3	3	用 2m 垂直检测尺检查
2	表面平整度	2	3	3	3	用 2m 靠尺和塞尺检查
3	阴阳角方正	3	3	3	4	用直角检测尺检查
4	接缝高低差	1	2	2	3	用钢直尺和塞尺检查

75. 玻璃隔墙工程的质量验收有什么要求?

(1)这里所讨论的适用于玻璃砖、玻璃板隔墙工程的质量验收。

(2)玻璃隔墙工程的检查数量应符合下列规定:

每个检验批应至少抽查 20%,并不得少于 6 间;不足 6 间时应全数检查。

主控项目

(3)玻璃隔墙工程所用材料的品种、规格、性能、图案和颜色应符合设计要求。玻璃板隔墙应使用安全玻璃。

检验方法:观察;检查产品合格证书、进场验收记录和性能检测报告。

(4)玻璃砖隔墙的砌筑或玻璃板隔墙的安装方法应符合设计要求。

检验方法:观察。

(5)玻璃砖隔墙砌筑中埋设的拉结筋必须与基体结构连接牢固,并应位置正确。

检验方法:手扳检查;尺量检查;检查隐蔽工程验收记录。

(6)玻璃板隔墙的安装必须牢固。玻璃板隔墙胶垫的安装应正确。

检验方法:观察;手推检查;检查施工记录。

一 般 项 目

(7)玻璃隔墙表面应色泽一致、平整洁净、清晰美观。

检验方法:观察。

(8)玻璃隔墙接缝应横平竖直,玻璃应无裂痕、缺损和划痕。

检验方法:观察。

(9)玻璃板隔墙嵌缝及玻璃砖隔墙勾缝应密实平整、均匀顺直、深浅一致。

检验方法:观察。

(10)玻璃隔墙安装的允许偏差和检验方法应符合表 3-55 的规定。

玻璃隔墙安装的允许偏差和检验方法　　表 3-55

项 次	项 目	允许偏差(mm)		检 验 方 法
		玻璃砖	玻璃板	
1	立面垂直度	3	2	用 2m 垂直检测尺检查
2	表面平整度	3	—	用 2m 靠尺和塞尺检查
3	阴阳角方正	—	2	用直角检测尺检查

76. 饰面板安装工程的质量验收有什么要求?

(1)这里所讨论的适用于内墙饰面板安装工程和高度不大于 24m、抗震设防烈度不大于 7 度的外墙饰面板安装工程的质量验收。

主 控 项 目

(2)饰面板的品种、规格、颜色和性能应符合设计要求,木龙骨、木饰面板和塑料饰面板的燃烧性能等级应符合设计要求。

检验方法:观察;检查产品合格证书、进场验收记录和性能检测报告。

(3)饰面板孔、槽的数量、位置和尺寸应符合设计要求。

检验方法:检查进场验收记录和施工记录。

(4)饰面板安装工程的预埋件(或后置埋件)、连接件的数量、规格、位置、连接方法和防腐处理必须符合设计要求。后置埋件的现场拉拔强度必须符合设计要求。饰面板安装必须牢固。

检验方法：手扳检查；检查进场验收记录、现场拉拔检测报告、隐蔽工程验收记录和施工记录。

一 般 项 目

(5)饰面板表面应平整、洁净、色泽一致，无裂痕和缺损。石材表面应无泛碱等污染。

检验方法：观察。

(6)饰面板嵌缝应密实、平直，宽度和深度应符合设计要求，嵌填材料色泽应一致。

检验方法：观察；尺量检查。

(7)采用湿作业法施工的饰面板工程，石材应进行防碱背涂处理。饰面板与基体之间的灌注材料应饱满、密实。

检验方法：用小锤轻击检查；检查施工记录。

(8)饰面板上的孔洞应套割吻合，边缘应整齐

检验方法：观察。

(9)饰面板安装的允许偏差和检验方法应符合表 3-56 的规定。

饰面板安装的允许偏差和检验方法　　表 3-56

项次	项目	允许偏差(mm)							检验方法
		石材			瓷板	木材	塑料	金属	
		光面	剁斧石	蘑菇石					
1	立面垂直度	2	3	3	2	1.5	2	2	用 2m 垂直检测尺检查
2	表面平整度	2	3	—	1.5	1	3	3	用 2m 靠尺和塞尺检查
3	阴阳角方正	2	4	4	2	1.5	3	3	用直角检测尺检查
4	接缝直线度	2	4	4	2	1	1	1	拉 5m 线，不足 5m 拉通线，用钢直尺检查

续表

项次	项　　目	允许偏差(mm)							检验方法
		石　　材			瓷板	木材	塑料	金属	
		光面	剁斧石	蘑菇石					
5	墙裙、勒脚上口直线度	2	3	3	2	2	2	2	拉5m线,不足5m拉通线,用钢直尺检查
6	接缝高低差	0.5	3	—	0.5	0.5	1	1	用钢直尺和塞尺检查
7	接缝宽度	1	2	2	1	1	1	1	用钢直尺检查

77. 饰面砖粘贴工程的质量验收有什么要求?

(1)这里所讨论的适用于内墙饰面砖粘贴工程的高度不大于100m、抗震设防烈度不大于8度、采用满粘法施工的外墙饰面砖粘贴工程的质量验收。

主 控 项 目

(2)饰面砖的品种、规格、图案、颜色和性能应符合设计要求。

检验方法:观察;检查产品合格证书、进场验收记录、性能检测报告和复验报告。

(3)饰面砖粘贴工程的找平、防水、粘结和勾缝材料及施工方法应符合设计要求及国家现行产品标准和工程技术标准的规定。

检验方法:检查产品合格证书、复验报告和隐蔽工程验收记录。

(4)饰面砖粘贴必须牢固。

检验方法:检查样板件粘结强度检测报告和施工记录。

(5)满粘法施工的饰面砖工程应无空鼓、裂缝。

检验方法:观察;用小锤轻击检查。

一 般 项 目

(6)饰面砖表面应平整、洁净、色泽一致,无裂痕和缺损。

检验方法:观察。

(7)阴阳角处搭接方式、非整砖使用部位应符合设计要求。

检验方法:观察。

(8)墙面突出物周围的饰面砖应整砖套割吻合,边缘应整齐。墙裙、贴脸突出墙面的厚度应一致。

检验方法:观察;尺量检查。

(9)饰面砖接缝应平直、光滑,填嵌应连续、密实;宽度和深度应符合设计要求。

检验方法:观察;尺量检查。

(10)有排水要求的部位应做滴水线(槽)。滴水线(槽)应顺直,流水坡向应正确,坡度应符合设计要求。

检验方法:观察;用水平尺检查。

(11)饰面砖粘贴的允许偏差和检验方法应符合表3-57的规定。

饰面砖粘贴的允许偏差和检验方法　　　表3-57

项次	项　目	允许偏差(mm)		检验方法
		外墙面砖	内墙面砖	
1	立面垂直度	3	2	用2m垂直检测尺检查
2	表面平整度	4	3	用2m靠尺和塞尺检查
3	阴阳角方正	3	3	用直角检测尺检查
4	接缝直线度	3	2	拉5m线,不足5m拉通线,用钢直尺检查
5	接缝高低差	1	0.5	用钢直尺和塞尺检查
6	接缝宽度	1	1	用钢直尺检查

78. 玻璃幕墙工程的质量验收有什么要求?

(1)这里所讨论的适用于建筑高度不大于150m、抗震设防烈度不大于8度的隐框玻璃幕墙、半隐框玻璃幕墙、明框玻璃幕墙、全玻幕墙及点支承玻璃幕墙工程的质量验收。

主 控 项 目

(2)玻璃幕墙工程所使用的各种材料、构件和组件的质量,应符合设计要求及国家现行产品标准和工程技术规范的规定。

检验方法:检查材料、构件、组件的产品合格证书、进场验收记录、性能检测报告和材料的复验报告。

(3)玻璃幕墙的造型和立面分格应符合设计要求。

检验方法:观察;尺量检查。

(4)玻璃幕墙使用的玻璃应符合下列规定:

1)幕墙应使用安全玻璃,玻璃的品种、规格、颜色、光学性能及安装方向应符合设计要求。

2)幕墙玻璃的厚度不应小于6.0mm。全玻幕墙肋玻璃的厚度不应小于12mm。

3)幕墙的中空玻璃应采用双道密封。明框幕墙的中空玻璃应采用聚硫密封胶及丁基密封胶;隐框和半隐框幕墙的中空玻璃应采用硅酮结构密封胶及丁基密封胶;镀膜面应在中空玻璃的第2或第3面上。

4)幕墙的夹层玻璃应采用聚乙烯醇缩丁醛(PVB)胶片干法加工合成的夹层玻璃。点支承玻璃幕墙夹层玻璃的夹层胶片(PVB)厚度不应小于0.76mm。

5)钢化玻璃表面不得有损伤;8.0mm以下的钢化玻璃应进行引爆处理。

6)所有幕墙玻璃均应进行边缘处理。

检验方法:观察;尺量检查;检查施工记录。

(5)玻璃幕墙与主体结构连接的各种预埋件、连接件、紧固件必须安装牢固,其数量、规格、位置、连接方法和防腐处理应符合设计要求。

检验方法:观察;检查隐蔽工程验收记录和施工记录。

(6)各种连接件、紧固件的螺栓应有防松动措施;焊接连接应符合设计要求和焊接规范的规定。

检验方法:观察;检查隐蔽工程验收记录和施工记录。

(7)隐框或半隐框玻璃幕墙,每块玻璃下端应设置两个铝合金或不锈钢托条,其长度不应小于100mm,厚度不应小于2mm,托条外端应低于玻璃外表面 2mm。

检验方法:观察;检查施工记录。

(8)明框玻璃幕墙的玻璃安装应符合下列规定:

1)玻璃槽口与玻璃的配合尺寸应符合设计要求和技术标准的规定。

2)玻璃与构件不得直接接触,玻璃四周与构件凹槽底部应保持一定的空隙,每块玻璃下部应至少放置两块宽度与槽口宽度相同、长度不小于 100mm 的弹性定位垫块;玻璃两边嵌入量及空隙应符合设计要求。

3)玻璃四周橡胶条的材质、型号应符合设计要求,镶嵌应平整,橡胶条长度应比边框内槽长 1.5%~2.0%,橡胶条在转角处应斜面断开,并应用粘结剂粘结牢固后嵌入槽内。

检验方法:观察;检查施工记录。

(9)高度超过 4m 的全玻幕墙应吊挂在主体结构上,吊夹具应符合设计要求,玻璃与玻璃、玻璃与玻璃肋之间的缝隙,应采用硅酮结构密封胶填嵌严密。

检验方法:观察;检查隐蔽工程验收记录和施工记录。

(10)点支承玻璃幕墙应采用带万向头的活动不锈钢爪,其钢爪间的中心距离应大于 250mm。

检验方法:观察;尺量检查。

(11)玻璃幕墙四周、玻璃幕墙内表面与主体结构之间的连接节点、各种变形缝、墙角的连接节点应符合设计要求和技术标准的规定。

检验方法:观察;检查隐蔽工程验收记录和施工记录。

(12)玻璃幕墙应无渗漏。

检验方法:在易渗漏部位进行淋水检查。

(13)玻璃幕墙结构胶和密封胶的打注应饱满、密实、连续、均匀、无气泡,宽度和厚度应符合设计要求和技术标准的规定。

检验方法:观察;尺量检查;检查施工记录。

(14)玻璃幕墙开启窗的配件应齐全,安装应牢固,安装位置和开启方向、角度应正确;开启应灵活,关闭应严密。

检验方法:观察;手扳检查;开启和关闭检查。

(15)玻璃幕墙的防雷装置必须与主体结构的防雷装置可靠连接。

检验方法:观察;检查隐蔽工程验收记录和施工记录。

一 般 项 目

(16)玻璃幕墙表面应平整、洁净;整幅玻璃的色泽应均匀一致;不得有污染和镀膜损坏。

检验方法:观察。

(17)每平方米玻璃的表面质量和检验方法应符合表3-58的规定。

每平方米玻璃的表面质量和检验方法　　表3-58

项次	项　　目	质量要求	检验方法
1	明显划伤和长度>100mm的轻微划伤	不允许	观　察
2	长度≤100mm的轻微划伤	≤8条	用钢尺检查
3	擦伤总面积	≤500mm^2	用钢尺检查

(18)一个分格铝合金型材的表面质量和检验方法应符合表3-59的规定。

一个分格铝合金型材的表面质量和检验方法　　表3-59

项次	项　　目	质量要求	检验方法
1	明显划伤和长度>100mm的轻微划伤	不允许	观　察
2	长度≤100mm的轻微划伤	≤2条	用钢尺检查
3	擦伤总面积	≤500mm^2	用钢尺检查

(19)明框玻璃幕墙的外露框或压条应横平竖直,颜色、规格应符合设计要求,压条安装应牢固。单元玻璃幕墙的单元拼缝或隐框玻璃幕墙的分格玻璃拼缝应横平竖直、均匀一致。

检验方法:观察;手扳检查;检查进场验收记录。

(20)玻璃幕墙的密封胶缝应横平竖直、深浅一致、宽窄均匀、光滑顺直。

检验方法:观察;手摸检查。

(21)防火、保温材料填充应饱满、均匀,表面应密实、平整。

检验方法:检查隐蔽工程验收记录。

(22)玻璃幕墙隐蔽节点的遮封装修应牢固、整齐、美观。

检验方法:观察;手扳检查。

(23)明框玻璃幕墙安装的允许偏差和检验方法应符合表3-60的规定。

明框玻璃幕墙安装的允许偏差和检验方法　表3-60

<table>
<tr><th>项次</th><th colspan="2">项　目</th><th>允许偏差(mm)</th><th>检验方法</th></tr>
<tr><td rowspan="4">1</td><td rowspan="4">幕墙垂直度</td><td>幕墙高度≤30m</td><td>10</td><td rowspan="4">用经纬仪检查</td></tr>
<tr><td>30m<幕墙高度≤60m</td><td>15</td></tr>
<tr><td>60m<幕墙高度≤90m</td><td>20</td></tr>
<tr><td>幕墙高度>90m</td><td>25</td></tr>
<tr><td rowspan="2">2</td><td rowspan="2">幕墙水平度</td><td>幕墙幅宽≤35m</td><td>5</td><td rowspan="2">用水平仪检查</td></tr>
<tr><td>幕墙幅度>35m</td><td>7</td></tr>
<tr><td>3</td><td colspan="2">构件直线度</td><td>2</td><td>用2m靠尺和塞尺检查</td></tr>
<tr><td rowspan="2">4</td><td rowspan="2">构件水平度</td><td>构件长度≤2m</td><td>2</td><td rowspan="2">用水平仪检查</td></tr>
<tr><td>构件长度>2m</td><td>3</td></tr>
<tr><td>5</td><td colspan="2">相邻构件错位</td><td>1</td><td>用钢直尺检查</td></tr>
<tr><td rowspan="2">6</td><td rowspan="2">分格框对角线长度差</td><td>对角线长度≤2m</td><td>3</td><td rowspan="2">用钢尺检查</td></tr>
<tr><td>对角线长度>2m</td><td>4</td></tr>
</table>

(24)隐框、半隐框玻璃幕墙安装的允许偏差和检验方法应符合表3-61的规定。

隐框、半隐框玻璃幕墙安装的允许偏差和检验方法 表3-61

<table>
<tr><th>项次</th><th colspan="2">项　目</th><th>允许偏差(mm)</th><th>检验方法</th></tr>
<tr><td rowspan="4">1</td><td rowspan="4">幕墙垂直度</td><td>幕墙高度≤30m</td><td>10</td><td rowspan="4">用经纬仪检查</td></tr>
<tr><td>30m<幕墙高度≤60m</td><td>15</td></tr>
<tr><td>60m<幕墙高度≤90m</td><td>20</td></tr>
<tr><td>幕墙高度>90m</td><td>25</td></tr>
</table>

续表

项次	项目		允许偏差(mm)	检验方法
2	幕墙水平度	层 高≤3m	3	用水平仪检查
		层 高>3m	5	
3	幕墙表面平整度		2	用2m靠尺和塞尺检查
4	板材立面垂直度		2	用垂直检测尺检查
5	板材上沿水平度		2	用1m水平尺和钢直尺检查
6	相邻板材板角错位		1	用钢直尺检查
7	阳角方正		2	用直角检测尺检查
8	接缝直线度		3	拉5m线,不足5m拉通线,用钢直尺检查
9	接缝高低差		1	用钢直尺和塞尺检查
10	接缝宽度		1	用钢直尺检查

79. 金属幕墙工程的质量验收有什么要求?

(1)这里所讨论的适用于建筑高度不大于150m的金属幕墙工程的质量验收。

主 控 项 目

(2)金属幕墙工程所使用的各种材料和配件,应符合设计要求及国家现行产品标准和工程技术规范的规定。

检验方法:检查产品合格证书、性能检测报告、材料进场验收记录和复验报告。

(3)金属幕墙的造型和立面分格应符合设计要求。

检验方法:观察;尺量检查。

(4)金属面板的品种、规格、颜色、光泽及安装方向应符合设计要求。

检验方法:观察;检查进场验收记录。

(5)金属幕墙主体结构上的预埋件、后置埋件的数量、位置及后置埋件的拉拔力必须符合设计要求。

检验方法:检查拉拔力检测报告和隐蔽工程验收记录。

(6)金属幕墙的金属框架立柱与主体结构预埋件的连接、立柱与横梁的连接、金属面板的安装必须符合设计要求,安装必须牢固。

检验方法:手扳检查;检查隐蔽工程验收记录。

(7)金属幕墙的防火、保温、防潮材料的设置应符合设计要求,并应密实、均匀、厚度一致。

检验方法:检查隐蔽工程验收记录。

(8)金属框架及连接件的防腐处理应符合设计要求。

检验方法:检查隐蔽工程验收记录和施工记录。

(9)金属幕墙的防雷装置必须与主体结构的防雷装置可靠连接。

检验方法:检查隐蔽工程验收记录。

(10)各种变形缝、墙角的连接节点应符合设计要求和技术标准的规定。

检验方法:观察;检查隐蔽工程验收记录。

(11)金属幕墙的板缝注胶应饱满、密实、连续、均匀、无气泡,宽度和厚度应符合设计要求和技术标准的规定。

检验方法:观察;尺量检查;检查施工记录。

(12)金属幕墙应无渗漏。

检验方法:在易渗漏部位进行淋水检查。

一 般 项 目

(13)金属板表面应平整、洁净、色泽一致。

检验方法:观察。

(14)金属幕墙的压条应平直、洁净、接口严密、安装牢固。

检验方法:观察;手扳检查。

(15)金属幕墙的密封胶缝应横平竖直、深浅一致、宽窄均匀、光滑顺直。

检验方法:观察。

(16)金属幕墙上的滴水线、流水坡向应正确、顺直。

检验方法;观察;用水平尺检查。

(17)每平方米金属板的表面质量和检验方法应符合表 3-62 的规定。

每平方米金属板的表面质量和检验方法　　表 3-62

项次	项目	质量要求	检验方法
1	明显划伤和长度>100mm 的轻微划伤	不允许	观察
2	长度≤100mm 的轻微划伤	≤8 条	用钢尺检查
3	擦伤总面积	≤500mm²	用钢尺检查

(18)金属幕墙安装的允许偏差和检验方法应符合表 3-63 的规定。

金属幕墙安装的允许偏差和检验方法　　表 3-63

项次	项目		允许偏差(mm)	检验方法
1	幕墙垂直度	幕墙高度≤30m	10	用经纬仪检查
		30m<幕墙高度≤60m	15	
		60m<幕墙高度≤90m	20	
		幕墙高度>90m	25	
2	幕墙水平度	层高≤3m	3	用水平仪检查
		层高>3m	5	
3	幕墙表面平整度		2	用 2m 靠尺和塞尺检查
4	板材立面垂直度		3	用垂直检测尺检查
5	板材上沿水平度		2	用 1m 水平尺和钢直尺检查
6	相邻板材板角错位		1	用钢直尺检查
7	阳角方正		2	用直角检测尺检查
8	接缝直线度		3	拉 5m 线,不足 5m 拉通线,用钢直尺检查
9	接缝高低差		1	用钢直尺和塞尺检查
10	接缝宽度		1	用钢直尺检查

80. 石材幕墙工程的质量验收有什么要求?

(1)这里所讨论的适用于建筑高度不大于100m、抗震设防烈度不大于8度的石材幕墙工程的质量验收。

主 控 项 目

(2)石材幕墙工程所用材料的品种、规格、性能和等级,应符合设计要求及国家现行产品标准和工程技术规范的规定。石材的弯曲强度不应小于8.0MPa;吸水率应小于0.8%。石材幕墙的铝合金挂件厚度不应小于4.0mm,不锈钢挂件厚度不应小于3.0mm。

检验方法:观察;尺量检查;检查产品合格证书、性能检测报告、材料进场验收记录和复验报告。

(3)石材幕墙的造型、立面分格、颜色、光泽、花纹和图案应符合设计要求。

检验方法:观察。

(4)石材孔、槽的数量、深度、位置、尺寸应符合设计要求。

检验方法:检查进场验收记录或施工记录。

(5)石材幕墙主体结构上的预埋件和后置埋件的位置、数量及后置埋件的拉拔力必须符合设计要求。

检验方法:检查拉拔力检测报告和隐蔽工程验收记录。

(6)石材幕墙的金属框架立柱与主体结构预埋件的连接、立柱与横梁的连接、连接件与金属框架的连接、连接件与石材面板的连接必须符合设计要求,安装必须牢固。

检验方法:手扳检查;检查隐蔽工程验收记录。

(7)金属框架和连接件的防腐处理应符合设计要求。

检验方法:检查隐蔽工程验收记录。

(8)石材幕墙的防雷装置必须与主体结构防雷装置可靠连接。

检验方法:观察;检查隐蔽工程验收记录和施工记录。

(9)石材幕墙的防火、保温、防潮材料的设置应符合设计要求,填充应密实、均匀、厚度一致。

检验方法:检查隐蔽工程验收记录。

(10)各种结构变形缝、墙角的连接节点应符合设计要求和技术标准的规定。

检验方法:检查隐蔽工程验收记录和施工记录。

(11)石材表面和板缝的处理应符合设计要求。

检验方法:观察。

(12)石材幕墙的板缝注胶应饱满、密实、连续、均匀、无气泡,板缝宽度和厚度应符合设计要求和技术标准的规定。

检验方法:观察;尺量检查;检查施工记录。

(13)石材幕墙应无渗漏。

检验方法:在易渗漏部位进行淋水检查。

一 般 项 目

(14)石材幕墙表面应平整、洁净,无污染、缺损和裂痕。颜色和花纹应协调一致,无明显色差,无明显修痕。

检验方法:观察。

(15)石材幕墙的压条应平直、洁净、接口严密、安装牢固。

检验方法:观察;手扳检查。

(16)石材接缝应横平竖直、宽窄均匀;阴阳角石板压向应正确,板边合缝应顺直;凸凹线出墙厚度应一致,上下口应平直;石材面板上洞口、槽边应套割吻合,边缘应整齐。

检验方法:观察;尺量检查。

(17)石材幕墙的密封胶缝应横平竖直、深浅一致、宽窄均匀、光滑顺直。

检验方法:观察。

(18)石材幕墙上的滴水线、流水坡向应正确、顺直。

检验方法:观察;用水平尺检查。

(19)每平方米石材的表面质量和检验方法应符合表 3-64 的规定。

每平方米石材的表面质量和检验方法　　表 3-64

项次	项目	质量要求	检验方法
1	裂痕、明显划伤和长度＞100mm 的轻微划伤	不允许	观　察
2	长度≤100mm 的轻微划伤	≤8 条	用钢尺检查
3	擦伤总面积	≤500mm²	用钢尺检查

(20)石材幕墙安装的允许偏差和检验方法应符合表 3-65 的规定。

石材幕墙安装的允许偏差和检验方法　　表 3-65

项次	项目		允许偏差(mm) 光面	允许偏差(mm) 麻面	检验方法
1	幕墙垂直度	幕墙高度≤30m	10		用经纬仪检查
		30m＜幕墙高度≤60m	15		
		60m＜幕墙高度≤90m	20		
		幕墙高度＞90m	25		
2	幕墙水平度		3		用水平仪检查
3	板材立面垂直度		3		用水平仪检查
4	板材上沿水平度		2		用 1m 水平尺和钢直尺检查
5	相邻板材板角错位		1		用钢直尺检查
6	幕墙表面平整度		2	3	用垂直检测尺检查
7	阳角方正		2	4	用直角检测尺检查
8	接缝直线度		3	4	拉 5m 线，不足 5m 拉通线，用钢直尺检查
9	接缝高低差		1	—	用钢直尺和塞尺检查
10	接缝宽度		1	2	用钢直尺检查

81. 涂饰工程质量验收的一般规定是什么？

(1)这里所讨论的适用于水性涂料涂饰、溶剂型涂料涂饰、美术涂饰等分项工程的质量验收。

(2)涂饰工程验收时应检查下列文件和记录：

1)涂饰工程的施工图、设计说明及其他设计文件。

2)材料的产品合格证书、性能检测报告和进场验收记录。

3)施工记录。

(3)各分项工程的检验批应按下列规定划分：

1)室外涂饰工程每一栋楼的同类涂料涂饰的墙面每 500～1000m^2 应划分为一个检验批，不足 500m^2 也应划分为一个检验批。

2)室内涂饰工程同类涂料涂饰的墙面每 50 间(大面积房间和走廊按涂饰面积 30m^2 为一间)应划分为一个检验批，不足 50 间也应划分为一个检验批。

(4)检查数量应符合下列规定：

1)室外涂饰工程每 100m^2 应至少检查一处，每处不得小于 10m^2。

2)室内涂饰工程每个检验批应至少抽查 10%，并不得少于 3 间；不足 3 间时应全数检查。

(5)涂饰工程的基层处理应符合下列要求：

1)新建筑物的混凝土或抹灰基层在涂饰涂料前应涂刷抗碱封闭底漆。

2)旧墙面在涂饰涂料前应清除疏松的旧装修层，并涂刷界面剂。

3)混凝土或抹灰基层涂刷溶剂型涂料时，含水率不得大于 8%；涂刷浮液型涂料时，含水率不得大于 10%。木材基层的含水率不得大于 12%。

4)基层腻子应平整、坚实、牢固，无粉化、起皮和裂缝；内墙腻子的粘结强度应符合《建筑室内用腻子》(JG/T3049)的规定。

5)厨房、卫生间墙面必须使用耐水腻子。

(6)水性涂料涂饰工程施工的环境温度应在 5～35℃之间。

(7)涂饰工程应在涂层养护期满后进行质量验收。

82. 水性涂料涂饰工程的质量验收有什么要求?

(1)这里所讨论的适用于乳液型涂料、无机涂料、水溶性涂料等水性涂料涂饰工程的质量验收。

主 控 项 目

(2)水性涂料涂饰工程所用涂料的品种、型号和性能应符合设计要求。

检验方法:检查产品合格证书、性能检测报告和进场验收记录。

(3)水性涂料涂饰工程的颜色、图案应符合设计要求。

检验方法:观察。

(4)水性涂料涂饰工程应涂饰均匀、粘结牢固,不得漏涂、透底、起皮和掉粉。

检验方法:观察;手摸检查。

(5)水性涂料涂饰工程的基层处理应符合规范的要求。

检验方法:观察;手摸检查;检查施工记录。

一 般 项 目

(6)薄涂料的涂饰质量和检验方法应符合表 3-66 的规定。

薄涂料的涂饰质量和检验方法　　表 3-66

项次	项目	普通涂饰	高级涂饰	检验方法
1	颜色	均匀一致	均匀一致	观察
2	泛碱、咬色	允许少量轻微	不允许	
3	流坠、疙瘩	允许少量轻微	不允许	
4	砂眼、刷纹	允许少量轻微砂眼,刷纹通顺	无砂眼,无刷纹	
5	装饰线、分色线直线度允许偏差(mm)	2	1	拉 5m 线,不足 5m 拉通线,用钢直尺检查

(7)厚涂料的涂饰质量和检验方法应符合表 3-67 的规定。

厚涂料的涂饰质量和检验方法 **表 3-67**

项次	项目	普通涂饰	高级涂饰	检验方法
1	颜色	均匀一致	均匀一致	观察
2	泛碱、咬色	允许少量轻微	不允许	
3	点状分布	—	疏密均匀	

(8)复层涂料的涂饰质量和检验方法应符合表 3-68 的规定。

复层涂料的涂饰质量和检验方法 **表 3-68**

项次	项目	质量要求	检验方法
1	颜色	均匀一致	观察
2	泛碱、咬色	不允许	
3	喷点疏密程度	均匀,不允许连片	

(9)涂层与其他装修材料和设备衔接处应吻合,界面应清晰。

检验方法:观察。

83. 溶剂型涂料涂饰工程的质量验收有什么要求?

(1)这里所讨论的适用于丙烯酸酯涂料、聚氨酯丙烯酸涂料、有机硅丙烯酸涂料等溶剂型涂料涂饰工程的质量验收。

主控项目

(2)溶剂型涂料涂饰工程所选用涂料的品种、型号和性能应符合设计要求。

检验方法:检查产品合格证书、性能检测报告和进场验收记录。

(3)溶剂型涂料涂饰工程的颜色、光泽、图案应符合设计要求。

检验方法:观察。

(4)溶剂型涂料涂饰工程应涂饰均匀、粘结牢固,不得漏涂、透底、起皮和反锈。

检验方法:观察;手摸检查。

(5)溶剂型涂料涂饰工程的基层处理应符合规范的要求。

检验方法:观察;手摸检查;检查施工记录。

一 般 项 目

(6)色漆的涂饰质量和检验方法应符合表3-69的规定。

色漆的涂饰质量和检验方法　　表3-69

项次	项目	普通涂饰	高级涂饰	检验方法
1	颜色	均匀一致	均匀一致	观察
2	光泽、光滑	光泽基本均匀光滑无挡手感	光泽均匀一致光滑	观察、手摸检查
3	刷纹	刷纹通顺	无刷纹	观察
4	裹棱、流坠、皱皮	明显处不允许	不允许	观察
5	装饰线、分色线直线度允许偏差(mm)	2	1	拉5m线,不足5m拉通线,用钢直尺检查

注:无光色漆不检查光泽。

(7)清漆的涂饰质量和检验方法应符合表3-70的规定。

清漆的涂饰质量和检验方法　　表3-70

项次	项目	普通涂饰	高级涂饰	检验方法
1	颜色	基本一致	均匀一致	观察
2	木纹	棕眼刮平、木纹清楚	棕眼刮平、木纹清楚	观察
3	光泽、光滑	光泽基本均匀光滑无挡手感	光泽均匀一致光滑	观察、手摸检查
4	刷纹	无刷纹	无刷纹	观察
5	裹棱、流坠、皱皮	明显处不允许	不允许	观察

(8)涂层与其他装修材料和设备衔接处应吻合,界面应清晰。

检验方法:观察。

84. 裱糊与软包工程的质量验收有什么要求?

一 般 规 定

(1)适用于裱糊、软包等分项工程的质量验收。

(2)裱糊与软包工程验收时应检查下列文件和记录：

1)裱糊与软包工程的施工图、设计说明及其他设计文件。

2)饰面材料的样板及确认文件。

3)材料的产品合格证书、性能检测报告、进场验收记录和复验报告。

4)施工记录。

(3)各分项工程的检验批应按下列规定划分：

同一品种的裱糊或软包工程每50间(大面积房间和走廊按施工面积30m^2为一间)应划分为一个检验批，不足50间也应划分为一个检验批。

(4)检查数量应符合下列规定：

1)裱糊工程每个检验批应至少抽查10%，并不得少于3间，不足3间时应全数检查。

2)软包工程每个检验批应至少抽查20%，并不得少于6间，不足6间时应全数检查。

(5)裱糊前，基层处理质量应达到下列要求：

1)新建筑物的混凝土或抹灰基层墙面在刮腻子前应涂刷抗碱封闭底漆。

2)旧墙面在裱糊前应清除疏松的旧装修层，并涂刷界面剂。

3)混凝土或抹灰基层含水率不得大于8%；木材基层的含水率不得大于12%。

4)基层腻子应平整、坚实、牢固，无粉化，起皮和裂缝；腻子的粘结强度应符合《建筑室内用腻子》(JG/T3049)N型的规定。

5)基层表面平整度、立面垂直度及阴阳角方正应达到规范高级抹灰的要求。

6)基层表面颜色应一致。

7)裱糊前应用封闭底胶涂刷基层。

裱 糊 工 程

(6)适用于聚氯乙烯塑料壁纸、复合纸质壁纸、墙布等裱糊工程的质量验收。

主 控 项 目

(7)壁纸、墙布的种类、规格、图案、颜色和燃烧性能等级必须符合设计要求及国家现行标准的有关规定。

检验方法:观察;检查产品合格证书、进场验收记录和性能检测报告。

(8)裱糊工程基层处理质量应符合规范的要求。

检验方法:观察;手摸检查;检查施工记录。

(9)裱糊后各幅拼接应横平竖直,拼接处花纹、图案应吻合,不离缝,不搭接,不显拼缝。

检验方法:观察;拼缝检查距离墙面1.5m处正视。

(10)壁纸、墙布应粘贴牢固,不得有漏贴、补贴、脱层、空鼓和翘边。

检验方法:观察;手摸检查。

一 般 项 目

(11)裱糊后的壁纸、墙布表面应平整,色泽应一致,不得有波纹起伏、气泡、裂缝、皱折及斑污,斜视时应无胶痕。

检验方法:观察;手摸检查。

(12)复合压花壁纸的压痕及发泡壁纸的发泡层应无损坏。

检验方法:观察。

(13)壁纸、墙布与各种装饰线、设备线盒应交接严密。

检验方法:观察。

(14)壁纸、墙布边缘应平直整齐,不得有纸毛、飞刺。

检验方法:观察。

(15)壁纸、墙布阴角处搭接应顺光,阳角处应无接缝。

检验方法:观察。

软 包 工 程

(16)适用于墙面、门等软包工程的质量验收。

主 控 项 目

(17)软包面料、内衬材料及边框的材质、颜色、图案、燃烧性能等级和木材的含水率应符合设计要求及国家现行标准的有关规定。

检验方法:观察;检查产品合格证书、进场验收记录和性能检测报告。

(18)软包工程的安装位置及构造做法应符合设计要求。

检验方法:观察;尺量检查;检查施工记录。

(19)软包工程的龙骨、衬板、边框应安装牢固,无翘曲,拼缝应平直。

检验方法:观察;手扳检查。

(20)单块软包面料不应有接缝,四周应绷压严密。

检验方法:观察;手摸检查。

一 般 项 目

(21)软包工程表面应平整、洁净,无凹凸不平及皱折;图案应清晰、无色差,整体应协调美观。

检验方法:观察。

(22)软包边框应平整、顺直、接缝吻合。其表面涂饰质量应符合规范的有关规定。

检验方法:观察;手摸检查。

(23)清漆涂饰木制边框的颜色、木纹应协调一致。

检验方法:观察。

(24)软包工程安装的允许偏差和检验方法应符合表3-71的规定。

软包工程安装的允许偏差和检验方法　　表3-71

项次	项　目	允许偏差(mm)	检验方法
1	垂直度	3	用1m垂直检测尺检查
2	边框宽度、高度	0;-2	用钢尺检查
3	对角线长度差	3	用钢尺检查
4	裁口、线条接缝高低差	1	用钢直尺和塞尺检查

85.橱柜制作与安装工程的质量验收有什么要求?

一 般 规 定

(1)适用于下列分项工程的质量验收:

1)橱柜制作与安装。

2)窗帘盒、窗台板、散热器罩制作与安装。

3)门窗套制作与安装。

4)护栏和扶手制作与安装。

5)花饰制作与安装。

(2)细部工程验收时应检查下列文件和记录:

1)施工图、设计说明及其他设计文件。

2)材料的产品合格证书、性能检测报告、进场验收记录和复验报告。

3)隐蔽工程验收记录。

4)施工记录。

(3)细部工程应对人造木板的甲醛含量进行复验。

(4)细部工程应对下列部位进行隐蔽工程验收:

1)预埋件(或后置埋件)。

2)护栏与预埋件的连接节点。

(5)各分项工程的检验批应按下列规定划分:

1)同类制品每 50 间(处)应划分为一个检验批,不足 50 间(处)也应划分为一个检验批。

2)每部楼梯应划分为一个检验批。

橱柜制作与安装工程

(1)适用于位置固定的壁柜、吊柜等橱柜制作与安装工程的质量验收。

(2)检查数量应符合下列规定:

每个检验批应至少抽查 3 间(处),不足 3 间(处)时应全数检查。

主 控 项 目

(3)橱柜制作与安装所用材料的材质和规格、木材的燃烧性能等级和含水率、花岗石的放射性及人造木板的甲醛含量应符合设计要求及国家现行标准的有关规定。

检验方法:观察;检查产品合格证书、进场验收记录、性能检测报告和复验报告。

(4)橱柜安装预埋件或后置埋件的数量、规格、位置应符合设计要求。

检验方法:检查隐蔽工程验收记录和施工记录。

(5)橱柜的造型、尺寸、安装位置、制作和固定方法应符合设计要求。橱柜安装必须牢固。

检验方法:观察;尺量检查;手扳检查。

(6)橱柜配件的品种、规格应符合设计要求。配件应齐全,安装应牢固。

检验方法:观察;手扳检查;检查进场验收记录。

(7)橱柜的抽屉和柜门应开关灵活、回位正确。

检验方法:观察;开启和关闭检查。

一 般 项 目

(8)橱柜表面应平整、洁净、色泽一致,不得有裂缝、翘曲及损坏。

检验方法:观察。

(9)橱柜裁口应顺直、拼缝应严密。

检验方法:观察。

(10)橱柜安装的允许偏差和检验方法应符合表 3-72 的规定。

橱柜安装的允许偏差和检验方法 **表 3-72**

项次	项目	允许偏差(mm)	检验方法
1	外型尺寸	3	用钢尺检查
2	立面垂直度	2	用 1m 垂直检测尺检查
3	门与框架的平行度	2	用钢尺检查

86. 窗帘盒、窗台板和散热器罩制作与安装的质量验收有什么要求?

(1)这里所讨论的适用于窗帘盒、窗台板和散热器罩制作与安装工程的质量验收。

(2)检查数量应符合下列规定:

每个检验批应至少抽查 3 间(处),不足 3 间(处)时应全数检查。

主 控 项 目

(3)窗帘盒、窗台板和散热器罩制作与安装所使用材料的材质和规格、木材的燃烧性能等级和含水率、花岗石的放射性及人造木板的甲醛含量应符合设计要求及国家现行标准的有关规定。

检验方法:观察;检查产品合格证书、进场验收记录、性能检测报告和复验报告。

(4)窗帘盒、窗台板和散热器罩的造型、规格、尺寸、安装位置和固定方法必须符合设计要求。窗帘盒、窗台板和散热器罩的安装必须牢固。

检验方法:观察;尺量检查;手扳检查。

(5)窗帘盒配件的品种、规格应符合设计要求,安装应牢固。

检验方法:手扳检查;检查进场验收记录。

一 般 项 目

(6)窗帘盒、窗台板和散热器罩表面应平整、洁净、线条顺直、接缝严密、色泽一致,不得有裂缝、翘曲及损坏。

检验方法:观察。

(7)窗帘盒、窗台板和散热器罩与墙面、窗框的衔接应严密,密封胶缝应顺直、光滑。

检验方法:观察。

(8)窗帘盒、窗台板和散热器罩安装的允许偏差和检验方法应符合表 3-73 的规定。

窗帘盒、窗台板和散热器罩安装的允许偏差和检验方法　　表 3-73

项次	项　　目	允许偏差(mm)	检 验 方 法
1	水平度	2	用 1m 水平尺和塞尺检查
2	上口、下口直线度	3	拉 5m 线,不足 5m 拉通线,用钢直尺检查
3	两端距窗洞口长度差	2	用钢直尺检查
4	两端出墙厚度差	3	用钢直尺检查

87. 门窗套制作与安装工程的质量验收有什么要求?

(1)这里所讨论的适用于门窗套制作与安装工程的质量验收。

(2)检查数量应符合下列规定:

每个检验批应至少抽查3间(处),不足3间(处)时应全数检查。

主 控 项 目

(3)门窗套制作与安装所使用材料的材质、规格、花纹和颜色、木材的燃烧性能等级和含水率、花岗石的放射性及人造木板的甲醛含量应符合设计要求及国家现行标准的有关规定。

检验方法:观察;检查产品合格证书、进场验收记录、性能检测报告和复验报告。

(4)门窗套的造型、尺寸和固定方法应符合设计要求,安装应牢固。

检验方法:观察;尺量检查;手扳检查。

一 般 项 目

(5)门窗套表面应平整、洁净、线条顺直、接缝严密、色泽一致,不得有裂缝、翘曲及损坏。

检验方法:观察。

(6)门窗套安装的允许偏差和检验方法应符合表3-74的规定。

门窗套安装的允许偏差和检验方法　　表3-74

项次	项目	允许偏差(mm)	检验方法
1	正、侧面垂直度	3	用1m垂直检测尺检查
2	门窗套上口水平度	1	用1m水平检测尺和塞尺检查
3	门窗套上口直线度	3	拉5m线,不足5m拉通线,用钢直尺检查

88. 护栏和扶手制作与安装工程的质量验收有什么要求?

(1)这里所讨论的适用于护栏和扶手制作与安装工程的质量验收。

(2)检查数量应符合下列规定:

每个检验批的护栏和扶手应全部检查。

主 控 项 目

(3)护栏和扶手制作与安装所使用材料的材质、规格、数量和木材、塑料的燃烧性能等级应符合设计要求。

检验方法:观察;检查产品合格证书、进场验收记录和性能检测报告。

(4)护栏和扶手的造型、尺寸及安装位置应符合设计要求。

检验方法:观察;尺量检查;检查进场验收记录。

(5)护栏和扶手安装预埋件的数量、规格、位置以及护栏与预埋件的连接节点应符合设计要求。

检验方法:检查隐蔽工程验收记录和施工记录。

(6)护栏高度、栏杆间距、安装位置必须符合设计要求。护栏安装必须牢固。

检验方法:观察;尺量检查;手扳检查。

(7)护栏玻璃应使用公称厚度不小于 12mm 的钢化玻璃或钢化夹层玻璃。当护栏一侧距楼地面高度为 5m 及以上时,应使用钢化夹层玻璃。

检验方法:观察;尺量检查;检查产品合格证书和进场验收记录。

一 般 项 目

(8)护栏和扶手转角弧度应符合设计要求,接缝应严密,表面应光滑,色泽应一致,不得有裂缝、翘曲及损坏。

检验方法:观察;手摸检查。

(9)护栏和扶手安装的允许偏差和检验方法应符合表 3-75 的规定。

护栏和扶手安装的允许偏差和检验方法　　　表 3-75

项 次	项　　目	允许偏差(mm)	检　验　方　法
1	护栏垂直度	3	用 1m 垂直检测尺检查
2	栏杆间距	3	用钢尺检查
3	扶手直线度	4	拉通线,用钢直尺检查
4	扶手高度	3	用钢尺检查

89. 地下防水工程的验收有什么基本规定?

(1)地下工程的防水等级分为 4 级,各级标准应符合表 3-76 的规定。

地下工程防水等级标准　　　表 3-76

防水等级	标　　准
1　级	不允许渗水,结构表面无湿渍
2　级	不允许漏水,结构表面可有少量湿渍 工业与民用建筑:湿渍总面积不大于总防水面积的 1‰,单个湿渍面积不大于 0.1m^2,任意 100m^2 防水面积不超过 1 处 其他地下工程:湿渍总面积不大于总防水面积的 6‰,单个湿渍面积不大于 0.2m^2,任意 100m^2 防水面积不超过 4 处
3　级	有少量漏水点,不得有线流和漏泥砂 单个湿渍面积不大于 0.3m^2,单个漏水点的漏水量不大于 2.5L/d,任意 100m^2 防水面积不超过 7 处
4　级	有漏水点,不得有线流和漏泥砂 整个工程平均漏水量不大于 2L/(m^2·d),任意 100m^2 防水面积的平均漏水量不大于 4L/(m^2·d)

(2)地下工程的防水设防要求,应按表 3-77 和表 3-78 选用。

(3)地下防水工程施工前,施工单位应进行图纸会审,掌握工程主体及细部构造的防水技术要求,并编制防水工程的施工方案。

(4)地下防水工程的施工,应建立各道工序的自检、交接检和专职人员检查的“三检”制度,并有完整的检查记录。未经建设(监理)单位对上道工序的检查确认,不得进行下道工序的施工。

(5)地下防水工程必须由相应资质的专业防水队伍进行施工;主要施工人员应持有建设行政主管部门或其指定单位颁发的执业

资格证书。

明挖法地下工程防水设防　　　　表 3-77

工程部位		主体						施工缝					后浇带				变形缝、诱导缝						
防水措施		防水混凝土	防水砂浆	防水卷材	防水涂料	塑料防水板	金属板	遇水膨胀止水条	中埋式止水带	外贴式止水带	外抹防水砂浆	外涂防水涂料	膨胀混凝土	遇水膨胀止水条	外贴式止水带	防水嵌缝材料	中埋式止水带	外贴式止水带	可卸式止水带	防水嵌缝材料	外贴防水卷材	外涂防水涂料	遇水膨胀止水条
防水等级	1级	应选	应选一至二种					应选二种					应选	应选二种			应选	应选二种					
	2级	应选	应选一种					应选一至二种					应选	应选一至二种			应选	应选一至二种					
	3级	应选	宜选一种					宜选一至二种					应选	宜选一至二种			应选	宜选一至二种					
	4级	宜选	—					宜选一种					应选	宜选一种			应选	宜选一种					

暗挖法地下工程防水设防　　　　表 3-78

工程部位		主体				内衬砌施工缝					内衬砌变形缝、诱导缝				
防水措施		复合式衬砌	离壁式衬砌、衬套	贴壁式衬砌	喷射混凝土	外贴式止水带	遇水膨胀止水条	防水嵌缝材料	中埋式止水带	外涂防水涂料	中埋式止水带	外贴式止水带	可卸式止水带	防水嵌缝材料	遇水膨胀止水条
防水等级	1级	应选一种			—	应选二种					应选	应选二种			
	2级	应选一种			—	应选一至二种					应选	应选一至二种			
	3级	—	应选一种			宜选一至二种					应选	宜选一种			
	4级	—	应选一种			宜选一种					应选	宜选一种			

(6)地下防水工程所使用的防水材料,应有产品的合格证书和性能检测报告,材料的品种、规格、性能等应符合现行国家产品标准设计要求。

对进场的防水材料应按规范的规定抽样复验,并提出试验报告;不合格的材料不得在工程中使用。

(7)地下防水工程施工期间,明挖法的基坑以及暗挖法的竖井、洞口,必须保持地下水位稳定在基底 0.5m 以下,必要时应采取降水措施。

(8)地下防水工程的防水层,严禁在雨天、雪天和 5 级风及其以上时施工,其施工环境气温条件宜符合表 3-79 的规定。

防水层施工环境气温条件 **表 3-79**

防 水 层 材 料	施 工 环 境 气 温
高聚物改性沥青防水卷材	冷粘法不低于 5℃,热熔法不低于 -10℃
合成高分子防水卷材	冷粘法不低于 5℃,热风焊接法不低于 -10℃
有机防水涂料	溶剂型 -5~35℃,水溶性 5~35℃
无机防水涂料	5~35℃
防水混凝土、水泥砂浆	5~35℃

(9)地下防水工程是一个子分部工程,其分项工程的划分应符合表 3-80 的要求。

地下防水工程的分项工程 **表 3-80**

子分部工程	分 项 工 程
地下防水工程	地下建筑防水工程:防水混凝土,水泥砂浆防水层,卷材防水层,涂料防水层,塑料板防水层,金属板防水层,细部构造
	特殊施工法防水工程:锚喷支护,地下连续墙,复合式衬砌,盾构法隧道
	排水工程:渗排水、盲沟排水,隧道、坑道排水
	注浆工程:预注浆、后注浆,衬砌裂缝注浆

(10)地下防水工程应按工程设计的防水等级标准进行验收。地下防水工程渗漏水调查与量测方法应按规范执行。

90. 地下建筑防水混凝土工程的验收有什么要求?

(1)这里所讨论的适用于防水等级为 1~4 级的地下整体式混凝土结构。不适用于环境温度高于 80℃或处于耐侵蚀系数小于 0.8 的侵蚀性介质中使用的地下工程。

注:耐侵蚀系数是指在侵蚀性水中养护6个月的混凝土试块的抗折强度与在饮用水中养护6个月的混凝土试块的抗折强度之比。

(2)防水混凝土所用的材料应符合下列规定:

1)水泥品种应按设计要求选用,其强度等级不应低于32.5级,不得使用过期或受潮结块水泥;

2)碎石或卵石的粒径宜为5~40mm,含泥量不得大于1.0%,泥块含量不得大于0.5%;

3)砂宜用中砂,含泥量不得大于3.0%,泥块含量不得大于1.0%;

4)拌制混凝土所用的水,应采用不含有害物质的洁净水;

5)外加剂的技术性能,应符合国家或行业标准一等品及以上的质量要求;

6)粉煤灰的级别不应低于二级,掺量不宜大于20%;硅粉掺量不应大于3%,其他掺合料的掺量应通过试验确定。

(3)防水混凝土的配合比应符合下列规定:

1)试配要求的抗渗水压值应比设计值提高0.2MPa;

2)水泥用量不得少于300kg/m^3;掺有活性掺合料时,水泥用量不得少于280kg/m^3;

3)砂率宜为35%~45%,灰砂比宜为1:2~1:2.5;

4)水灰比不得大于0.55;

5)普通防水混凝土坍落度不宜大于50mm,泵送时入泵坍落度宜为100~140mm。

(4)混凝土拌制和浇筑过程控制应符合下列规定:

1)拌制混凝土所用材料的品种、规格和用量,每工作班检查不应少于两次。每盘混凝土各组成材料计量结果的偏差应符合表3-81的规定。

混凝土组成材料计量结果的允许偏差(%)　　表3-81

混凝土组成材料	每盘计量	累计计量
水泥、掺合料	±2	±1
粗、细骨料	±3	±2
水、外加剂	±2	±1

注:累计计量仅适用于微机控制计量的搅拌站。

2)混凝土在浇筑地点的坍落度,每工作班至少检查两次。混凝土的坍落度试验应符合现行《普通混凝土拌合物性能试验方法》(GBJ80)的有关规定。

混凝土实测的坍落度与要求坍落度之间的偏差应符合表 3-82的规定。

混凝土坍落度允许偏差 **表 3-82**

要求坍落度(mm)	允许偏差(mm)
≤40	±10
50～90	±15
≥100	±20

(5)防水混凝土抗渗性能,应采用标准条件下养护混凝土抗渗试件的试验结果评定。试件应在浇筑地点制作。

连续浇筑混凝土每 500m^3 应留置一组抗渗试件(一组为 6 个抗渗试件),且每项工程不得少于两组。采用预拌混凝土的抗渗试件,留置组数应视结构的规模和要求而定。

抗渗性能试验应符合现行《普通混凝土长期性能和耐久性能试验方法》(GBJ82)的有关规定。

(6)防水混凝土的施工质量检验数量,应按混凝土外露面积每 100m^2 抽查 1 处,每处 10m^2,且不得少于 3 处;细部构造应按全数检查。

(7)防水混凝土的原材料、配合比及坍落度必须符合设计要求。

检验方法:检查出厂合格证、质量检验报告、计量措施和现场抽样试验报告。

(8)防水混凝土的抗压强度和抗渗压力必须符合设计要求。

检验方法:检查混凝土抗压、抗渗试验报告。

(9)防水混凝土的变形缝、施工缝、后浇带、穿墙管道、埋设件等设置和构造,均须符合设计要求,严禁有渗漏。

检验方法:观察检查和检查隐蔽工程验收记录。

(10)防水混凝土结构表面应坚实、平整,不得有露筋、蜂窝等缺陷;埋设件位置应正确。

检验方法:观察和尺量检查。

(11)防水混凝土结构表面的裂缝宽度不应大于 0.2mm,并不得贯通。

检验方法:用刻度放大镜检查。

(12)防水混凝土结构厚度不应小于 250mm,其允许偏差为 +15mm、-10mm;迎水面钢筋保护层厚度不应小于 50mm,其允许偏差为 ±10mm。

检验方法:尺量检查和检查隐蔽工程验收记录。

91. 水泥砂浆防水层的验收有什么要求?

(1)这里所讨论的适用于混凝土或砌体结构的基层上采用多层抹面的水泥砂浆防水层。不适用环境有侵蚀性、持续振动或温度高于 80℃ 的地下工程。

(2)普通水泥砂浆防水层的配合比应按表 3-83 选用;掺外加剂、掺合料、聚合物水泥砂浆的配合比应符合所掺材料的规定。

普通水泥砂浆防水层的配合比　　表 3-83

名　称	配合比(质量比)		水灰比	适　用　范　围
	水泥	砂		
水泥浆	1	—	0.55~0.60	水泥砂浆防水层的第一层
水泥浆	1	—	0.37~0.40	水泥砂浆防水层的第三、五层
水泥砂浆	1	1.5~2.0	0.40~0.50	水泥砂浆防水层的第二、四层

(3)水泥砂浆防水层所用的材料应符合下列规定:

1)水泥品种应按设计要求选用,其强度等级不应低于 32.5 级,不得使用过期或受潮结块水泥;

2)砂宜采用中砂,粒径 3mm 以下,含泥量不得大于 1%,硫化物和硫酸盐含量不得大于 1%;

3)水应采用不含有害物质的洁净水；

4)聚合物乳液的外观质量，无颗粒、异物和凝固物；

5)外加剂的技术性能应符合国家或行业标准一等品及以上的质量要求。

(4)水泥砂浆防水层的基层质量应符合下列要求：

1)水泥砂浆铺抹前，基层的混凝土和砌筑砂浆强度应不低于设计值的80%；

2)基层表面应坚实、平整、粗糙、洁净，并充分湿润，无积水；

3)基层表面的孔洞、缝隙应用与防水层相同的砂浆填塞抹平。

(5)水泥砂浆防水层施工应符合下列要求：

1)分层铺抹或喷涂，铺抹时应压实、抹平和表面压光；

2)防水层各层应紧密贴合，每层宜连续施工，必须留施工缝时应采用阶梯坡形槎，但离开阴阳角处不得小于200mm；

3)防水层的阴阳角处应做成圆弧形；

4)水泥砂浆终凝后应及时进行养护，养护温度不宜低于5℃并保持湿润，养护时间不得少于14d。

(6)水泥砂浆防水层的施工质量检验数量，应按施工面积每$100m^2$抽查1处，每处$10m^2$，且不得少于3处。

主 控 项 目

(7)水泥砂浆防水层的原材料及配合比必须符合设计要求。

检验方法：检查出厂合格证、质量检验报告、计量措施和现场抽样试验报告。

(8)水泥砂浆防水层各层之间必须结合牢固，无空鼓现象。

检验方法：观察和用小锤轻击检查。

一 般 项 目

(9)水泥砂浆防水层表面应密实、平整，不得有裂纹、起砂、麻面等缺陷；阴阳角处应做成圆弧形。

检验方法：观察检查。

(10)水泥砂浆防水层施工缝留槎位置应正确，接槎应按层次顺序操作，层层搭接紧密。

检验方法:观察检查和检查隐蔽工程验收记录。

(11)水泥砂浆防水层的平均厚度应符合设计要求,最小厚度不得小于设计值的85%。

检验方法:观察和尺量检查。

92.卷材防水层的验收有什么要求?

(1)这里所讨论的适用于受侵蚀性介质或受振动作用的地下工程主体迎水面铺贴的卷材防水层。

(2)卷材防水层应采用高聚物改性沥青防水卷材和合成高分子防水卷材。所选用的基层处理剂、胶粘剂、密封材料等配套材料,均应与铺贴的卷材材性相容。

(3)铺贴防水卷材前,应将找平层清扫干净,在基面上涂刷基层处理剂;当基面较潮湿时,应涂刷湿固化型胶粘剂或潮湿界面隔离剂。

(4)防水卷材厚度选用应符合表3-84的规定。

防水卷材厚度 **表3-84**

<table>
<tr><th>防水等级</th><th>设防道数</th><th>合成高分子防水卷材</th><th>高聚物改性沥青防水卷材</th></tr>
<tr><td>1 级</td><td>三道或三道以上设防</td><td rowspan="2">单层:不应小于1.5mm;双层:每层不应小于1.2mm</td><td rowspan="2">单层:不应小于4mm;双层:每层不应小于3mm</td></tr>
<tr><td>2 级</td><td>二道设防</td></tr>
<tr><td rowspan="2">3 级</td><td>一道设防</td><td>不应小于1.5mm</td><td>不应小于4mm</td></tr>
<tr><td>复合设防</td><td>不应小于1.2mm</td><td>不应小于3mm</td></tr>
</table>

(5)两幅卷材短边和长边的搭接宽度均不应小于100mm。采用多层卷材时,上下两层和相邻两幅卷材的接缝应错开1/3幅宽,且两层卷材不得相互垂直铺贴。

(6)冷粘法铺贴卷材应符合下列规定:

1)胶粘剂涂刷应均匀,不露底,不堆积;

2)铺贴卷材时应控制胶粘剂涂刷与卷材铺贴的间隔时间,排除卷材下面的空气,并辊压粘结牢固,不得有空鼓;

3)铺贴卷材应平整、顺直,搭接尺寸正确,不得有扭曲、皱折;

4)接缝口应用密封材料封严,其宽度不应小于10mm。

(7)热熔法铺贴卷材应符合下列规定:

1)火焰加热器加热卷材应均匀,不得过分加热或烧穿卷材;厚度小于3mm的高聚物改性沥青防水卷材,严禁采用热熔法施工;

2)卷材表面热熔后应立即滚铺卷材,排除卷材下面的空气,并辊压粘结牢固,不得有空鼓、皱折;

3)滚铺卷材时接缝部位必须溢出沥青热熔胶,并应随即刮封接口使接缝粘结严密;

4)铺贴后的卷材应平整、顺直,搭接尺寸正确,不得有扭曲。

(8)卷材防水层完工并经验收合格后应及时做保护层。保护层应符合下列规定:

1)顶板的细石混凝土保护层与防水层之间宜设置隔离层;

2)底板的细石混凝土保护层厚度应大于50mm;

3)侧墙宜采用聚苯乙烯泡沫塑料保护层,或砌砖保护墙(边砌边填实)和铺抹30mm厚水泥砂浆。

(9)卷材防水层的施工质量检验数量,应按铺贴面积每100m^2抽查1处,每处10m^2,且不得少于3处。

主 控 项 目

(10)卷材防水层所用卷材及主要配套材料必须符合设计要求。

检验方法:检查出厂合格证、质量检验报告和现场抽样试验报告。

(11)卷材防水层及其转角处、变形缝、穿墙管道等细部做法均须符合设计要求。

检验方法:观察检查和检查隐蔽工程验收记录。

一 般 项 目

(12)卷材防水层的基层应牢固,基面应洁净、平整,不得有空鼓、松动、起砂和脱皮现象;基层阴阳角处应做成圆弧形。

检验方法:观察检查和检查隐蔽工程验收记录。

(13)卷材防水层的搭接缝应粘(焊)结牢固,密封严密,不得有皱折、翘边和鼓泡等缺陷。

检验方法:观察检查。

(14)侧墙卷材防水层的保护层与防水层应粘结牢固,结合紧密、厚度均匀一致。

检验方法:观察检查。

(15)卷材搭接宽度的允许偏差为-10mm。

检验方法:观察和尺量检查。

93. 涂料防水层的验收有什么要求?

(1)这里所讨论的适用于受侵蚀性介质或受振动作用的地下工程主体迎水面或背水面涂刷的涂料防水层。

(2)涂料防水层应采用反应型、水乳型、聚合物水泥防水涂料或水泥基、水泥基渗透结晶型防水涂料。

(3)防水涂料厚度选用应符合表 3-85 的规定:

防水涂料厚度(mm) **表 3-85**

防水等级	设防道数	有机涂料			无机涂料	
		反应型	水乳型	聚合物水泥	水泥基	水泥基渗透结晶型
1 级	三道或三道以上设防	1.2~2.0	1.2~1.5	1.5~2.0	1.5~2.0	≥0.8
2 级	二道设防	1.2~2.0	1.2~1.5	1.5~2.0	1.5~2.0	≥0.8
3 级	一道设防	—	—	≥2.0	≥2.0	—
	复合设防	—	—	≥1.5	≥1.5	—

(3)涂料防水层的施工应符合下列规定:

1)涂料涂刷前应先在基面上涂一层与涂料相容的基层处理剂;

2)涂膜应多遍完成,涂刷应待前遍涂层干燥成膜后进行;

3)每遍涂刷时应交替改变涂层的涂刷方向,同层涂膜的先后搭茬宽度宜为30～50mm；

4)涂料防水层的施工缝(甩槎)应注意保护，搭接缝宽度应大于100mm，接涂前应将其甩茬表面处理干净；

5)涂刷程序应先做转角处、穿墙管道、变形缝等部位的涂料加强层，后进行大面积涂刷；

6)涂料防水层中铺贴的胎体增强材料，同层相邻的搭接宽度应大于100mm，上下层接缝应错开1/3幅宽。

(4)防水涂料的保护层应符合规范的规定。

(5)涂料防水层的施工质量检验数量，应按涂层面积每100m^{2}抽查1处，每处10m^2，且不得少于3处。

主 控 项 目

(6)涂料防水层所用材料及配合比必须符合设计要求。

检验方法：检查出厂合格证、质量检验报告、计量措施和现场抽样试验报告。

(7)涂料防水层及其转角处、变形缝、穿墙管道等细部做法均须符合设计要求。

检验方法：观察检查和检查隐蔽工程验收记录。

一 般 项 目

(8)涂料防水层的基层应牢固，基面应洁净、平整，不得有空鼓、松动、起砂和脱皮现象；基层阴阳角处应做成圆弧形。

检验方法：观察检查和检查隐蔽工程验收记录。

(9)涂料防水层应与基层粘结牢固，表面平整、涂刷均匀，不得有流淌、皱折、鼓泡、露胎体和翘边等缺陷。

检验方法：观察检查。

(10)涂料防水层的平均厚度应符合设计要求，最小厚度不得小于设计厚度的80%。

检验方法：针测法或割取20mm×20mm实样用卡尺测量。

(11)侧墙涂料防水层的保护层与防水层粘结牢固，结合紧密，厚度均匀一致。

检验方法：观察检查。

94. 塑料板防水层的验收有什么要求?

(1)这里所讨论的适用于铺设在初期支护与二次衬砌间的塑料防水板(简称“塑料板”)防水层。

(2)塑料板防水层的铺设应符合下列规定:

1)塑料板的缓冲衬垫应用暗钉圈固定在基层上,塑料板边铺边将其与暗钉圈焊接牢固;

2)两幅塑料板的搭接宽度应为100mm,下部塑料板应压住上部塑料板;

3)搭接缝宜采用双条焊缝焊接,单条焊缝的有效焊接宽度不应小于10mm;

4)复合式衬砌的塑料板铺设与内衬混凝土的施工距离不应小于5m。

(3)塑料板防水层的施工质量检验数量,应按铺设面积每$100m^2$抽查1处,每处$10m^2$,但不少于3处。焊缝的检验应按焊缝数量抽查5%,每条焊缝为1处,但不少于3处。

主 控 项 目

(4)防水层所用塑料板及配套材料必须符合设计要求。

检验方法:检查出厂合格证、质量检验报告和现场抽样试验报告。

(5)塑料板的搭接缝必须采用热风焊接,不得有渗漏。

检验方法:双焊缝间空腔内充气检查。

一 般 项 目

(6)塑料板防水层的基面应坚实、平整、圆顺,无漏水现象;阴阳角处应做成圆弧形。

检验方法:观察和尺量检查。

(7)塑料板的铺设应平顺并与基层固定牢固,不得有下垂、绷紧和破损现象。

检验方法:观察检查。

(8)塑料板搭接宽度的允许偏差为-10mm。

检验方法:尺量检查。

95. 金属板的防水层的验收有什么要求?

(1)这里所讨论的适用于抗渗性能要求较高的地下工程中以金属板材焊接而成的防水层。

(2)金属板防水层所采用的金属材料和保护材料应符合设计要求。金属材料及焊条(剂)的规格、外观质量和主要物理性能,应符合国家现行标准的规定。

(3)金属板的拼接及金属板与建筑结构的锚固件连接应采用焊接。金属板的拼接焊缝应进行外观检查和无损检验。

(4)当金属板表面有锈蚀、麻点或划痕等缺陷时,其深度不得大于该板材厚度的负偏差值。

(5)金属板防水层的施工质量检验数量,应按铺设面积每 $10m^2$ 抽查 1 处,每处 $1m^2$,且不得少于 3 处。焊缝检验应按不同长度的焊缝各抽查 5%,但均不得少于 1 条。长度小于 500mm 的焊缝,每条检查 1 处;长度 500～2000mm 的焊缝,每条检查 2 处;长度大于 2000mm 的焊缝,每条检查 3 处。

主 控 项 目

(6)金属防水层所采用的金属板材和焊条(剂)必须符合设计要求。

检验方法:检查出厂合格证或质量检验报告和现场抽样试验报告。

(7)焊工必须经考试合格并取得相应的执业资格证书。

检验方法:检查焊工执业资格证书和考核日期。

一 般 项 目

(8)金属板表面不得有明显凹面和损伤。

检验方法:观察检查。

(9)焊缝不得有裂纹、未熔合、夹渣、焊瘤、咬边、烧穿、弧坑、针状气孔等缺陷。

检验方法:观察检查和无损检验。

(10)焊缝的焊波应均匀,焊渣和飞溅物应清除干净;保护涂层不得有漏涂、脱皮和反锈现象。

检验方法:观察检查。

96. 地下防水工程细部构造的验收有什么要求?

(1)这里讨论的适用于防水混凝土结构的变形缝、施工缝、后浇带、穿墙管道、埋设件等细部构造。

(2)防水混凝土结构的变形缝、施工缝、后浇带等细部构造,应采用止水带、遇水膨胀橡胶腻子止水条等高分子防水材料和接缝密封材料。

(3)变形缝的防水施工应符合下列规定:

1)止水带宽度和材质的物理性能均应符合设计要求,且无裂缝和气泡;接头应采用热接,不得叠接,接缝平整、牢固,不得有裂口和脱胶现象;

2)中埋式止水带中心线应和变形缝中心线重合,止水带不得穿孔或用铁钉固定;

3)变形缝设置中埋式止水带时,混凝土浇筑前应校正止水带位置,表面清理干净,止水带损坏处应修补;顶、底板止水带的下侧混凝土应振捣密实,边墙止水带内外侧混凝土应均匀,保持止水带位置正确、平直,无卷曲现象;

4)变形缝处增设的卷材或涂料防水层,应按设计要求施工。

(4)施工缝的防水施工应符合下列规定:

1)水平施工缝浇筑混凝土前,应将其表面浮浆和杂物清除,铺水泥砂浆或涂刷混凝土界面处理剂并及时浇筑混凝土;

2)垂直施工缝浇筑混凝土前,应将其表面清理干净,涂刷混凝土界面处理剂并及时浇筑混凝土;

3)施工缝采用遇水膨胀橡胶腻子止水条时,应将止水条牢固地安装在缝表面预留槽内;

4)施工缝采用中埋止水带时,应确保止水带位置准确、固定牢靠。

(5)后浇带的防水施工应符合下列规定:

1)后浇带应在其两侧混凝土龄期达到42d后再施工；

2)后浇带的接缝处理应符合规范的规定；

3)后浇带应采用补偿收缩混凝土，其强度等级不得低于两侧混凝土；

4)后浇带混凝土养护时间不得少于28d。

(6)穿墙管道的防水施工应符合下列规定：

1)穿墙管止水环与主管或翼环与套管应连续满焊，并做好防腐处理；

2)穿墙管处防水层施工前，应将套管内表面清理干净；

3)套管内的管道安装完毕后，应在两管间嵌入内衬填料，端部用密封材料填缝。柔性穿墙时，穿墙内侧应用法兰压紧；

4)穿墙管外侧防水层应铺设严密，不留接茬；增铺附加层时，应按设计要求施工。

(7)埋设件的防水施工应符合下列规定：

1)埋设件端部或预留孔(槽)底部的混凝土厚度不得小于250mm；当厚度小于250mm时，必须局部加厚或采取其他防水措施；

2)预留地坑、孔洞、沟槽内的防水层，应与孔(槽)外的结构防水层保持连续；

3)固定模板用的螺栓必须穿过混凝土结构时，螺栓或套管应满焊止水环或翼环；采用工具式螺栓或螺栓加堵头做法，拆模后应采取加强防水措施将留下的凹槽封堵密实。

(8)密封材料的防水施工应符合下列规定：

1)检查粘结基层的干燥程度以及接缝的尺寸，接缝内部的杂物应清除干净；

2)热灌法施工应自下向上进行并尽量减少接头，接头应采用斜槎；密封材料熬制及浇灌温度，应按有关材料要求严格控制；

3)冷嵌法施工应分次将密封材料嵌填在缝内，压嵌密实并与缝壁粘结牢固，防止裹入空气。接头应采用斜槎；

4)接缝处的密封材料底部应嵌填背衬材料，外露密封材料上应设置保护层，其宽度不得小于100mm。

(9)防水混凝土结构细部构造的施工质量检验应按全数检查。

主 控 项 目

(10)细部构造所用止水带、遇水膨胀橡胶腻子止水条和接缝密封材料必须符合设计要求。

检验方法:检查出厂合格证、质量检验报告和进场抽样试验报告。(11)变形缝、施工缝、后浇带、穿墙管道、埋设件等细部构造做法,均须符合设计要求,严禁有渗漏。

检验方法:观察检查和检查隐蔽工程验收记录。

一 般 项 目

(12)中埋式止水带中心线应与变形缝中心线重合,止水带应固定牢靠,平直,不得有扭曲现象。

检验方法:观察检查和检查隐蔽工程验收记录。

(13)穿墙管止水环与主管或翼环与套管应连续满焊,并做防腐处理。

检验方法:观察检查和检查隐蔽工程验收记录。

(14)接缝处混凝土表面应密实、洁净、干燥;密封材料应嵌填严密、粘结牢固,不得有开裂、鼓泡和下塌现象。

检验方法:观察检查。

97. 室内给水系统安装的验收有什么一般规定?

(1)这里所讨论的适用于工作压力不大于1.0MPa的室内给水和消火栓系统管道安装工程的质量检验与验收。

(2)给水管道必须采用与管材相适应的管件。生活给水系统所涉及的材料必须达到饮用水卫生标准。

(3)管径小于或等于100mm的镀锌钢管应采用螺纹连接,套丝扣时破坏的镀锌层表面及外露螺纹部分应做防腐处理;管径大于100mm的镀锌钢管应采用法兰或卡套式专用管件连接,镀锌钢管与法兰的焊接处应二次镀锌。

(4)给水塑料管和复合管可以采用橡胶圈接口、粘接接口、热熔连接、专用管件连接及法兰连接等形式。塑料管和复合管与金属管件、阀门等的连接应使用专用管件连接,不得在塑料管上套丝。

(5)给水铸铁管管道应采用水泥捻口或橡胶圈接口方式进行连接。

(6)铜管连接可采用专用接头或焊接,当管径小于22mm时宜采用承插或套管焊接,承口应迎介质流向安装;当管径大于或等于22mm时宜采用对口焊接。

(7)给水立管和装有3个或3个以上配水点的支管始端,均应安装可拆卸的连接件。

(8)冷、热水管道同时安装应符合下列规定:

1)上、下平行安装时热水管应在冷水管上方。

2)垂直平行安装时热水管应在冷水管左侧。

98. 给水管道及配件安装的验收有什么要求?

主 控 项 目

(1)室内给水管道的水压试验必须符合设计要求。当设计未注明时,各种材质的给水管道系统试验压力均为工作压力的1.5倍,但不得小于0.6MPa。

检验方法:金属及复合管给水管道系统在试验压力下观测10min,压力降不应大于0.02MPa,然后降到工作压力进行检查,应不渗不漏;塑料管给水系统应在试验压力下稳压1h,压力降不得超过0.05MPa,然后在工作压力的1.15倍状态下稳压2h,压力降不得超过0.03MPa,同时检查各连接处不得渗漏。

(2)给水系统交付使用前必须进行通水试验并做好记录。

检验方法:观察和开启阀门、水嘴等放水。

(3)生产给水系统管道在交付使用前必须冲洗和消毒,并经有关部门取样检验,符合国家《生活饮用水标准》方可使用。

检验方法:检查有关部门提供的检测报告。

(4)室内直埋给水管道(塑料管道和复合管道除外)应做防腐处理。埋地管道防腐层材质和结构应符合设计要求。

检验方法:观察或局部解剖检查。

一 般 项 目

(5)给水引入管与排水排出管的水平净距不得小于 1m。室内给水与排水管道平行敷设时，两管间的最小水平净距不得小于 0.5m；交叉铺设时，垂直净距不得小于 0.15m。给水管应铺在排水管上面，若给水管必须铺在排水管的下面时，给水管应加套管，其长度不得小于排水管管径的 3 倍。

检验方法：尺量检查。

(6)管道及管件焊接的焊缝表面质量应符合下列要求：

1)焊缝外形尺寸应符合图纸和工艺文件的规定，焊缝高度不得低于母材表面，焊缝与母材应圆滑过渡。

2)焊缝及热影响区表面应无裂纹、未熔合、未焊透、夹渣、弧坑和气孔等缺陷。

检验方法：观察检查。

(7)给水水平管道应有 2‰～5‰的坡度坡向泄水装置。

检验方法：水平尺和尺量检查。

(8)给水管道和阀门安装的允许偏差应符合表 3-86 的规定。

管道和阀门安装的允许偏差和检验方法　　表 3-86

<table>
<tr><th>项次</th><th colspan="3">项　　目</th><th>允许偏差(mm)</th><th>检验方法</th></tr>
<tr><td rowspan="3">1</td><td rowspan="3">水平管道纵横方向弯曲</td><td>钢　管</td><td>每米
全长 25m 以上</td><td>1
≯25</td><td rowspan="3">用水平尺、直尺、拉线和尺量检查</td></tr>
<tr><td>塑料管
复合管</td><td>每米
全长 25m 以上</td><td>1.5
≯25</td></tr>
<tr><td>铸铁管</td><td>每米
全长 25m 以上</td><td>2
≯25</td></tr>
<tr><td rowspan="3">2</td><td rowspan="3">立管垂直度</td><td>钢　管</td><td>每米
5m 以上</td><td>3
≯8</td><td rowspan="3">吊线和尺量检查</td></tr>
<tr><td>塑料管
复合管</td><td>每米
5m 以上</td><td>2
≯8</td></tr>
<tr><td>铸铁管</td><td>每米
5m 以上</td><td>3
≯10</td></tr>
<tr><td>3</td><td colspan="2">成排管段和成排阀门</td><td>在同一平面上间距</td><td>3</td><td>尺量检查</td></tr>
</table>

(9)管道的支、吊架安装应平整牢固,其间距应符合规范的规定。

检验方法:观察、尺量及手扳检查。

(10)水表应安装在便于检修、不受曝晒、污染和冻结的地方。安装螺翼式水表,表前与阀门应有不小于8倍水表接口直径的直线管段。表外壳距墙表面净距为10～30mm;水表进水口中心标高按设计要求,允许偏差为±10mm。

检验方法:观察和尺量检查。

99. 室内消火栓系统安装的验收有什么要求?

主控项目

室内消火栓系统安装完成后应取屋顶层(或水箱间内)试验消火栓和首层取二处消火栓做试射试验,达到设计要求为合格。

检验方法:实地试射检查。

一般项目

(1)安装消火栓水龙带,水龙带与水枪和快速接头绑扎好后,应根据箱内构造将水龙带挂放在箱内的挂钉、托盘或支架上。

检验方法:观察检查。

(2)箱式消火栓的安装应符合下列规定:

1)栓口应朝外,并不应安装在门轴侧。

2)栓口中心距地面为1.1m,允许偏差±20mm。

3)阀门中心距箱侧面为140mm,距箱后内表面为100mm,允许偏差±5mm。

4)消火栓箱体安装的垂直度允许偏差为3mm。

检验方法:观察和尺量检查。

100. 给水设备安装系统安装的验收有什么?

主控项目

(1)水泵就位前的基础混凝土强度、坐标、标高、尺寸和螺栓孔位置必须符合设计规定。

检验方法:对照图纸用仪器和尺量检查。

(2)水泵试运转的轴承温升必须符合设备说明书的规定。

检验方法:温度计实测检查。

(3)敞口水箱的满水试验和密闭水箱(罐)的水压试验必须符合设计与本规范的规定。

检验方法:满水试验静置 24h 观察,不渗不漏;水压试验在试验压力下 10min 压力不降,不渗不漏。

一 般 项 目

(1)水箱支架或底座安装,其尺寸及位置应符合设计规定,埋设平整牢固。

检验方法:对照图纸,尺量检查。

(2)水箱溢流管和泄放管应设置在排水地点附近但不得与排水管直接连接。

检验方法:观察检查。

(3)立式水泵的减振装置不应采用弹簧减振器。

检验方法:观察检查。

(4)室内给水设备安装的允许偏差应符合表 3-87 的规定。

室内给水设备安装的允许偏差和检验方法　　表 3-87

<table>
<tr><th>项次</th><th colspan="3">项　　目</th><th>允许偏差(mm)</th><th>检　验　方　法</th></tr>
<tr><td rowspan="3">1</td><td rowspan="3">静置设备</td><td colspan="2">坐　标</td><td>15</td><td>经纬仪或拉线、尺量</td></tr>
<tr><td colspan="2">标　高</td><td>±5</td><td>用水准仪、拉线和尺量检查</td></tr>
<tr><td colspan="2">垂直度(每米)</td><td>5</td><td>吊线和尺量检查</td></tr>
<tr><td rowspan="4">2</td><td rowspan="4">离心式水泵</td><td colspan="2">立式泵体垂直度(每米)</td><td>0.1</td><td>水平尺和塞尺检查</td></tr>
<tr><td colspan="2">卧式泵体水平度(每米)</td><td>0.1</td><td>水平尺和塞尺检查</td></tr>
<tr><td rowspan="2">联轴器同心度</td><td>轴向倾斜(每米)</td><td>0.8</td><td rowspan="2">在联轴器互相垂直的四个位置上用水准仪、百分表或测微螺钉和塞尺检查</td></tr>
<tr><td>径向位移</td><td>0.1</td></tr>
</table>

(5)管道及设备保温层的厚度和平整度的允许偏差应符合

表3-88的规定。

管道及设备保温的允许偏差和检验方法　　表3-88

<table>
<tr><th>项次</th><th colspan="2">项　　目</th><th>允许偏差(mm)</th><th>检验方法</th></tr>
<tr><td>1</td><td colspan="2">厚　　度</td><td>$+0.1\delta$
-0.05δ</td><td>用钢针刺入</td></tr>
<tr><td rowspan="2">2</td><td rowspan="2">表　面
平整度</td><td>卷　　材</td><td>5</td><td rowspan="2">用2m靠尺和楔形塞尺检查</td></tr>
<tr><td>涂　　抹</td><td>10</td></tr>
</table>

注：δ为保温层厚度。

101. 室内排水系统安装的验收有什么一般规定？

一 般 规 定

(1)这里所讨论的适用于室内排水管道、雨水管道安装工程的质量检验与验收。

(2)生活污水管道应使用塑料管、铸铁管或混凝土管(由成组洗脸盆或饮用喷水器到共用水封之间的排水管和连接卫生器具的排水短管,可使用钢管)。

雨水管道宜使用塑料管、铸铁管、镀锌和非镀锌钢管或混凝土管等。

悬吊式雨水管道应选用钢管、铸铁管或塑料管。易受振动的雨水管道(如锻造车间等)应使用钢管。

102. 排水管道及配件安装的验收有什么要求？

主 控 项 目

(1)隐蔽或埋地的排水管道在隐蔽前必须做灌水试验,其灌水高度应不低于底层卫生器具的上边缘或底层地面高度。

检验方法:满水15min水面下降后,再灌满观察5min,液面不降,管道及接口无渗漏为合格。

(2)生活污水铸铁管道的坡度必须符合设计或表3-89的规定。

生活污水铸铁管道的坡度　　　表 3-89

项次	管　径(mm)	标准坡度(‰)	最小坡度(‰)
1	50	35	25
2	75	25	15
3	100	20	12
4	125	15	10
5	150	10	7
6	200	8	5

检验方法:水平尺、拉线尺量检查。

(3)生活污水塑料管道的坡度必须符合设计或本规范表 3-90 的规定。

生活污水塑料管道的坡度　　　表 3-90

项次	管　径(mm)	标准坡度(‰)	最小坡度(‰)
1	50	25	12
2	75	15	8
3	110	12	6
4	125	10	5
5	160	7	4

检验方法:水平尺、拉线尺量检查。

(4)排水塑料管必须按设计要求及位置装设伸缩节。如设计无要求时,伸缩节间距不得大于 4m。

高层建筑中明设排水塑料管道应按设计要求设置阻火圈或防火套管。

检验方法:观察检查。

(5)排水主立管及水平干管管道均应做通球试验,通球球径不小于排水管道管径的 2/3,通球率必须达到 100%。

检查方法:通球检查。

一 般 项 目

(6)在生活污水管道上设置的检查口或清扫口,当设计无要求时应符合下列规定：

1)在立管上应每隔一层设置一个检查口，但在最底层和有卫生器具的最高层必须设置。如为两层建筑时，可仅在底层设置立管检查口；如有乙字弯管时，则在该层乙字弯管的上部设置检查口。检查口中心高度距操作地面一般为 1m，允许偏差 ± 20mm；检查口的朝向应便于检修。暗装立管，在检查口处应安装检修门。

2)在连接 2 个及 2 个以上大便器或 3 个及 3 个以上卫生器具的污水横管上应设置清扫口。当污水管在楼板下悬吊敷设时，可将清扫口设在上一层楼地面上，污水管起点的清扫口与管道相垂直的墙面距离不得小于 200mm；若污水管起点设置堵头代替清扫口时，与墙面距离不得小于 400mm。

3)在转角小于 135°的污水横管上，应设置检查口或清扫口。

4)污水横管的直线管段，应按设计要求的距离设置检查口或清扫口。

检验方法：观察和尺量检查。

(7)埋在地下或地板下的排水管道的检查口，应设在检查井内。井底表面标高与检查口的法兰相平，井底表面应有 5%坡度，坡向检查口。

检验方法：尺量检查。

(8)金属排水管道上的吊钩或卡箍应固定在承重结构上。固定件间距：横管不大于 2m；立管不大于 3m。楼层高度小于或等于 4m，立管可安装 1 个固定件。立管底部的弯管处应设支墩或采取固定措施。

检验方法：观察和尺量检查。

(9)排水塑料管道支、吊架间距应符合表 3-91 的规定。

排水塑料管道支吊架最大间距(单位：m)　　表 3-91

管径(mm)	50	75	110	125	160
立　管	1.2	1.5	2.0	2.0	2.0
横　管	0.5	0.75	1.10	1.30	1.6

检验方法:尺量检查。

(10)排水通气管不得与风道或烟道连接,且应符合下列规定:

1)通气管应高出屋面 300mm,但必须大于最大积雪厚度。

2)在通气管出口 4m 以内有门、窗时,通气管应高出门、窗顶 600mm 或引向无门、窗一侧。

3)在经常有人停留的平屋顶上,通气管应高出屋面 2m,并应根据防雷要求设置防雷装置。

4)屋顶有隔热层应从隔热层板面算起。

检验方法:观察和尺量检查。

(11)安装未经消毒处理的医院含菌污水管道,不得与其他排水管道直接连接。

检验方法:观察检查。

(12)饮食业工艺设备引出的排水管及饮用水水箱的溢流管,不得与污水管道直接连接,并应留出不小于 100mm 的隔断空间。

检验方法:观察和尺量检查。

(13)通向室外的排水管,穿过墙壁或基础必须下返时,应采用 45°三通和 45°弯头连接,并应在垂直管段顶部设置清扫口。

检验方法:观察和尺量检查。

(14)由室内通向室外排水检查井的排水管,井内引入管应高于排出管或两管顶相平,并有不小于 90°的水流转角,如跌落差大于 300mm 可不受角度限制。

检验方法:观察和尺量检查。

(15)用于室内排水的水平管道与水平管道、水平管道与立管的连接,应采用 45°三通或 45°四通和 90°斜三通或 90°斜四通。立管与排出管端部的连接,应采用两个 45°弯头或曲率半径不小于 4 倍管径的 90°弯头。

检验方法:观察和尺量检查。

(16)室内排水管道安装的允许偏差应符合表 3-92 的相关规定。

<table>
<caption>室内排水和雨水管道安装的允许偏差的检验方法　表 3-92</caption>
<tr><th>项次</th><th colspan="4">项　目</th><th>允许偏差(mm)</th><th>检 验 方 法</th></tr>
<tr><td>1</td><td colspan="4">坐　标</td><td>15</td><td rowspan="12">用水准仪(水平尺)、直尺、拉线和尺量检查</td></tr>
<tr><td>2</td><td colspan="4">标　高</td><td>±15</td></tr>
<tr><td rowspan="10">3</td><td rowspan="10">横管纵横方向弯曲</td><td rowspan="2">铸铁管</td><td colspan="2">每 1m</td><td>≯1</td></tr>
<tr><td colspan="2">全长(25m 以上)</td><td>≯25</td></tr>
<tr><td rowspan="4">钢　管</td><td rowspan="2">每 1m</td><td>管径小于或等于 100mm</td><td>1</td></tr>
<tr><td>管径大于 100mm</td><td>1.5</td></tr>
<tr><td rowspan="2">全长(25m 以上)</td><td>管径小于或等于 100mm</td><td>≯25</td></tr>
<tr><td>管径大于 100mm</td><td>≯308</td></tr>
<tr><td rowspan="2">塑料管</td><td colspan="2">每 1m</td><td>1.5</td></tr>
<tr><td colspan="2">全长(25m 以上)</td><td>≯38</td></tr>
<tr><td rowspan="2">钢筋混凝土管、混凝土管</td><td colspan="2">每 1m</td><td>3</td></tr>
<tr><td colspan="2">全长(25m 以上)</td><td>≯75</td></tr>
<tr><td rowspan="6">4</td><td rowspan="6">立管垂直度</td><td rowspan="2">铸铁管</td><td colspan="2">每 1m</td><td>3</td><td rowspan="6">吊线和尺量检查</td></tr>
<tr><td colspan="2">全长(5m 以上)</td><td>≯15</td></tr>
<tr><td rowspan="2">钢　管</td><td colspan="2">每 1m</td><td>3</td></tr>
<tr><td colspan="2">全长(5m 以上)</td><td>≯10</td></tr>
<tr><td rowspan="2">塑料管</td><td colspan="2">每 1m</td><td>3</td></tr>
<tr><td colspan="2">全长(5m 以上)</td><td>≯15</td></tr>
</table>

103. 雨水管道及配件安装的验收有什么要求?

主 控 项 目

(1)安装在室内的雨水管道安装后应做灌水试验,灌水高度必须到每根立管上部的雨水斗。

检验方法:灌水试验持续 1h,不渗不漏。

(2)雨水管道如采用塑料管,其伸缩节安装应符合设计要求。

检验方法:对照图纸检查。

(3)悬吊式雨水管道的敷设坡度不得小于5‰;埋地雨水管道的最小坡度,应符合表3-93的规定。

地下埋设雨水排水管道的最小坡度　　表3-93

项　　次	管　　径（mm）	最小坡度（‰）
1	50	20
2	75	15
3	100	8
4	125	6
5	150	5
6	200～400	4

检验方法:水平尺、拉线尺量检查。

一 般 项 目

(1)雨水管道不得与生活污水管道相连接。

检验方法:观察检查。

(2)雨水斗管的连接应固定在屋面承重结构上。雨水斗边缘与屋面相连处应严密不漏。连接管管径当设计无要求时,不得小于100mm。

检验方法:观察和尺量检查。

(3)悬吊式雨水管道的检查口或带法兰堵口的三通的间距不得大于表3-94的规定。

悬吊管检查口间距　　表3-94

项　　次	悬吊管直径(mm)	检查口间距(m)
1	≤150	≯15
2	≥200	≯20

检验方法:拉线、尺量检查。

(4)雨水管道安装的允许偏差应符合表3-95的规定。

(5)雨水钢管管道焊接的焊口允许偏差应符合表3-95的规定。

钢管管道焊口允许偏差和检验方法　　　　表 3-95

<table>
<tr><th>项次</th><th colspan="3">项　　　目</th><th>允许偏差</th><th>检验方法</th></tr>
<tr><td>1</td><td>焊口平直度</td><td colspan="2">管壁厚 10mm 以内</td><td>管壁厚 1/4</td><td rowspan="3">焊接检验尺和游标卡尺检查</td></tr>
<tr><td rowspan="2">2</td><td rowspan="2">焊缝加强面</td><td colspan="2">高　度</td><td rowspan="2">+1mm</td></tr>
<tr><td colspan="2">宽　度</td></tr>
<tr><td rowspan="3">3</td><td rowspan="3">咬　　边</td><td colspan="2">深　度</td><td>小于 0.5mm</td><td rowspan="3">直尺检查</td></tr>
<tr><td rowspan="2">长度</td><td>连续长度</td><td>25mm</td></tr>
<tr><td>总长度(两侧)</td><td>小于焊缝长度的 10%</td></tr>
</table>

104. 室内热水供应系统安装的验收有什么要求？

一 般 规 定

(1)这里所讨论的适用于工作压力不大于 1.0MPa，热水温度不超过 75℃ 的室内热水供应管道安装工程的质量检验与验收。

(2)热水供应系统的管道应采用塑料管、复合管、镀锌钢管和铜管。

(3)热水供应系统管道及配件安装应按规范相关规定执行。

管道及配件安装

主 控 项 目

(1)热水供应系统安装完毕，管道保温之前应进行水压试验。试验压力应符合设计要求。当设计未注明时，热水供应系统水压试验压力应为系统顶点的工作压力加 0.1MPa，同时在系统顶点的试验压力不小于 0.3MPa。

检验方法：钢管或复合管道系统试验压力下 10min 内压力降不大于 0.02MPa，然后降至工作压力检查，压力应不降，且不渗不漏；塑料管道系统在试验压力下稳压 1h，压力降不得超过 0.05MPa，然后在工作压力 1.15 倍状态下稳压 2h，压力降不得超过 0.03MPa，连接处不得渗漏。

(2)热水供应管道应尽量利用自然弯补偿热伸缩，直线段过长则应设置补偿器。补偿器型式、规格、位置应符合设计要求，并按有关规定进行预拉伸。

检验方法:对照设计图纸检查。

(3)热水供应系统竣工后必须进行冲洗。

检验方法:现场观察检查。

一 般 项 目

(4)管道安装坡度应符合设计规定。

检验方法:水平尺、拉线尺量检查。

(5)温度控制器及阀门应安装在便于观察和维护的位置。

检验方法:观察检查。

(6)热水供应管道和阀门安装的允许偏差应符合规范的规定。

(7)热水供应系统管道应保温(浴室内明装管道除外),保温材料、厚度、保护壳等应符合设计规定。保温层厚度和平整度的允许偏差应符合规范的规定。

辅助设备安装

主 控 项 目

(1)在安装太阳能集热器玻璃前,应对集热排管和上、下集管作水压试验,试验压力为工作压力的1.5倍。

检验方法:试验压力下10min内压力不降,不渗不漏。

(2)热交换器应以工作压力的1.5倍作水压试验。蒸汽部分应不低于蒸汽供汽压力加0.3MPa;热水部分应不低于0.4MPa。

检验方法:试验压力下10min内压力不降,不渗不漏。

(3)水泵就位前的基础混凝土强度、坐标、标高、尺寸和螺栓孔位置必须符合设计要求。

检验方法:对照图纸用仪器和尺量检查。

(4)水泵试运转的轴承温升必须符合设备说明书的规定。

检验方法:温度计实测检查。

(5)敞口水箱的满水试验和密闭水箱(罐)的水压试验必须符合设计与规范的规定。

检验方法:满水试验静置24h,观察不渗不漏;水压试验在试验压力下 10min 压力不降，不渗不漏。

一 般 项 目

(6)安装固定式太阳能热水器，朝向应正南。如受条件限制时，其偏移角不得大于15°。集热器的倾角，对于春、夏、秋三个季节使用的，应采用当地纬度为倾角；若以夏季为主，可比当地纬度减少10°。

检验方法：观察和分度仪检查。

(7)由集热器上、下集管接往热水箱的循环管道，应有不小于5‰的坡度。

检验方法：尺量检查。

自然循环的热水箱底部与集热器上集管之间的距离为 0.3～1.0m。

检验方法：尺量检查。

(8)制作吸热钢板凹槽时，其圆度应准确，间距应一致。安装集热排管时，应用卡箍和钢丝紧固在钢板凹槽内。

检验方法：手扳和尺量检查。

(9)太阳能热水器的最低处应安装泄水装置。

检验方法：观察检查。

(10)热水箱及上、下集管等循环管道均应保温。

检验方法：观察检查。

(11)凡以水作介质的太阳能热水器，在0℃以下地区使用，应采取防冻措施。

检验方法：观察检查。

(12)热水供应辅助设备安装的允许偏差应符合规范的规定。

(13)太阳能热水器安装的允许偏差应符合表 3-96 的规定。

太阳能热水器安装的允许偏差和检验方法　　表 3-96

项目			允许偏差	检验方法
板式直管太阳能热水器	标　高	中心线距地面(mm)	±20	尺　量
	固定安装朝向	最大偏移角	不大于15°	分度仪检查

105. 卫生器具安装的验收有什么要求?

主 控 项 目

(1)排水栓和地漏的安装应平正、牢固,低于排水表面,周边无渗漏。地漏水封高度不得小于50mm。

检验方法:试水观察检查。

(2)卫生器具交工前应做满水和通水试验。

检验方法:满水后各连接件不渗不漏;通水试验给、排水畅通。

一 般 项 目

(3)卫生器具安装的允许偏差应符合表3-97的规定。

卫生器具安装的允许偏差和检验方法　　表3-97

<table>
<tr><th>项次</th><th colspan="2">项　目</th><th>允许偏差(mm)</th><th>检验方法</th></tr>
<tr><td rowspan="2">1</td><td rowspan="2">坐　标</td><td>单独器具</td><td>10</td><td rowspan="4">拉线、吊线和尺量检查</td></tr>
<tr><td>成排器具</td><td>5</td></tr>
<tr><td rowspan="2">2</td><td rowspan="2">标　高</td><td>单独器具</td><td>±15</td></tr>
<tr><td>成排器具</td><td>±10</td></tr>
<tr><td>3</td><td colspan="2">器具水平度</td><td>2</td><td>用水平尺和尺量检查</td></tr>
<tr><td>4</td><td colspan="2">器具垂直度</td><td>3</td><td>吊线和尺量检查</td></tr>
</table>

(4)有饰面的浴盆,应留有通向浴盆排水口的检修门。

检验方法:观察检查。

(5)小便槽冲洗管,应采用镀锌钢管或硬质塑料管。冲洗孔应斜向下方安装,冲洗水流同墙面成45°角。镀锌钢管钻孔后应进行二次镀锌。

检验方法:观察检查。

(6)卫生器具的支、托架必须防腐良好,安装平整、牢固,与器具接触紧密、平稳。

检验方法:观察和手扳检查。

106. 卫生器具给水配件安装的验收有什么要求?

主 控 项 目

卫生器具给水配件应完好无损伤,接口严密,启闭部分灵活。

检验方法:观察及手扳检查。

一 般 项 目

(1)卫生器具给水配件安装标高的允许偏差应符合表 3-98 的规定。

(2)浴盆软管淋浴器挂钩的高度,如设计无要求,应距地面 1.8m。

检验方法:尺量检查。

卫生器具给水配件安装

标高的允许偏差和检验方法　　　　表 3-98

项次	项　　目	允许偏差(mm)	检验方法
1	大便器高、低水箱角阀及截止阀	±10	尺量检查
2	水嘴	±10	
3	淋浴器喷头下沿	±15	
4	浴盆软管淋浴器挂钩	±20	

107. 卫生器具排水管道安装的验收有什么要求?

主 控 项 目

(1)与排水横管连接的各卫生器具的受水口和立管均应采取妥善可靠的固定措施;管道与楼板的接合部位应采取牢固可靠的防渗、防漏措施。

检验方法:观察和手扳检查。

(2)连接卫生器具的排水管道接口应紧密不漏,其固定支架、管卡等支撑位置应正确、牢固,与管道的接触应平整。

检验方法:观察及通水检查。

一 般 项 目

(3)卫生器具排水管道安装的允许偏差应符合表 3-99 的规定。

卫生器具排水管道安装的允许偏差及检验方法　　表 3-99

<table>
<tr><th>项次</th><th colspan="2">检 查 项 目</th><th>允许偏差(mm)</th><th>检 验 方 法</th></tr>
<tr><td rowspan="3">1</td><td rowspan="3">横管弯曲度</td><td>每 1m 长</td><td>2</td><td rowspan="3">用水平尺量检查</td></tr>
<tr><td>横管长度≤10m，全长</td><td><8</td></tr>
<tr><td>横管长度>10m，全长</td><td>10</td></tr>
<tr><td rowspan="2">2</td><td rowspan="2">卫生器具的排水管口及横支管的纵横坐标</td><td>单独器具</td><td>10</td><td rowspan="2">用尺量检查</td></tr>
<tr><td>成排器具</td><td>5</td></tr>
<tr><td rowspan="2">3</td><td rowspan="2">卫生器具的接口标高</td><td>单独器具</td><td>±10</td><td rowspan="2">用水平尺和尺量检查</td></tr>
<tr><td>成排器具</td><td>±5</td></tr>
</table>

(4)连接卫生器具的排水管管径和最小坡度，如设计无要求时，应符合表 3-100 的规定。

连接卫生器具的排水管管径和最小坡度　　表 3-100

<table>
<tr><th>项次</th><th colspan="2">卫生器具名称</th><th>排水管管径(mm)</th><th>管道的最小坡度(‰)</th></tr>
<tr><td>1</td><td colspan="2">污水盆(池)</td><td>50</td><td>25</td></tr>
<tr><td>2</td><td colspan="2">单、双格洗涤盆(池)</td><td>50</td><td>25</td></tr>
<tr><td>3</td><td colspan="2">洗手盆、洗脸盆</td><td>32～50</td><td>20</td></tr>
<tr><td>4</td><td colspan="2">浴　盆</td><td>50</td><td>20</td></tr>
<tr><td>5</td><td colspan="2">淋 浴 器</td><td>50</td><td>20</td></tr>
<tr><td rowspan="3">6</td><td rowspan="3">大便器</td><td>高、低水箱</td><td>100</td><td>12</td></tr>
<tr><td>自闭式冲洗阀</td><td>100</td><td>12</td></tr>
<tr><td>拉管式冲洗阀</td><td>100</td><td>12</td></tr>
<tr><td rowspan="2">7</td><td rowspan="2">小便器</td><td>手动、自闭式冲洗阀</td><td>40～50</td><td>20</td></tr>
<tr><td>自动冲洗水箱</td><td>40～50</td><td>20</td></tr>
</table>

续表

项次	卫生器具名称	排水管管径(mm)	管道的最小坡度(‰)
8	化验盆(无塞)	40～50	25
9	净身器	40～50	20
10	饮水器	20～50	10～20
11	家用洗衣机	50(软管为30)	

检验方法:用水平尺和尺量检查。

108. 室内采暖系统管道及配件安装的验收有什么要求?

一般规定

(1)这里所讨论的适用于饱和蒸汽压力不大于0.7MPa,热水温度不超过130℃的室内采暖系统安装工程的质量检验与验收。

(2)焊接钢管的连接,管径小于或等于32mm,应采用螺纹连接;管径大于32mm,采用焊接。镀锌钢管的连接见规范。

管道及配件安装

主控项目

(1)管道安装坡度,当设计未注明时,应符合下列规定:

1)气、水同向流动的热水采暖管道和汽、水同向流动的蒸汽管道及凝结水管道,坡度应为3‰,不得小于2‰;

2)气、水逆向流动的热水采暖管道和汽、水逆向流动的蒸汽管道,坡度不应小于5‰;

3)散热器支管的坡度应为1%,坡向应利于排气和泄水。

检验方法:观察,水平尺、拉线、尺量检查。

(2)补偿器的型号、安装位置及预拉伸和固定支架的构造及安装位置应符合设计要求。

检验方法:对照图纸,现场观察,并查验预拉伸记录。

(3)平衡阀及调节阀型号、规格、公称压力及安装位置应符合设计要求。安装完后应根据系统平衡要求进行调试并做出标志。

检验方法:对照图纸查验产品合格证,并现场查看。

(4)蒸汽减压阀和管道及设备上安全阀的型号、规格、公称压力及安装位置应符合设计要求。安装完毕后应根据系统工作压力进行调试,并做出标志。

检验方法:对照图纸查验产品合格证及调试结果证明书。

(5)方形补偿器制作时,应用整根无缝钢管煨制,如需要接口,其接口应设在垂直臂的中间位置,且接口必须焊接。

检验方法:观察检查。

(6)方形补偿器应水平安装,并与管道的坡度一致;如其臂长方向垂直安装必须设排气及泄水装置。

检验方法:观察检查。

一 般 项 目

(7)热量表、疏水器、除污器、过滤器及阀门的型号、规格、公称压力及安装位置应符合设计要求。

检验方法:对照图纸查验产品合格证。

(8)钢管管道焊口尺寸的允许偏差应符合规范的规定。

(9)采暖系统入口装置及分户热计量系统入户装置,应符合设计要求。安装位置应便于检修、维护和观察。

检验方法:现场观察。

(10)散热器支管长度超过1.5m时,应在支管上安装管卡。

检验方法:尺量和观察检查。

(11)上供下回式系统的热水干管变径应顶平偏心连接,蒸汽干管变径应底平偏心连接。

检验方法:观察检查。

(12)在管道干管上焊接垂直或水平分支管道时,干管开孔所产生的钢渣及管壁等废弃物不得残留管内,且分支管道在焊接时不得插入干管内。

检验方法:观察检查。

(13)膨胀水箱的膨胀管及循环管上不得安装阀门。

检验方法:观察检查。

(14)当采暖热媒为110°～130℃的高温水时,管道可拆卸件应使用法兰，不得使用长丝和活接头。法兰垫料应使用耐热橡胶板。

检验方法：观察和查验进料单。

(15)焊接钢管管径大于 32mm 的管道转弯，在作为自然补偿时应使用煨弯。塑料管及复合管除必须使用直角弯头的场合外应使用管道直接弯曲转弯。

检验方法：观察检查。

(16)管道、金属支架和设备的防腐和涂漆应附着良好，无脱皮、起泡、流淌和漏涂缺陷。

检验方法：现场观察检查。

(17)管道和设备保温的允许偏差应符合表 3-101 的规定。

(18)采暖管道安装的允许偏差应符合表 3-101 的规定。

采暖管道安装的允许偏差和检验方法　　表 3-101

项次	项目			允许偏差	检验方法
1	横管道纵、横方向弯曲(mm)	每 1m	管径≤100mm	1	用水平尺、直尺、拉线和尺量检查
			管径＞100mm	1.5	
		全长(25m 以上)	管径≤100mm	≯13	
			管径＞100mm	≯25	
2	立管垂直度(mm)	每 1m		2	吊线和尺量检查
		全长(5m 以上)		≯10	
3	弯管	椭圆率 $\frac{D_{max}-D_{min}}{D_{max}}$	管径≤100mm	10%	用外卡钳和尺量检查
			管径＞100mm	8%	
		折皱不平度(mm)	管径≤100mm	4	
			管径＞100mm	5	

注：D_{max}，D_{min}分别为管子最大外径及最小外径。

109. 辅助设备及散热器安装的验收有什么要求？

主 控 项 目

(1)散热器组对后，以及整组出厂的散热器在安装之前应作水压试验。试验压力如设计无要求时应为工作压力的 1.5 倍，但不小于0.6MPa。

检验方法:试验时间为2～3min,压力不降且不渗不漏。

(2)水泵、水箱、热交换器等辅助设备安装的质量检验与验收应按规范的相关规定执行。

一 般 项 目

(3)散热器组对应平直紧密,组对后的平直度应符合表3-102的规定。

组对后的散热器平直度允许偏差　　　表3-102

项 次	散热器类型	片 数	允许偏差(mm)
1	长 翼 型	2～4	4
		5～7	6
2	铸铁片式 钢制片式	3～15	4
		16～25	6

检验方法:拉线和尺量。

(4)组对散热器的垫片应符合下列规定:

1)组对散热器垫片应使用成品,组对后垫片外露不应大于1mm。

2)散热器垫片材质当设计无要求时,应采用耐热橡胶。

检验方法:观察和尺量检查。

(5)散热器支架、托架安装,位置应准确,埋设牢固。散热器支架、托架数量,应符合设计或产品说明书要求。如设计未注时,则应符合表3-103的规定。

散热器支架、托架数量　　　表3-103

项 次	散热器类型	安装方式	每组片数	上部托钩或卡架数	下部托钩或卡架数	合计
1	长翼型	挂 墙	2～4	1	2	3
			5	2	2	4
			6	2	3	5
			7	2	4	6

续表

项次	散热器类型	安装方式	每组片数	上部托钩或卡架数	下部托钩或卡架数	合计
2	柱型柱翼型	挂墙	3~8	1	2	3
			9~12	1	3	4
			13~16	2	4	6
			17~20	2	5	7
			21~25	2	6	8
3	柱型柱翼型	带足落地	3~8	1	—	1
			8~12	1	—	1
			13~16	2	—	2
			17~20	2	—	2
			21~25	2	—	2

检验方法:现场清点检查。

(6)散热器背面与装饰后的墙内表面安装距离,应符合设计或产品说明书要求。如设计未注明,应为30mm。

检验方法:尺量检查。

(7)散热器安装允许偏差应符合表3-104的规定。

散热器安装允许偏差和检验方法　　表3-104

项次	项目	允许偏差(mm)	检验方法
1	散热器背面与墙内表面距离	3	尺量
2	与窗中心线或设计定位尺寸	20	
3	散热器垂直度	3	吊线和尺量

(8)铸铁或钢制散热器表面的防腐及面漆应附着良好,色泽均匀,无脱落、起泡、流淌和漏涂缺陷。

检验方法:现场观察。

110. 系统水压试验及调试有什么要求?

主控项目

(1)采暖系统安装完毕,管道保温之前应进行水压试验。试验

压力应符合设计要求。当设计未注明时,应符合下列规定:

1)蒸汽、热水采暖系统,应以系统顶点工作压力加0.1MPa作水压试验,同时在系统顶点的试验压力不小于0.3MPa。

2)高温热水采暖系统,试验压力应为系统顶点工作压力加0.4MPa。

3)使用塑料管及复合管的热水采暖系统,应以系统顶点工作压力加0.2MPa作水压试验,同时在系统顶点的试验压力不小于0.4MPa。

检验方法:使用钢管及复合管的采暖系统应在试验压力下10min内压力降不大于0.02MPa,降至工作压力后检查,不渗、不漏;

使用塑料管的采暖系统应在试验压力下1h内压力降不大于0.05MPa,然后降压至工作压力的1.15倍,稳压2h,压力降不大于0.03MPa,同时各连接处不渗、不漏。

(2)系统试压合格后,应对系统进行冲洗并清扫过滤器及除污器。

检验方法:现场观察,直至排出水不含泥沙、铁屑等杂质,且水色不浑浊为合格。

(3)系统冲洗完毕应充水、加热,进行试运行和调试。

检验方法:观察、测量室温应满足设计要求。

111.给水管道安装的验收有什么要求?

主控项目

(1)给水管道在埋地敷设时,应在当地的冰冻线以下,如必须在冰冻线以上铺设时,应做可靠的保温防潮措施。在无冰冻地区,埋地敷设时,管顶的覆土埋深不得小于500mm,穿越道路部位的埋深不得小于700mm。

检验方法:现场观察检查。

(2)给水管道不得直接穿越污水井、化粪池、公共厕所等污染源。

检验方法:观察检查。

(3)管道接口法兰、卡扣、卡箍等应安装在检查井或地沟内,不应埋在土壤中。

检验方法:观察检查。

(4)给水系统各种井室内的管道安装,如设计无要求,井壁距法兰或承口的距离:管径小于或等于 450mm 时,不得小于 250mm;管径大于 450mm 时,不得小于 350mm。

检验方法:尺量检查。

(5)管网必须进行水压试验,试验压力为工作压力的 1.5 倍,但不得小于 0.6MPa。

检验方法:管材为钢管、铸铁管时,试验压力下 10min 内压力降不应大于 0.05MPa,然后降至工作压力进行检查,压力应保持不变,不渗不漏;管材为塑料管时,试验压力下,稳压 1h 压力降不大于 0.05MPa,然后降至工作压力进行检查,压力应保持不变,不渗不漏。

(6)镀锌钢管、钢管的埋地防腐必须符合设计要求,如设计无规定时,可按表 3-105 的规定执行。卷材与管材间应粘贴牢固,无空鼓、滑移、接口不严等。

检验方法:观察和切开防腐层检查。

管道防腐层种类　　　　表 3-105

防腐层层次	正常防腐层	加强防腐层	特加强防腐层
(从金属表面起) 1	冷底子油	冷底子油	冷底子油
2	沥青涂层	沥青涂层	沥青涂层
3	外包保护层	加强包扎层	加强保护层
		(封闭层)	(封闭层)
4		沥青涂层	沥青涂层
5		外保护层	加强包扎层
6			(封闭层)
			沥青涂层
7			外包保护层
防腐层厚度不小于(mm)	3	6	9

(7)给水管道在竣工后，必须对管道进行冲洗，饮用水管道还要在冲洗后进行消毒，满足饮用水卫生要求。

检验方法：观察冲洗水的浊度，查看有关部门提供的检验报告。

一 般 项 目

(8)管道的坐标、标高、坡度应符合设计要求，管道安装的允许偏差应符合表 3-106 的规定。

(9)

室外给水管道安装的允许偏差和检验方法　　表 3-106

<table>
<tr><th>项 次</th><th colspan="3">项　　　　目</th><th>允许偏差(mm)</th><th>检验方法</th></tr>
<tr><td rowspan="4">1</td><td rowspan="4">坐标</td><td rowspan="2">铸 铁 管</td><td>埋　地</td><td>100</td><td rowspan="4">拉 线
和 尺 量
检查</td></tr>
<tr><td>敷设在沟槽内</td><td>50</td></tr>
<tr><td rowspan="2">钢管、塑料管、复合管</td><td>埋　地</td><td>100</td></tr>
<tr><td>敷设在沟槽内或架空</td><td>40</td></tr>
<tr><td rowspan="4">2</td><td rowspan="4">标高</td><td rowspan="2">铸 铁 管</td><td>埋　地</td><td>±50</td><td rowspan="4">拉 线
和 尺 量
检查</td></tr>
<tr><td>敷设在地沟内</td><td>±30</td></tr>
<tr><td rowspan="2">钢管、塑料管、复合管</td><td>埋　地</td><td>±50</td></tr>
<tr><td>敷设在地沟内或架空</td><td>±30</td></tr>
<tr><td rowspan="2">3</td><td rowspan="2">水平管纵横向弯曲</td><td>铸 铁 管</td><td>直段(25m 以上)
起点～终点</td><td>40</td><td rowspan="2">拉 线
和 尺 量
检查</td></tr>
<tr><td>钢管、塑料管、复合管</td><td>直段(25m 以上)
起点～终点</td><td>30</td></tr>
</table>

(10)管道和金属支架的涂漆应附着良好，无脱皮、起泡、流淌和漏涂等缺陷。

检验方法：现场观察检查。

(11)管道连接应符合工艺要求，阀门、水表等安装位置应正确。塑料给水管道上的水表、阀门等设施其重量或启闭装置的扭矩不得作用于管道上，当管径≥50mm 时必须设独立的支承装置。

检验方法：现场观察检查。

(12)给水管道与污水管道在不同标高平行敷设，其垂直间距在500mm以内时,给水管管径小于或等于200mm的,管壁水平间距不得小于1.5m;管径大于200mm的,不得小于3m。

检验方法;观察和尺量检查。

(13)铸铁管承插捻口连接的对口间隙应不小于3mm,最大间隙不得大于表3-107的规定。

铸铁管承插捻口的对口最大间隙　　表3-107

管径(mm)	沿直线敷设(mm)	沿曲线敷设(mm)
75	4	5
100～250	5	7～13
300～500	6	14～22

检验方法:尺量检查。

(14)铸铁管沿直线敷设,承插捻口连接的环形间隙应符合表3-108的规定;沿曲线敷设,每个接口允许有2°转角。

铸铁管承插捻口的环形间隙　　表3-108

管径(mm)	标准环型间隙(mm)	允许偏差(mm)
75～200	10	+3 -2
250～450	11	+4 -2
500	12	+4 -2

检验方法:尺量检查。

(15)捻口用的油麻填料必须清洁,填塞后应捻实,其深度应占整个环型间隙深度的1/3。

检验方法:观察和尺量检查。

(16)捻口用水泥强度应不低于32.5MPa,接口水泥应密实饱满,其接口水泥面凹入承口边缘的深度不得大于2mm。

检验方法:观察和尺量检查。

(17)采用水泥捻口的给水铸铁管,在安装地点有侵蚀性的地下水时，应在接口处涂抹沥青防腐层。

检验方法：观察检查。

(18)采用橡胶圈接口的埋地给水管道，在土壤或地下水对橡胶圈有腐蚀的地段，在回填土前应用沥青胶泥、沥青麻丝或沥青锯末等材料封闭橡胶圈接口。橡胶圈接口的管道，每个接口的最大偏转角不得超过表3-109的规定。

橡胶圈接口最大允许偏转角 **表3-109**

公称直径(mm)	100	125	150	200	250	300	350	400
允许偏转角度	5°	5°	5°	5°	4°	4°	4°	3°

检验方法：观察和尺量检查。

112. 消防水泵接合器与室外消火栓安装的验收有什么不同？

主 控 项 目

(1)系统必须进行水压试验，试验压力为工作压力的1.5倍，但不得小于0.6MPa。

检验方法：试验压力下，10min内压力降不大于0.05MPa，然后降至工作压力进行检查，压力保持不变，不渗不漏。

(2)消防管道在竣工前，必须对管道进行冲洗。

检验方法：观察冲洗出水的浊度。

(3)消防水泵接合器和消火栓的位置标志应明显，栓口的位置应方便操作。消防水泵接合器和室外消火栓当采用墙壁式时，如设计未要求，进、出水栓口的中心安装高度距地面应为1.10m，其上方应设有防坠落物打击的措施。

检验方法：观察和尺量检查。

一 般 项 目

(4)室外消火栓和消防水泵接合器的各项安装尺寸应符合设计要求，栓口安装高度允许偏差为±20mm。

检验方法：尺量检查。

(5)地下式消防水泵接合器顶部进水口或地下式消火栓的顶部出水口与消防井盖底面的距离不得大于400mm,井内应有足够的操作空间,并设爬梯。寒冷地区井内应做防冻保护。

检验方法:观察和尺量检查。

(6)消防水泵接合器的安全阀及止回阀安装位置和方向应正确,阀门启闭应灵活。

检验方法:现场观察和手扳检查。

113. 管沟及井室安装的验收有什么要求?

主 控 项 目

(1)管沟的基层处理和井室的地基必须符合设计要求。

检验方法:现场观察检查。

(2)各类井室的井盖应符合设计要求,应有明显的文字标识,各种井盖不得混用。

检验方法:现场观察检查。

(3)设在通车路面下或小区道路下的各种井室,必须使用重型井圈和井盖,井盖上表面应与路面相平,允许偏差为±5mm。绿化带上和不通车的地方可采用轻型井圈和井盖,井盖的上表面应高出地坪50mm,并在井口周围以2%的坡度向外做水泥砂浆护坡。

检验方法:观察和尺量检查。

(4)重型铸铁或混凝土井圈,不得直接放在井室的砖墙上,砖墙上应做不少于80mm厚的细石混凝土垫层。

检验方法:观察和尺量检查。

一 般 项 目

(5)管沟的坐标、位置、沟底标高应符合设计要求。

检验方法:观察、尺量检查。

(6)管沟的沟底层应是原土层,或是夯实的回填土,沟底应平整,坡度应顺畅,不得有尖硬的物体、块石等。

检验方法:观察检查。

(7)如沟基为岩石、不易清除的块石或为砾石层时，沟底应下挖100～200mm，填铺细砂或粒径不大于5mm的细土，夯实到沟底标高后，方可进行管道敷设。

检验方法：观察和尺量检查。

(8)管沟回填土，管顶上部200mm以内应用砂子或无块石及冻土块的土，并不得用机械回填；管顶上部500mm以内不得回填直径大于100mm的块石和冻土块；500mm以上部分回填土中的块石或冻土块不得集中。上部用机械回填时，机械不得在管沟上行走。

检验方法：观察和尺量检查。

(9)井室的砌筑应按设计或给定的标准图施工。井室的底标高在地下水位以上时，基层应为素土夯实；在地下水位以下时，基层应打100mm厚的混凝土底板。砌筑应采用水泥砂浆，内表面抹灰后应严密不透水。

检验方法：观察和尺量检查。

(10)管道穿过井壁处，应用水泥砂浆分二次填塞严密、抹平，不得渗漏。

检验方法：观察检查。

114. 室外排水管道安装的验收有什么要求?

主 控 项 目

(1)排水管道的坡度必须符合设计要求，严禁无坡或倒坡。

检验方法：用水准仪、拉线和尺量检查。

(2)管道埋设前必须做灌水试验和通水试验，排水应畅通，无堵塞，管接口无渗漏。

检验方法：按排水检查井分段试验，试验水头应以试验段上游管顶加1m，时间不少于30min，逐段观察。

一 般 项 目

(3)管道的坐标和标高应符合设计要求，安装的允许偏差应符合表3-110的规定。

室外排水管道安装的允许偏差和检验方法　　表 3-110

项次	项目		允许偏差(mm)	检验方法
1	坐标	埋地	100	拉线尺量
		敷设在沟槽内	50	
2	标高	埋地	±20	用水平仪、拉线和尺量
		敷设在沟槽内	±20	
3	水平管道纵横向弯曲	每 5m 长	10	拉线尺量
		全长(两井间)	30	

(4)排水铸铁管采用水泥捻口时,油麻填塞应密实,接口水泥应密实饱满,其接口面凹入承口边缘且深度不得大于 2mm。

检验方法:观察和尺量检查。

(5)排水铸铁管外壁在安装前应除锈,涂二遍石油沥青漆。

检验方法:观察检查。

(6)承插接口的排水管道安装时,管道和管件的承口应与水流方向相反。

检验方法:观察检查。

(7)混凝土管或钢筋混凝土管采用抹带接口时,应符合下列规定:

1)抹带前应将管口的外壁凿毛,扫净,当管径小于或等于 500mm 时,抹带可一次完成;当管径大于 500mm 时,应分二次抹成,抹带不得有裂纹。

2)钢丝网应在管道就位前放入下方,抹压砂浆时应将钢丝网抹压牢固,钢丝网不得外露。

3)抹带厚度不得小于管壁的厚度,宽度宜为 80～100mm。

检验方法:观察和尺量检查。

115. 室外供热管道及配件安装的验收有什么要求?

主控项目

(1)平衡阀及调节阀型号、规格及公称压力应符合设计要求。

安装后应根据系统要求进行调试,并做出标志。

检验方法:对照设计图纸及产品合格证,并现场观察调试结果。

(2)直埋无补偿供热管道预热伸长及三通加固应符合设计要求。回填前应注意检查预制保温层外壳及接口的完好性。回填应按设计要求进行。

检验方法:回填前现场验核和观察。

(3)补偿器的位置必须符合设计要求,并应按设计要求或产品说明书进行预拉伸。管道固定支架的位置和构造必须符合设计要求。

检验方法:对照图纸,并查验预拉伸记录。

(4)检查井室、用户入口处管道布置应便于操作及维修,支、吊、托架稳固,并满足设计要求。

检验方法:对照图纸,观察检查。

(5)直埋管道的保温应符合设计要求,接口在现场发泡时,接头处厚度应与管道保温层厚度一致,接头处保护层必须与管道保护层成一体,符合防潮防水要求。

检验方法:对照图纸,观察检查。

一 般 项 目

(6)管道水平敷设其坡度应符合设计要求。

检验方法:对照图纸,用水准仪(水平尺)、拉线和尺量检查。

(7)除污器构造应符合设计要求,安装位置和方向应正确。管网冲洗后应清除内部污物。

检验方法:打开清扫口检查。

(8)室外供热管道安装的允许偏差应符合表 3-111 的规定。

室外供热管道安装的允许偏差和检验方法　　表 3-111

项 次	项	目	允许偏差	检 验 方 法
1	坐标(mm)	敷设在沟槽内及架空	20	用水准仪(水平尺)、直尺、拉线
		埋 地	50	
2	标高(mm)	敷设在沟槽内及架空	±10	尺量检查
		埋 地	±15	

续表

<table>
<tr><th>项次</th><th colspan="3">项目</th><th>允许偏差</th><th>检验方法</th></tr>
<tr><td rowspan="4">3</td><td rowspan="4">水平管道纵、横方向弯曲(mm)</td><td rowspan="2">每 1m</td><td>管径≤100mm</td><td>1</td><td rowspan="4">用水准仪(水平尺)、直尺、拉线和尺量检查</td></tr>
<tr><td>管径>100mm</td><td>1.5</td></tr>
<tr><td rowspan="2">全长
(25m 以上)</td><td>管径≤100mm</td><td>≯13</td></tr>
<tr><td>管径>100mm</td><td>≯25</td></tr>
<tr><td rowspan="5">4</td><td rowspan="5">弯 管</td><td rowspan="2">椭圆率
$\frac{D_{max}-D_{min}}{D_{max}}$</td><td>管径≤100mm</td><td>8%</td><td rowspan="5">用外卡钳和尺量检查</td></tr>
<tr><td>管径>100mm</td><td>5%</td></tr>
<tr><td rowspan="3">折皱不平度
(mm)</td><td>管径≤100mm</td><td>4</td></tr>
<tr><td>管径 125~200mm</td><td>5</td></tr>
<tr><td>管径 250~400mm</td><td>7</td></tr>
</table>

(9)管道焊口的允许偏差应符合规范的规定。

(10)管道及管件焊接的焊缝表面质量应符合下列规定:

1)焊缝外形尺寸应符合图纸和工艺文件的规定,焊缝高度不得低于母材表面,焊缝与母材应圆滑过渡;

2)焊缝及热影响区表面应无裂纹、未熔合、未焊透、夹渣、弧坑和气孔等缺陷。

检验方法:观察检查。

(11)供热管道的供水管或蒸汽管,如设计无规定时,应敷设在载热介质前进方向的右侧或上方。

检验方法:对照图纸,观察检查。

(12)地沟内的管道安装位置,其净距(保温层外表面)应符合下列规定:

与沟壁　　100~150mm;

与沟底　　100~200mm;

与沟顶(不通行地沟)　　50~100mm;

　　(半通行和通行地沟)　　200~300mm。

检验方法:尺量检查。

(13)架空敷设的供热管道安装高度,如设计无规定时,应符合

下列规定(以保温层外表面计算);

1)人行地区,不小于2.5m。

2)通行车辆地区,不小于4.5m。

3)跨越铁路,距轨顶不小于6m。

检验方法:尺量检查。

(14)防锈漆的厚度应均匀,不得有脱皮、起泡、流淌和漏涂等缺陷。

检验方法:保温前观察检查。

(15)管道保温层的厚度和平整度的允许偏差应符合规范的规定。

116. 室外供热系统水压试验及调试有什么要求?

主 控 项 目

(1)供热管道的水压试验压力应为工作压力的1.5倍,但不得小于0.6MPa。

检验方法:在试验压力下10min内压力降不大于0.05MPa,然后降至工作压力下检查,不渗不漏。

(2)管道试压合格后,应进行冲洗。

检验方法:现场观察,以水色不浑浊为合格。

(3)管道冲洗完毕应通水、加热,进行试运行和调试。当不具备加热条件时,应延期进行。

检验方法:测量各建筑物热力入口处供回水温度及压力。

(4)供热管道作水压试验时,试验管道上的阀门应开启,试验管道与非试验管道应隔断。

检验方法:开启和关闭阀门检查。

117. 游泳池水系统安装的验收有什么要求?

主 控 项 目

(1)游泳池的给水口、回水口、泄水口应采用耐腐蚀的铜、不锈钢、塑料等材料制造。溢流槽、格栅应为耐腐蚀材料制造,并为组装型。安装时其外表面应与池壁或池底面相平。

检验方法：观察检查。

(2)游泳池的毛发聚集器应采用铜或不锈钢等耐腐蚀材料制造，过滤筒（网）的孔径应不大于3mm，其面积应为连接管截面积的1.5～2倍。

检验方法：观察和尺量计算方法。

(3)游泳池地面，应采取有效措施防止冲洗排水流入池内。

检验方法：观察检查。

一般规定

(4)游泳池循环水系统加药（混凝剂）的药品溶解池、溶液池及定量投加设备应采用耐腐蚀材料制作。输送溶液的管道应采用塑料管、胶管或铜管。

检验方法：观察检查。

(5)游泳池的浸脚、浸腰消毒池的给水管、投药管、溢流管、循环管和泄空管应采用耐腐蚀材料制成。

检验方法：观察检查。

118. 锅炉安装的验收有什么要求？

主控项目

(1)锅炉设备基础的混凝土强度必须达到设计要求，基础的坐标、标高、几何尺寸和螺栓孔位置应符合表3-112的规定。

锅炉及辅助设备基础的允许偏差和检验方法　表3-112

项次	项目	允许偏差(mm)	检验方法
1	基础坐标位置	20	经纬仪、拉线和尺量
2	基础各不同平面的标高	0，-20	水准仪、拉线尺量
3	基础平面外形尺寸	20	尺量检查
4	凸台上平面尺寸	0，-20	
5	凹穴尺寸	+20，0	

续表

项次	项目		允许偏差(mm)	检验方法
6	基础上平面水平度	每　米	5	水平仪(水平尺)和楔形塞尺检查
		全　长	10	
7	竖向偏差	每　米	5	经纬仪或吊线和尺量
		全　高	10	
8	预　埋地脚螺栓	标高(顶端)	+20,0	水准仪、拉线和尺量
		中心距(根部)	2	
9	预留地脚螺栓孔	中心位置	10	尺量
		深度	-20,0	
		孔壁垂直度	10	吊线和尺量
10	预埋活动地脚螺栓锚板	中心位置	5	拉线和尺量
		标　高	+20,0	
		水平度(带槽锚板)	5	水平尺和楔形塞尺检查
		水平度(带螺纹孔锚板)	2	

(2)非承压锅炉,应严格按设计或产品说明书的要求施工。锅筒顶部必须敞口或装设大气连通管,连通管上不得安装阀门。

检验方法:对照设计图纸或产品说明书检查。

(3)以天然气为燃料的锅炉的天然气释放管或大气排放管不得直接通向大气,应通向贮存或处理装置。

检验方法:对照设计图纸检查。

(4)两台或两台以上燃油锅炉共用一个烟囱时,每一台锅炉的烟道上均应配备风阀或挡板装置,并应具有操作调节和闭锁功能。

检验方法:观察和手扳检查。

(5)锅炉的锅筒和水冷壁的下集箱及后棚管的后集箱的最低处排污阀及排污管道不得采用螺纹连接。

检验方法:观察检查。

(6)锅炉的汽、水系统安装完毕后,必须进行水压试验。水压试验的压力应符合表 3-113 的规定。

水压试验压力规定 **表 3-113**

项 次	设备名称	工作压力 P(MPa)	试验压力(MPa)
1	锅炉本体	$P<0.59$	$1.5P$ 但不小于 0.2
		$0.59\leqslant P\leqslant 1.18$	$P+0.3$
		$P>1.18$	$1.25P$
2	可分式省煤器	P	$1.25P+0.5$
3	非承压锅炉	大气压力	0.2

注:1. 工作压力 P 对蒸汽锅炉指锅筒工作压力,对热水锅炉指锅炉额定出水压力;
2. 铸铁锅炉水压试验同热水锅炉;
3. 非承压锅炉水压试验压力为 0.2MPa,试验期间压力应保持不变。

检验方法:

1)在试验压力下 10min 内压力降不超过 0.02MPa;然后降至工作压力进行检查,压力不降,不渗、不漏;

2)观察检查,不得有残余变形,受压元件金属壁和焊缝上不得有水珠和水雾。

(7)机械炉排安装完毕后应做冷态运转试验,连续运转时间不应少于 8h。

检验方法:观察运转试验全过程。

(8)锅炉本体管道及管件焊接的焊缝质量应符合下列规定:

1)焊缝表面质量应符合规范的规定。

2)管道焊口尺寸的允许偏差应符合规范的规定。

3)无损探伤的检测结果应符合锅炉本体设计的相关要求。

检验方法:观察和检验无损探伤检测报告。

一 般 项 目

(9)锅炉安装的坐标、标高、中心线和垂直度的允许偏差应符合表 3-114 的规定。

锅炉安装的允许偏差和检验方法　　　表 3-114

项　次	项　　目		允许偏差(mm)	检验方法
1	坐　　标		10	经纬仪、拉线和尺量
2	标　　高		±5	水准仪、拉线和尺量
3	中心线垂直度	卧式锅炉炉体全高	3	吊线和尺量
		立式锅炉炉体全高	4	吊线和尺量

(10)组装链条炉排安装的允许偏差应符合表 3-115 的规定。

组装链条炉排安装的允许偏差和检验方法　　表 3-115

项　次	项　　目		允许偏差(mm)	检验方法
1	炉排中心位置		2	经纬仪、拉线和尺量
2	墙板的标高		±5	水准仪、拉线和尺量
3	墙板的垂直度,全高		3	吊线和尺量
4	墙板间两对角线的长度之差		5	钢丝线和尺量
5	墙板框的纵向位置		5	经纬仪、拉线和尺量
6	墙板顶面的纵向水平度		长度 1/1000,且≯5	拉线、水平尺和尺量
7	墙板间的距离	跨距≤2m	+3 0	钢丝线和尺量
		跨距>2m	+5 0	
8	两墙板的顶面在同一水平面上相对高差		5	水准仪、吊线和尺量
9	前轴、后轴的水平度		长度 1/1000	拉线、水平尺和尺量
10	前轴和后轴和轴心线相对标高差		5	水准仪、吊线和尺量
11	各轨道在同一水平面上的相对高差		5	水准仪、吊线和尺量
12	相邻两轨道间的距离		±2	钢丝线和尺量

(11)往复炉排安装的允许偏差应符合表 3-116 的规定。

往复炉排安装的允许偏差和检验方法　　表 3-116

项次	项目		允许偏差(mm)	检验方法
1	两侧板的相对标高		3	水准仪、吊线和尺量
2	两侧板间距离	跨距≤2m	+3 0	钢丝线和尺量
		跨距>2m	+4 0	
3	两侧板的垂直度,全高		3	吊线和尺量
4	两侧板间对角线的长度之差		5	钢丝线和尺量
5	炉排片的纵向间隙		1	钢板尺量
6	炉排两侧的间隙		2	

(12)铸铁省煤器破损的肋片数不应大于总肋片数的 5%,有破损肋片的根数不应大于总根数的 10%。

(13)铸铁省煤器支承架安装的允许偏差应符合表 3-117 的规定。

铸铁省煤器支承架安装的允许偏差和检验方法　表 3-117

项次	项目	允许偏差(mm)	检验方法
1	支承架的位置	3	经纬仪、拉线和尺量
2	支承架的标高	0 -5	水准仪、吊线和尺量
3	支承架的纵、横向水平度(每米)	1	水平尺和塞尺检查

(14)锅炉本体安装应按设计或产品说明书要求布置坡度并坡向排污阀。

检验方法:用水平尺或水准仪检查。

(15)锅炉由炉底送风的风室及锅炉底座与基础之间必须封、堵严密。

检验方法:观察检查。

(16)省煤器的出口处(或入口处)应按设计或锅炉图纸要求安装阀门和管道。

检验方法:对照设计图纸检查。

(17)电动调节阀门的调节机构与电动执行机构的转臂应在同一平面内动作,传动部分应灵活、无空行程及卡阻现象,其行程及伺服时间应满足使用要求。

检验方法:操作时观察检查。

119. 土建交接检验的验收有什么要求?

主 控 项 目

(1)机房(如果有)内部、井道土建(钢架)结构及布置必须符合电梯土建布置图的要求。

(2)主电源开关必须符合下列规定:

1)主电源开关应能够切断电梯正常使用情况下最大电流;

2)对有机房电梯该开关应能从机房入口处方便地接近;

3)对无机房电梯该开关应设置在井道外工作人员方便接近的地方,且应具有必要的安全防护。

(3)井道必须符合下列规定:

1)当底坑底面下有人员能到达的空间存在,且对重(或平衡重)上未设有安全钳装置时,对重缓冲器必须能安装在(或平衡重运行区域的下边必须)一直延伸到坚固地面上的实心桩墩上;

2)电梯安装之前,所有层门预留孔必须设有高度不小于1.2m的安全保护围封,并应保证有足够的强度;

3)当相邻两层门地坎间的距离大于11m时,其间必须设置井道安全门,井道安全门严禁向井道内开启,且必须装有安全门处于关闭时电梯才能运行的电气安全装置。当相邻轿厢间有相互救援用轿厢安全门时,可不执行。

一 般 项 目

(4)机房(如果有)还应符合下列规定:

1)机房内应设有固定的电气照明,地板表面上的照度不应小于200lx。机房内应设置一个或多个电源插座。在机房内靠近入口的适当高度处应设有一个开关或类似装置控制机房照明电源。

2)机房内应通风,从建筑物其他部分抽出的陈腐空气,不得排入机房内。

3)应根据产品供应商的要求,提供设备进场所需要的通道和搬运空间。

4)电梯工作人员应能方便地进入机房或滑轮间,而不需要临时借助于其他辅助设施。

5)机房应采用经久耐用且不易产生灰尘的材料建造,机房内的地板应采用防滑材料。

注:此项可在电梯安装后验收。

6)在一个机房内,当有两个以上不同平面的工作平台,且相邻平台高度差大于0.5m时,应设置楼梯或台阶,并应设置高度不小于0.9m的安全防护栏杆。当机房地面有深度大于0.5m的凹坑或槽坑时,均应盖住。供人员活动空间和工作台面以上的净高度不应小于1.8m。

7)供人员进出的检修活板门应有不小于0.8m×0.8m的净通道,开门到位后应能自行保持在开启位置。检修活板门关闭后应能支撑两个人的重量(每个人按在门的任意0.2m×0.2m面积上作用1000N的力计算),不得有永久性变形。

8)门或检修活板门应装有带钥匙的锁,它应从机房内不用钥匙打开。只供运送器材的活板门,可只在机房内部锁住。

9)电源零线和接地线应分开。机房内接地装置的接地电阻值不应大于4Ω。

10)机房应有良好的防渗、防漏水保护。

(5)井道还应符合下列规定:

1)井道尺寸是指垂直于电梯设计运行方向的井道截面沿电梯设计运行方向投影所测定的井道最小净空尺寸,该尺寸应和土建布置图所要求的一致,允许偏差应符合下列规定:

A. 当电梯行程高度小于等于30m时,为0~25mm;

B. 当电梯行程高度大于30m且小于等于60m时,为0~35mm;

C. 当电梯行程高度大于60m且小于等于90m时,为0~50mm;

D. 当电梯行程高度大于 90m 时，允许偏差应符合土建布置图要求。

2)全封闭或部分封闭的井道，井道的隔离保护、井道壁、底坑底面和顶板应具有安装电梯部件所需要的足够强度，应采用非燃烧材料建造，且应不易产生灰尘。

3)当底坑深度大于 2.5m 且建筑物布置允许时，应设置一个符合安全门要求的底坑进口；当没有进入底坑的其他通道时，应设置一个从层门进入底坑的永久性装置，且此装置不得凸入电梯运行空间。

4)井道应为电梯专用，井道内不得装设与电梯无关的设备、电缆等。井道可装设采暖设备，但不得采用蒸汽和水作为热源，且采暖设备的控制与调节装置应装在井道外面。

5)井道内应设置永久性电气照明，井道内照度应不得小于 50lx，井道最高点和最低点 0.5m 以内应各装一盏灯，再设中间灯，并分别在机房和底坑设置一控制开关。

6)装有多台电梯的井道内各电梯的底坑之间应设置最低点离底坑地面不大于 0.3m，且至少延伸到最低层站楼面以上 2.5m 高度的隔障，在隔障宽度方向上隔障与井道壁之间的间隙不应大于 150mm。

当轿顶边缘和相邻电梯运动部件(轿厢、对重或平衡重)之间的水平距离小于 0.5m 时，隔障应延长贯穿整个井道的高度。隔障的宽度不得小于被保护的运动部件(或其部分)的宽度每边再各加 0.1m。

7)底坑内应有良好的防渗、防漏水保护，底坑内不得有积水。

8)每层楼面应有水平面基准标识。

120. 驱动主机的验收有什么要求？

主 控 项 目

(1)紧急操作装置动作必须正常。可拆卸的装置必须置于驱动主机附近易接近处，紧急救援操作说明必须贴于紧急操作时易见处。

一 般 项 目

(2)当驱动主机承重梁需埋入承重墙时,埋入端长度应超过墙厚中心至少 20mm,且支承长度不应小于 75mm。

1)制动器动作应灵活,制动间隙调整应符合产品设计要求。

2)驱动主机、驱动主机底座与承重梁的安装应符合产品设计要求。

3)驱动主机减速箱(如果有)内油量应在油标所限定的范围内。

4)机房内钢丝绳与楼板孔洞边间隙应为 20～40mm,通向井道的孔洞四周应设置高度不小于 50mm 的台缘。

121. 导轨的验收有什么要求?

主 控 项 目

(1)导轨安装位置必须符合土建布置图要求。

一 般 项 目

(2)两列导轨顶面间的距离偏差应为:轿厢导轨 0～2mm;对重导轨 0～3mm。

(3)导轨支架在井道壁上的安装应固定可靠。预埋件应符合土建布置图要求。锚栓(如膨胀螺栓等)固定应在井道壁的混凝土构件上使用,其连接强度与承受振动的能力应满足电梯产品设计要求,混凝土构件的压缩强度应符合土建布置图要求。

(4)每列导轨工作面(包括侧面与顶面)与安装基准线每 5m 的偏差均不应大于下列数值:

轿厢导轨和设有安全钳的对重(平衡重)导轨为 0.6mm;不设安全钳的对重(平衡重)导轨为 1.0mm。

(5)轿厢导轨和设有安全钳的对重(平衡重)导轨工作面接头处不应有连续缝隙,导轨接头处台阶不应大于 0.05mm。如超过应修平,修平长度应大于 150mm。

(6)不设安全钳的对重(平衡重)导轨接头处缝隙不应大于 1.0mm,导轨工作面接头处台阶不应大于 0.15mm。

122. 门系统的验收有什么要求？

主 控 项 目

（1）层门地坎至轿厢地坎之间的水平距离偏差为 0～3mm，且最大距离严禁超过 35mm。

（2）层门强迫关门装置必须动作正常。

（3）动力操纵的水平滑动门在关门开始的 1/3 行程之后，阻止关门的力严禁超过 150N。

（4）层门锁钩必须动作灵活，在证实锁紧的电气安全装置动作之前，锁紧元件的最小啮合长度为 7mm。

一 般 项 目

（5）门刀与层门地坎、门锁滚轮与轿厢地坎间隙不应小于 5mm。

（6）层门地坎水平度不得大于 2/1000，地坎应高出装修地面 2～5mm。

（7）层门指示灯盒、召唤盒和消防开关盒应安装正确，其面板与墙面贴实，横竖端正。

（8）门扇与门扇、门扇与门套、门扇与门楣、门扇与门口处轿壁、门扇下端与地坎的间隙，乘客电梯不应大于 6mm，载货电梯不应大于 8mm。

123. 安全部件的验收有什么要求？

主 控 项 目

（1）限速器动作速度整定封记必须完好，且无拆动痕迹。

（2）当安全钳可调节时，整定封记应完好，且无拆动痕迹。

一 般 项 目

（3）限速器张紧装置与其限位开关相对位置安装应正确。

（4）安全钳与导轨的间隙应符合产品设计要求。

（5）轿厢在两端站平层位置时，轿厢、对重的缓冲器撞板与缓冲器顶面间的距离应符合土建布置图要求。轿厢、对重的缓冲器撞板中心与缓冲器中心的偏差不应大于 20mm。

(6)液压缓冲器柱塞铅垂度不应大于0.5%,充液量应正确。

124. 整机安装的验收有什么要求?

主 控 项 目

(1)安全保护验收必须符合下列规定:

1)必须检查以下安全装置或功能:

A. 断相、错相保护装置或功能

当控制柜三相电源中任何一相断开或任何二相错接时,断相、错相保护装置或功能应使电梯不发生危险故障。

注:当错相不影响电梯正常运行时可没有错相保护装置或功能。

B. 短路、过载保护装置

动力电路、控制电路、安全电路必须有与负载匹配的短路保护装置;动力电路必须有过载保护装置。

C. 限速器

限速器上的轿厢(对重、平衡重)下行标志必须与轿厢(对重、平衡重)的实际下行方向相符。限速器铭牌上的额定速度、动作速度必须与被检电梯相符。

D. 安全钳

安全钳必须与其型式试验证书相符。

E. 缓冲器

缓冲器必须与其型式试验证书相符。

F. 门锁装置

门锁装置必须与其型式试验证书相符。

G. 上、下极限开关

上、下极限开关必须是安全触点,在端站位置进行动作试验时必须动作正常。在轿厢或对重(如果有)接触缓冲器之前必须动作,且缓冲器完全压缩时,保持动作状态。

H. 轿顶、机房(如果有)、滑轮间(如果有)、底坑停止装置

位于轿顶、机房(如果有)、滑轮间(如果有)、底坑的停止装置的动作必须正常。

2)下列安全开关,必须动作可靠:

A. 限速器绳张紧开关;

B. 液压缓冲器复位开关;

C. 有补偿张紧轮时,补偿绳张紧开关;

D. 当额定速度大于 3.5m/s 时,补偿绳轮防跳开关;

E. 轿厢安全窗(如果有)开关;

F. 安全门、底坑门、检修活板门(如果有)的开关;

G. 对可拆卸式紧急操作装置所需要的安全开关;

H. 悬挂钢丝绳(链条)为两根时,防松动安全开关。

(2)限速器安全钳联动试验必须符合下列规定:

1)限速器与安全钳电气开关在联动试验中必须动作可靠,且应使驱动主机立即制动;

2)对瞬时式安全钳,轿厢应载有均匀分布的额定载重量;对渐进式安全钳,轿厢应载有均匀分布的 125% 额定载重量。当短接限速器及安全钳电气开关,轿厢以检修速度下行,人为使限速器机械动作时,安全钳应可靠动作,轿厢必须可靠制动,且轿底倾斜度不应大于 5%。

(3)层门与轿门的试验必须符合下列规定:

1)每层层门必须能够用三角钥匙正常开启:

2)当一个层门或轿门(在多扇门中任何一扇门)非正常打开时,电梯严禁启动或继续运行。

(4)曳引式电梯的曳引能力试验必须符合下列规定:

1)轿厢在行程上部范围空载上行及行程下部范围载有 125% 额定载重量下行,分别停层 3 次以上,轿厢必须可靠地制停(空载上行工况应平层)。轿厢载有 125% 额定载重量以正常运行速度下行时,切断电动机与制动器供电,电梯必须可靠制动。

2)当对重完全压在缓冲器上,且驱动主机按轿厢上行方向连续运转时,空载轿厢严禁向上提升。

一 般 项 目

(5)曳引式电梯的平衡系数应为 0.4～0.5。

(6)电梯安装后应进行运行试验;轿厢分别在空载、额定载荷工况下,按产品设计规定的每小时启动次数和负载持续率各运行1000次(每天不少于8h),电梯应运行平稳、制动可靠、连续运行无故障。

(7)噪声检验应符合下列规定:

1)机房噪声:对额定速度小于等于4m/s的电梯,不应大于80dB(A);对额定速度大于4m/s的电梯,不应大于85dB(A)。

2)乘客电梯和病床电梯运行中轿内噪声:对额定速度小于等于4m/s的电梯,不应大于55dB(A);对额定速度大于4m/s的电梯,不应大于60dB(A)。

3)乘客电梯和病床电梯的开关门过程噪声不应大于65dB(A)。

(8)平层准确度检验应符合下列规定:

1)额定速度小于等于0.63m/s的交流双速电梯,应在±15mm的范围内;

2)额定速度大于0.63m/s且小于等于1.0m/s的交流双速电梯,应在±30mm的范围内;

3)其他调速方式的电梯,应在±15mm的范围内。

(9)运行速度检验应符合下列规定:

当电源为额定频率和额定电压、轿厢载有50%额定载荷时,向下运行至行程中段(除去加速加减速段)时的速度,不应大于额定速度的105%,且不应小于额定速度的92%。

(10)观感检查应符合下列规定:

1)轿门带动层门开、关运行,门扇与门扇、门扇与门套、门扇与门楣、门扇与门口处轿壁、门扇下端与地坎应无刮碰现象;

2)门扇与门扇、门扇与门套、门扇与门楣、门扇与门口处轿壁、门扇下端与地坎之间各自的间隙在整个长度上应基本一致;

3)对机房(如果有)、导致支架、底坑、轿顶、轿内、轿门、层门及门地坎等部位应进行清理。

125. 液压电梯安装工程中设备进场验收有什么要求?

主 控 项 目

(1)随机文件必须包括下列资料:

1)土建布置图;

2)产品出厂合格证;

3)门锁装置、限速器(如果有)、安全钳(如果有)及缓冲器(如果有)的型式试验合格证书复印件。

一 般 项 目

(2)随机文件还应包括下列资料:

1)装箱单;

2)安装、使用维护说明书;

3)动力电路和安全电路的电气原理图;

4)液压系统原理图。

(3)设备零部件应与装箱单内容相符。

(4)设备外观不应存在明显的损坏。

126. 液压系统的验收有什么要求?

主 控 项 目

(1)液压泵站及液压顶升机构的安装必须按土建布置图进行。顶升机构必须安装牢固,缸体垂直度严禁大于0.4‰。

一 般 项 目

(2)液压管路应可靠联接,且无渗漏现象。

(3)液压泵站油位显示应清晰、准确。

(4)显示系统工作压力的压力表应清晰、准确。

导 轨

(5)导轨安装应符合规范的规定。

门 系 统

(6)门系统安装应符合规范的规定。

轿　　厢

(7)轿厢安装应符合规范的规定。

平　衡　重

(8)如果有平衡重,应符合规范的规定。

安 全 部 件

(9)如果有限速器、安全钳或缓冲器,应符合规范的有关规定。

127. 悬挂装置、随行电缆的验收有什么要求?

主 控 项 目

(1)如果有绳头组合,必须符合规范的规定。

(2)如果有钢丝绳,严禁有死弯。

(3)当轿厢悬挂在两根钢丝绳或链条上,其中一根钢丝绳或链条发生异常相对伸长时,为此装设的电气安全开关必须动作可靠。对具有两个或多个液压顶升机构的液压电梯,每一组悬挂钢丝绳均应符合上述要求。

(4)随行电缆严禁有打结和波浪扭曲现象。

一 般 项 目

(5)如果有钢丝绳或链条,每根张力与平均值偏差不应大于5%。

(6)随行电缆的安装还应符合下列规定:

1)随行电缆端部应固定可靠。

2)随行电缆在运行中应避免与井道内其他部件干涉。当轿厢完全压在缓冲器上时,随行电缆不得与底坑地面接触。

128. 自动扶梯、自动人行道安装工程中整机安装验收有什么要求?

主 控 项 目

(1)在下列情况下,自动扶梯、自动人行道必须自动停止运行,且4)~11)情况下的开关断开的动作必须通过安全触点或安全电路来完成。

1)无控制电压;

2)电路接地的故障；

3)过载；

4)控制装置在超速和运行方向非操纵逆转下动作；

5)附加制动器(如果有)动作；

6)直接驱动梯级、踏板或胶带的部件(如链条或齿条)断裂或过分伸长；

7)驱动装置与转向装置之间的距离(无意性)缩短；

8)梯级、踏板或胶带进入梳齿板处有异物夹住，且产生损坏梯级、踏板或胶带支撑结构；

9)无中间出口的连续安装的多台自动扶梯、自动人行道中的一台停止运行；

10)扶手带入口保护装置动作；

11)梯级或踏板下陷。

(2)应测量不同回路导线对地的绝缘电阻。测量时，电子元件应断开。导体之间和导体对地之间的绝缘电阻应大于1000Ω/V，且其值必须大于：

1)动力电路和电气安全装置电路0.5MΩ；

2)其他电路(控制、照明、信号等)0.25MΩ。

3)电气设备接地必须符合规范的规定。

一 般 项 目

(3)整机安装检查应符合下列规定：

1)梯级、踏板、胶带的楞齿及梳齿板应完整、光滑；

2)在自动扶梯、自动人行道入口处应设置使用须知的标牌；

3)内盖板、外盖板、围裙板、扶手支架、扶手导轨、护壁板接缝应平整。接缝处的凸台不应大于0.5mm；

4)梳齿板梳齿与踏板面齿槽的啮合深度不应小于6mm；

5)梳齿板梳齿与踏板面齿槽的间隙不应小于4mm；

6)围裙板与梯级、踏板或胶带任何一侧的水平间隙不应大于4mm，两边的间隙之和不应大于7mm。当自动人行道的围裙板设置在踏板或胶带之上时，踏板表面与围裙板下端之间的垂直间隙不应大于 4mm。当踏板或胶带有横向摆动时,踏板或胶带的侧边与围裙板垂直投影之间不得产生间隙。

7)梯级间或踏板间的间隙在工作区段内的任何位置,从踏面测得的两个相邻梯级或两个相邻踏板之间的间隙不应大于 6mm。在自动人行道过渡曲线区段,踏板的前缘和相邻踏板的后缘啮合,其间隙不应大于 8mm;

8)护壁板之间的空隙不应大于 4mm。

(4)性能试验应符合下列规定:

1)在额定频率和额定电压下,梯级、踏板或胶带沿运行方向空载时的速度与额定速度之间的允许偏差为±5%;

2)扶手带的运行速度相对梯级、踏板或胶带的速度允许偏差为 0~+2%。

(5)自动扶梯、自动人行道制动试验应符合下列规定:

1)自动扶梯、自动人行道应进行空载制动试验,制停距离应符合表 3-118 的规定。

制 停 距 离 **表 3-118**

额定速度(m/s)	制停距离范围(m)	
	自动扶梯	自动人行道
0.5	0.20~1.00	0.20~1.00
0.65	0.30~1.30	0.30~1.30
0.75	0.35~1.50	0.35~1.50
0.90	—	0.40~1.70

注:若速度在上述数值之间,制停距离用插入法计算。制停距离应从电气制动装置动作开始测量。

2)自动扶梯应进行载有制动载荷的制停距离试验(除非制停距离可以通过其他方法检验),制动载荷应符合表 3-119 的规定,制停距离应符合规范的规定;对自动人行道,制造商应提供按载有规范规定的制动载荷计算的制停距离,且制停距离应符合规范的规定。

制 动 载 荷　　表 3-119

梯级、踏板或胶带的名义宽度(m)	自动扶梯每个梯级上的载荷(kg)	自动人行道每 0.4m 长度上的载荷(kg)
$z \leqslant 0.6$	60	50
$0.6 < z \leqslant 0.8$	90	75
$0.8 < z \leqslant 1.1$	120	100

注:1. 自动扶梯受载的梯级数量由提升高度除以最大可见梯级踢板高度求得,在试验时允许将总制动载荷分布在所求得的 2/3 的梯级上;

2. 当自动人行道倾斜角度不大于 6°,踏板或胶带的名义宽度大于 1.1m 时,宽度每增加 0.3m,制动载荷应在每 0.4m 长度上增加 25kg;

3. 当自动人行道在长度范围内有多个不同倾斜角度(高度不同)时,制动载荷应仅考虑到那些能组合成最不利载荷的水平区段和倾斜区段。

(6)电气装置还应符合下列规定:

1)主电源开关不应切断电源插座、检修和维护所必需的照明电源。

2)配线应符合规范的规定。

(7)观感检查应符合下列规定:

1)上行和下行自动扶梯、自动人行道,梯级、踏板或胶带与围裙板之间应无刮碰现象(梯级、踏板或胶带上的导向部分与围裙板接触除外),扶手带外表面应无刮痕。

2)对梯级(踏板或胶带)、梳齿板、扶手带、护壁板、围裙板、内外盖板、前沿板及活动盖板等部位的外表面应进行清理。

129. 建筑电气工程验收的基本规定有什么?

(1)建筑电气工程施工现场的质量管理,除应符合现行国家标准《建筑工程施工质量验收统一标准》(GB50300—2001)的规定外,尚应符合下列规定:

1)安装电工、焊工、起重吊装工和电气调试人员等,按有关要求持证上岗;

2)安装和调试用各类计量器具,应检定合格,使用时在有效期内。

(2)除设计要求外,承力建筑钢结构构件上,不得采用熔焊连接固定电气线路、设备和器具的支架、螺栓等部件;且严禁热加工开孔。

(3)额定电压交流 1kV 及以下、直流 1.5kV 及以下的应为低压电器设备、器具和材料;额定电压大于交流 1kV、直流 1.5kV 的应为高压电器设备、器具和材料。

(4)电气设备上计量仪表和与电气保护有关的仪表应检定合格,当投入试运行时,应在有效期内。

(5)建筑电气动力工程的空载试运行和建筑电气照明工程的负荷试运行,应按规范规定执行;建筑电气动力工程的负荷试运行,依据电气设备及相关建筑设备的种类、特性,编制试运行方案或作业指导书,并应经施工单位审查批准、监理单位确认后执行。

(6)动力和照明工程的漏电保护装置应做模拟动作试验。

(7)接地(PE)或接零(PEN)支线必须单独与接地(PE)或接零(PEN)干线相连接,不得串联连接。

(8)高压的电气设备和布线系统及继电保护系统的交接试验,必须符合现行国家标准《电气装置安装工程电气设备交接试验标准》(GB50150)的规定。

(9)低压的电气设备和布线系统的交接试验,应符合本规范的规定。

(10)送至建筑智能化工程变送器的电量信号精度等级应符合设计要求,状态信号应正确;接收建筑智能化工程的指令应使建筑电气工程的自动开关动作符合指令要求,且手动、自动切换功能正常。

130. 主要设备、材料、成品和半成品进场验收有什么要求?

(1)主要设备、材料、成品和半成品进场检验结论应有记录,确认符合规范规定,才能在施工中应用。

(2)因有异议送有资质试验室进行抽样检测,试验室应出具检测报告,确认符合规范和相关技术标准规定,才能在施工中应用。

(3)依法定程序批准进入市场的新电气设备、器具和材料进场验收，除符合规范规定外，尚应提供安装、使用、维修和试验要求等技术文件。

(4)进口电气设备、器具和材料进场验收，除符合规范规定外，尚应提供商检证明和中文的质量合格证明文件、规格、型号、性能检测报告以及中文的安装、使用、维修和试验要求等技术文件。

(5)经批准的免检产品或认定的名牌产品，当进场验收时，宜不做抽样检测。

(6)变压器、箱式变电所、高压电器及电瓷制品应符合下列规定：

1)查验合格证和随带技术文件，变压器有出厂试验记录；

2)外观检查：有铭牌，附件齐全，绝缘件无缺损、裂纹，充油部分不渗漏，充气高压设备气压指示正常，涂层完整。

(7)高低压成套配电柜、蓄电池柜、不间断电源柜、控制柜(屏、台)及动力、照明配电箱(盘)应符合下列规定：

1)查验合格证和随带技术文件，实行生产许可证和安全认证制度的产品，有许可证编号和安全认证标志。不间断电源柜有出厂试验记录；

2)外观检查：有铭牌，柜内元器件无损坏丢失、接线无脱落脱焊，蓄电池柜内电池壳体无碎裂、漏液，充油、充气设备无泄漏，涂层完整，无明显碰撞凹陷。

(8)柴油发电机组应符合下列规定：

1)依据装箱单，核对主机、附件、专用工具、备品备件和随带技术文件，查验合格证和出厂试运行记录，发电机及其控制柜有出厂试验记录；

2)外观检查：有铭牌，机身无缺件，涂层完整。

(9)电动机、电加热器、电动执行机构和低压开关设备等应符合下列规定：

1)查验合格证和随带技术文件，实行生产许可证和安全认证制度的产品，有许可证编号和安全认证标志；

2)外观检查:有铭牌,附件齐全,电气接线端子完好,设备器件无缺损,涂层完整。

(10)照明灯具及附件应符合下列规定:

1)查验合格证,新型气体放电灯具有随带技术文件;

2)外观检查:灯具涂层完整,无损伤,附件齐全。防爆灯具铭牌上有防爆标志和防爆合格证号,普通灯具有安全认证标志;

3)对成套灯具的绝缘电阻、内部接线等性能进行现场抽样检测。灯具的绝缘电阻值不小于2MΩ,内部接线为铜芯绝缘电线,芯线截面积不小于0.5mm^2,橡胶或聚氯乙烯(PVC)绝缘电线的绝缘层厚度不小于0.6mm。对游泳池和类似场所灯具(水下灯及防水灯具)的密闭和绝缘性能有异议时,按批抽样送有资质的试验室检测。

(11)开关、插座、接线盒和风扇及其附件应符合下列规定:

1)查验合格证,防爆产品有防爆标志和防爆合格证号,实行安全认证制度的产品有安全认证标志;

2)外观检查:开关、插座的面板及接线盒盒体完整、无碎裂、零件齐全,风扇无损坏,涂层完整,调速器等附件适配;

3)对开关、插座的电气和机械性能进行现场抽样检测。检测规定如下:

A. 不同极性带电部件间的电气间隙和爬电距离不小于3mm;

B. 绝缘电阻值不小于5MΩ;

C. 用自攻锁紧螺钉或自切螺钉安装的,螺钉与软塑固定件旋合长度不小于8mm,软塑固定件在经受10次拧紧退出试验后,无松动或掉渣,螺钉及螺纹无损坏现象;

D. 金属间相旋合的螺钉螺母,拧紧后完全退出,反复5次仍能正常使用。

4)对开关、插座、接线盒及其面板等塑料绝缘材料阻燃性能有异议时,按批抽样送有资质的试验室检测。

(12)电线、电缆应符合下列规定:

1)按批查验合格证,合格证有生产许可证编号,按《额定电压450/750V及以下聚氯乙烯绝缘电缆》(GB5023.1～5023.7)标准生产的产品有安全认证标志;

2)外观检查:包装完好,抽检的电线绝缘层完整无损,厚度均匀。电缆无压扁、扭曲,铠装不松卷。耐热、阻燃的电线、电缆外护层有明显标识和制造厂标;

3)按制造标准,现场抽样检测绝缘层厚度和圆形线芯的直径;线芯直径误差不大于标称直径的1%;常用的BV型绝缘电线的绝缘层厚度不小于表3-120的规定。

BV型绝缘电线的绝缘层厚度 **表3-120**

序号	1	2	3	4	5	6	7	8	9	10	11	12	13	14	15	16	17
电线芯线标称截面积(mm^2)	1.5	2.5	4	6	10	16	25	35	50	70	95	120	150	185	240	300	400
绝缘层厚度规定值(mm)	0.7	0.8	0.8	0.8	1.0	1.0	1.2	1.2	1.4	1.4	1.6	1.6	1.8	2.0	2.2	2.4	2.6

4)对电线、电缆绝缘性能、导电性能和阻燃性能有异议时,按批抽样送有资质的试验室检测。

(13)导管应符合下列规定:

1)按批查验合格证;

2)外观检查:钢导管无压扁、内壁光滑。非镀锌钢导管无严重锈蚀,按制造标准油漆出厂的油漆完整;镀锌钢导管镀层覆盖完整、表面无锈斑;绝缘导管及配件不碎裂、表面有阻燃标记和制造厂标;

3)按制造标准现场抽样检测导管的管径、壁厚及均匀度。对绝缘导管及配件的阻燃性能有异议时,按批抽样送有资质的试验室检测。

(14)型钢和电焊条应符合下列规定:

1)按批查验合格证和材质证明书;有异议时,按批抽样送有资质的试验室检测；

2)外观检查:型钢表面无严重锈蚀,无过度扭曲、弯折变形;电焊条包装完整,拆包抽检,焊条尾部无锈斑。

(15)镀锌制品(支架、横担、接地极、避雷用型钢等)和外线金具应符合下列规定;

1)按批查验合格证或镀锌厂出具的镀锌质量证明书;

2)外观检查:镀锌层覆盖完整、表面无锈斑,金具配件齐全,无砂眼;

3)对镀锌质量有异议时,按批抽样送有资质的试验室检测。

(16)电缆桥架、线槽应符合下列规定:

1)查验合格证;

2)外观检查:部件齐全,表面光滑、不变形;钢制桥架涂层完整,无锈蚀;玻璃钢制桥架色泽均匀,无破损碎裂;铝合金桥架涂层完整,无扭曲变形,不压扁,表面不划伤。

(17)封闭母线、插接母线应符合下列规定:

1)查验合格证和随带安装技术文件;

2)外观检查:防潮密封良好,各段编号标志清晰,附件齐全,外壳不变形,母线螺栓搭接面平整、镀层覆盖完整、无起皮和麻面;插接母线上的静触头无缺损、表面光滑、镀层完整。

(18)裸母线、裸导线应符合下列规定:

1)查验合格证;

2)外观检查:包装完好,裸母线平直,表面无明显划痕,测量厚度和宽度符合制造标准;裸导线表面无明显损伤,不松股、扭折和断股(线),测量线径符合制造标准。

(19)电缆头部件及接线端子应符合下列规定:

1)查验合格证;

2)外观检查:部件齐全,表面无裂纹和气孔,随带的袋装涂料或填料不泄漏。

(20)钢制灯柱应符合下列规定:

1)按批查验合格证;

2)外观检查:涂层完整,根部接线盒盒盖紧固件和内置熔断器、开关等器件齐全,盒盖密封垫片完整。钢柱内设有专用接地螺栓,地脚螺孔位置按提供的附图尺寸,允许偏差为±2mm。

(21)钢筋混凝土电杆和其他混凝土制品应符合下列规定:

1)按批查验合格证;

2)外观检查:表面平整,无缺角露筋,每个制品表面有合格印记;钢筋混凝土电杆表面光滑,无纵向、横向裂纹,杆身平直,弯曲不大于杆长的1/1000。

131. 工序交接确认应注意什么?

(1)架空线路及杆上电气设备安装应按以下程序进行:

1)线路方向和杆位及拉线坑位测量埋桩后,经检查确认,才能挖掘杆坑和拉线坑;

2)杆坑、拉线坑的深度和坑型,经检查确认,才能立杆和埋设拉线盘;

3)杆上高压电气设备交接试验合格,才能通电;

4)架空线路做绝缘检查,且经单相冲击试验合格,才能通电;

5)架空线路的相位经检查确认,才能与接户线连接。

(2)变压器、箱式变电所安装应按以下程序进行:

1)变压器、箱式变电所的基础验收合格,且对埋入基础的电线导管、电缆导管和变压器进、出线预留孔及相关预埋件进行检查,才能安装变压器、箱式变电所;

2)杆上变压器的支架紧固检查后,才能吊装变压器且就位固定;

3)变压器及接地装置交接试验合格,才能通电。

(3)成套配电柜、控制柜(屏、台)和动力、照明配电箱(盘)安装应按以下程序进行:

1)埋设的基础型钢和柜、屏、台下的电缆沟等相关建筑物检查合格,才能安装柜、屏、台;

2)室内外落地动力配电箱的基础验收合格,且对埋入基础的电线导管、电缆导管进行检查，才能安装箱体；

3)墙上明装的动力、照明配电箱(盘)的预埋件(金属埋件、螺栓)，在抹灰前预留和预埋；暗装的动力、照明配电箱的预留孔和动力、照明配线的线盒及电线导管等，经检查确认到位，才能安装配电箱(盘)；

4)接地(PE)或接零(PEN)连接完成后，核对柜、屏、台、箱、盘内的元件规格、型号，且交接试验合格，才能投入试运行。

(4)低压电动机、电加热器及电动执行机构应与机械设备完成连接，绝缘电阻测试合格，经手动操作符合工艺要求，才能接线。

(5)柴油发电机组安装应按以下程序进行：

1)基础验收合格，才能安装机组；

2)地脚螺栓固定的机组经初平、螺栓孔灌浆、精平、紧固地脚螺栓、二次灌浆等机械安装程序；安放式的机组将底部垫平、垫实；

3)油、气、水冷、风冷、烟气排放等系统和隔振、防噪声设施安装完成；按设计要求配置的消防器材齐全到位；发电机静态试验、随机配电盘控制柜接线检查合格，才能空载试运行；

4)发电机空载试运行和试验调整合格，才能负荷试运行；

5)在规定时间内，连续无故障负荷试运行合格，才能投入备用状态。

(6)不间断电源按产品技术要求试验调整，应检查确认，才能接至馈电网路。

(7)低压电气动力设备试验和试运行应按以下程序进行：

1)设备的可接近裸露导体接地(PE)或接零(PEN)连接完成，经检查合格，才能进行试验；

2)动力成套配电(控制)柜、屏、台、箱、盘的交流工频耐压试验、保护装置的动作试验合格，才能通电；

3)控制回路模拟动作试验合格，盘车或手动操作，电气部分与机械部分的转动或动作协调一致，经检查确认，才能空载试运行。

(8)裸母线、封闭母线、插接式母线安装应按以下程序进行：

1)变压器、高低压成套配电柜、穿墙套管及绝缘子等安装就位，经检查合格，才能安装变压器和高低压成套配电柜的母线；

2)封闭、插接式母线安装，在结构封顶、室内底层地面施工完成或已确定地面标高、场地清理、层间距离复核后，才能确定支架设置位置；

3)与封闭、插接式母线安装位置有关的管道、空调及建筑装修工程施工基本结束，确认扫尾施工不会影响已安装的母线，才能安装母线；

4)封闭、插接式母线每段母线组对接续前，绝缘电阻测试合格，绝缘电阻值大于20MΩ，才能安装组对；

5)母线支架和封闭、插接式母线的外壳接地(PE)或接零(PEN)连接完成，母线绝缘电阻测试和交流工频耐压试验合格，才能通电。

(9)电缆桥架安装和桥架内电缆敷设应按以下程序进行：

1)测量定位，安装桥架的支架，经检查确认，才能安装桥架；

2)桥架安装检查合格，才能敷设电缆；

3)电缆敷设前绝缘测试合格，才能敷设；

4)电缆电气交接试验合格，且对接线去向、相位和防火隔堵措施等检查确认，才能通电。

(10)电缆在沟内、竖井内支架上敷设应按以下程序进行：

1)电缆沟、电缆竖井内的施工临时设施、模板及建筑废料等清除，测量定位后，才能安装支架；

2)电缆沟、电缆竖井内支架安装及电缆导管敷设结束，接地(PE)或接零(PEN)连接完成，经检查确认，才能敷设电缆；

3)电缆敷设前绝缘测试合格，才能敷设；

4)电缆交接试验合格，且对接线去向、相位和防火隔堵措施等检查确认，才能通电。

(11)电线导管、电缆导管和线槽敷设应按以下程序进行：

1)除埋入混凝土中的非镀锌钢导管外壁不做防腐处理外，其他场所的非镀锌钢导管内外壁均做防腐处理，经检查确认，才能配管；

2)室外直埋导管的路径、沟槽深度、宽度及垫层处理经检查确认,才能埋设导管;

3)现浇混凝土板内配管在底层钢筋绑扎完成,上层钢筋未绑扎前敷设,且检查确认,才能绑扎上层钢筋和浇捣混凝土;

4)现浇混凝土墙体内的钢筋网片绑扎完成,门、窗等位置已放线,经检查确认,才能在墙体内配管;

5)被隐蔽的接线盒和导管在隐蔽前检查合格,才能隐蔽;

6)在梁、板、柱等部位明配管的导管套管、埋件、支架等检查合格,才能配管;

7)吊顶上的灯位及电气器具位置先放样,且与土建及各专业施工单位商定,才能在吊顶内配管;

8)顶棚和墙面的喷浆、油漆或壁纸等基本完成,才能敷设线槽、槽板。

(12)电线、电缆穿管及线槽敷线应按以下程序进行:

1)接地(PE)或接零(PEN)及其他焊接施工完成,经检查确认,才能穿入电线或电缆以及线槽内敷线;

2)与导管连接的柜、屏、台、箱、盘安装完成,管内积水及杂物清理干净,经检查确认,才能穿入电线、电缆;

3)电缆穿管前绝缘测试合格,才能穿入导管;

4)电线、电缆交接试验合格,且对接线去向和相位等检查确认,才能通电。

(13)钢索配管的预埋件及预留孔,应预埋、预留完成;装修工程除地面外基本结束,才能吊装钢索及敷设线路。

(14)电缆头制作和接线应按以下程序进行:

1)电缆连接位置、连接长度和绝缘测试经检查确认,才能制作电缆头;

2)控制电缆绝缘电阻测试和校线合格,才能接线;

3)电线、电缆交接试验和相位核对合格,才能接线。

(15)照明灯具安装应按以下程序进行:

1)安装灯具的预埋螺栓、吊杆和吊顶上嵌入式灯具安装专用

骨架等完成,按设计要求做承载试验合格,才能安装灯具;

2)影响灯具安装的模板、脚手架拆除;顶棚和墙面喷浆、油漆或壁纸等及地面清理工作基本完成后,才能安装灯具;

3)导线绝缘测试合格,才能灯具接线;

4)高空安装的灯具,地面通断电试验合格,才能安装。

(16)照明开关、插座、风扇安装:吊扇的吊钩预埋完成;电线绝缘测试应合格,顶棚和墙面的喷浆、油漆或壁纸等应基本完成,才能安装开关、插座和风扇。

(17)照明系统的测试和通电试运行应按以下程序进行:

1)电线绝缘电阻测试前电线的接续完成;

2)照明箱(盘)、灯具、开关、插座的绝缘电阻测试在就位前或接线前完成;

3)备用电源或事故照明电源作空载自动投切试验前拆除负荷,空载自动投切试验合格,才能做有载自动投切试验;

4)电气器具及线路绝缘电阻测试合格,才能通电试验;

5)照明全负荷试验必须在本条的1)、2)、4)完成后进行。

(18)接地装置安装应按以下程序进行:

1)建筑物基础接地体:底板钢筋敷设完成,按设计要求做接地施工,经检查确认,才能支模或浇捣混凝土;

2)人工接地体:按设计要求位置开挖沟槽,经检查确认,才能打入接地极和敷设地下接地干线;

3)接地模块:按设计位置开挖模块坑,并将地下接地干线引到模块上,经检查确认,才能相互焊接;

4)装置隐蔽:检查验收合格,才能覆土回填。

(19)引下线安装应按以下程序进行:

1)利用建筑物柱内主筋作引下线,在柱内主筋绑扎后,按设计要求施工,经检查确认,才能支模;

2)直接从基础接地体或人工接地体暗敷埋入粉刷层内的引下线,经检查确认不外露,才能贴面砖或刷涂料等;

3)直接从基础接地体或人工接地体引出明敷的引下线,先埋设或安装支架，经检查确认，才能敷设引下线。

(20)等电位联结应按以下程序进行：

1)总等电位联结：对可作导电接地体的金属管道入户处和供总等电位联结的接地干线的位置检查确认，才能安装焊接总等电位联结端子板，按设计要求做总等电位联结；

2)辅助等电位联结：对供辅助等电位联结的接地母线位置检查确认，才能安装焊接辅助等电位联结端子板，按设计要求做辅助等电位联结；

3)对特殊要求的建筑金属屏蔽网箱，网箱施工完成，经检查确认，才能与接地线连接。

(21)接闪器安装：接地装置和引下线应施工完成，才能安装接闪器，且与引下线连接。

(22)防雷接地系统测试：接地装置施工完成测试应合格；避雷接闪器安装完成，整个防雷接地系统连成回路，才能系统测试。

132. 架空线路及杆上电气设备安装验收的要求有什么？

主 控 项 目

(1)电杆坑、拉线坑的深度允许偏差，应不深于设计坑深100mm、不浅于设计坑深50mm。

(2)架空导线的弧垂值，允许偏差为设计弧垂值的±5%，水平排列的同档导线间弧垂值偏差为±50mm。

(3)变压器中性点应与接地装置引出干线直接连接，接地装置的接地电阻值必须符合设计要求。

(4)杆上变压器和高压绝缘子、高压隔离开关、跌落式熔断器、避雷器等必须按规范的规定交接试验合格。

(5)杆上低压配电箱的电气装置和馈电线路交接试验应符合下列规定：

1)每路配电开关及保护装置的规格、型号，应符合设计要求；

2)相间和相对地间的绝缘电阻值应大于0.5MΩ；

3)电气装置的交流工频耐压试验电压为1kV，当绝缘电阻值大于 10MΩ 时，可采用 2500V 兆欧表摇测替代，试验持续时间 1min，无击穿闪络现象。

一 般 项 目

(1)拉线的绝缘子及金具应齐全，位置正确，承力拉线应与线路中心线方向一致，转角拉线应与线路分角线方向一致。拉线应收紧，收紧程度与杆上导线数量规格及弧垂值相适配。

(2)电杆组立应正直，直线杆横向位移不应大于 50mm，杆梢偏移不应大于梢径的 1/2，转角杆紧线后不向内角倾斜，向外角倾斜不应大于 1 个梢径。

(3)直线杆单横担应装于受电侧，终端杆、转角杆的单横担应装于拉线侧。横担的上下歪斜和左右扭斜，从横担端部测量不应大于 20mm。横担等镀锌制品应热浸镀锌。

(4)导线无断股、扭绞和死弯，与绝缘子固定可靠，金具规格应与导线规格适配。

(5)线路的跳线、过引线、接户线的线间和线对地间的安全距离，电压等级为 6～10kV 的，应大于 300mm；电压等级为 1kV 及以下的，应大于 150mm。用绝缘导线架设的线路，绝缘破口处应修补完整。

(6)杆上电气设备安装应符合下列规定：

1)固定电气设备的支架、紧固件为热浸镀锌制品，紧固件及防松零件齐全；

2)变压器油位正常、附件齐全、无渗油现象、外壳涂层完整；

3)跌落式熔断器安装的相间距离不小于 500mm；熔管试操动能自然打开旋下；

4)杆上隔离开关分、合操动灵活，操动机构机械锁定可靠，分合时三相同期性好，分闸后，刀片与静触头间空气间隙距离不小于 200mm；地面操作杆的接地(PE)可靠，且有标识；

5)杆上避雷器排列整齐，相间距离不小于 350mm，电源侧引线铜线截面积不小于 16mm^2、铝线截面积不小于 25mm^2，接地侧引线铜线截面积不小于 25mm^2，铝线截面积不小于 35mm^2。与接地装置引出线连接可靠。

133. 变压器、箱式变电所安装验收的要求有什么?

主 控 项 目

(1)变压器安装应位置正确,附件齐全,油浸变压器油位正常,无渗油现象。

(2)接地装置引出的接地干线与变压器的低压侧中性点直接连接;接地干线与箱式变电所的N母线和PE母线直接连接;变压器箱体、干式变压器的支架或外壳应接地(PE)。所有连接应可靠,紧固件及防松零件齐全。

(3)变压器必须按规范的规定交接试验合格。

(4)箱式变电所及落地式配电箱的基础应高于室外地坪,周围排水通畅。用地脚螺栓固定的螺帽齐全,拧紧牢固;自由安放的应垫平放正。金属箱式变电所及落地式配电箱,箱体应接地(PE)或接零(PEN)可靠,且有标识。

(5)箱式变电所的交接试验,必须符合下列规定:

1)由高压成套开关柜、低压成套开关柜和变压器三个独立单元组合成的箱式变电所高压电气设备部分,按规范的规定交接试验合格。

2)高压开关、熔断器等与变压器组合在同一个密闭油箱内的箱式变电所,交接试验按产品提供的技术文件要求执行;

3)低压成套配电柜交接试验符合规范的规定。

一 般 项 目

(1)有载调压开关的传动部分润滑应良好,动作灵活,点动给定位置与开关实际位置一致,自动调节符合产品的技术文件要求。

(2)绝缘件应无裂纹、缺损和瓷件瓷釉损坏等缺陷,外表清洁,测温仪表指示准确。

(3)装有滚轮的变压器就位后,应将滚轮用能拆卸的制动部件固定。

(4)变压器应按产品技术文件要求进行检查器身,当满足下列条件之一时，可不检查器身。

1）制造厂规定不检查器身者；

2）就地生产仅做短途运输的变压器，且在运输过程中有效监督，无紧急制动、剧烈振动、冲撞或严重颠簸等异常情况者。

（5）箱式变电所内外涂层完整、无损伤，有通风口的风口防护网完好。

（6）箱式变电所的高低压柜内部接线完整、低压每个输出回路标记清晰，回路名称准确。

（7）装有气体继电器的变压器顶盖，沿气体继电器的气流方向有1%～1.5%的升高坡度。

134．成套配电柜、控制柜（屏、台）和动力、照明配电箱（盘）安装验收的要求有什么？

主控项目

（1）柜、屏、台、箱、盘的金属框架及基础型钢必须接地（PE）或接零（PEN）可靠；装有电器的可开启门，门和框架的接地端子间应用裸编织铜线连接，且有标识。

（2）低压成套配电柜、控制柜（屏、台）和动力、照明配电箱（盘）应有可靠的电击保护。柜（屏、台、箱、盘）内保护导体应有裸露的连接外部保护导体的端子，当设计无要求时，柜（屏、台、箱、盘）内保护导体最小截面积 S_p 不应小于表3-121的规定。

保护导体的截面积　　　表3-121

相线的截面积 S（mm^2）	相应保护导体的最小截面积 S_p（mm^2）
$S \leqslant 16$	S
$16 < S \leqslant 35$	16
$35 < S \leqslant 400$	$S/2$
$400 < S \leqslant 800$	200
$S > 800$	$S/4$

注：S 指柜（屏、台、箱、盘）电源进线相线截面积，且两者（S、S_p）材质相同。

(3)手车、抽出式成套配电柜推拉应灵活，无卡阻碰撞现象。动触头与静触头的中心线应一致，且触头接触紧密，投入时，接地触头先于主触头接触；退出时，接地触头后于主触头脱开。

(4)高压成套配电柜必须按规范的规定交接试验合格，且应符合下列规定：

1)继电保护元器件、逻辑元件、变送器和控制用计算机等单体校验合格，整组试验动作正确，整定参数符合设计要求；

2)凡经法定程序批准，进入市场投入使用的新高压电气设备和继电保护装置，按产品技术文件要求交接试验。

(5)低压成套配电柜交接试验，必须符合规范的规定。

(6)柜、屏、台、箱、盘间线路的线间和线对地间绝缘电阻值，馈电线路必须大于 0.5MΩ；二次回路必须大于 1MΩ。

(7)柜、屏、台、箱、盘间二次回路交流工频耐压试验，当绝缘电阻值大于 10MΩ 时，用 2500V 兆欧表摇测 1min，应无闪络击穿现象；当绝缘电阻值在 1～10MΩ 时，做 1000V 交流工频耐压试验，时间 1min，应无闪络击穿现象。

(8)直流屏试验，应将屏内电子器件从线路上退出，检测主回路线间和线对地间绝缘电阻值应大于 0.5MΩ，直流屏所附蓄电池组的充、放电应符合产品技术文件要求；整流器的控制调整和输出特性试验应符合产品技术文件要求。

(9)照明配电箱(盘)安装应符合下列规定：

1)箱(盘)内配线整齐，无绞接现象。导线连接紧密，不伤芯线，不断股。垫圈下螺丝两侧压的导线截面积相同，同一端子上导线连接不多于 2 根，防松垫圈等零件齐全；

2)箱(盘)内开关动作灵活可靠，带有漏电保护的回路，漏电保护装置动作电流不大于 30mA，动作时间不大于 0.1s。

3)照明箱(盘)内，分别设置零线(N)和保护地线(PE 线)汇流排，零线和保护地线经汇流排配出。

一 般 项 目

(10)基础型钢安装应符合表 3-122 的规定。

基础型钢安装允许偏差 **表 3-122**

项目	允许偏差	
	(mm/m)	(mm/全长)
不直度	1	5
水平度	1	5
不平行度	/	5

(11)柜、屏、台、箱、盘相互间或与基础型钢应用镀锌螺栓连接,且防松零件齐全。

(12)柜、屏、台、箱、盘安装垂直度允许偏差为 1.5‰,相互间接缝不应大于 2mm,成列盘面偏差不应大于 5mm。

(13)柜、屏、台、箱、盘内检查试验应符合下列规定:

1)控制开关及保护装置的规格、型号符合设计要求;

2)闭锁装置动作准确、可靠;

3)主开关的辅助开关切换动作与主开关动作一致;

4)柜、屏、台、箱、盘上的标识器件标明被控设备编号及名称,或操作位置,接线端子有编号,且清晰、工整、不易脱色。

5)回路中的电子元件不应参加交流工频耐压试验;48V 及以下回路可不做交流工频耐压试验。

(14)低压电器组合应符合下列规定:

1)发热元件安装在散热良好的位置;

2)熔断器的熔体规格、自动开关的整定值符合设计要求;

3)切换压板接触良好,相邻压板间有安全距离,切换时,不触及相邻的压板;

4)信号回路的信号灯、按钮、光字牌、电铃、电笛、事故电钟等动作和信号显示准确;

5)外壳需接地(PE)或接零(PEN)的,连接可靠;

6)端子排安装牢固,端子有序号,强电、弱电端子隔离布置,端子规格与芯线截面积大小适配。

(15)柜、屏、台、箱、盘间配线:电流回路应采用额定电压不低于 750V、芯线截面积不小于 $2.5mm^2$ 的铜芯绝缘电线或电缆;除电子元件回路或类似回路外,其他回路的电线应采用额定电压不低于 750V、芯线截面不小于 $1.5mm^2$ 的铜芯绝缘电线或电缆。

二次回路连线应成束绑扎,不同电压等级、交流、直流线路及计算机控制线路应分别绑扎,且有标识;固定后不应妨碍手车开关或抽出式部件的拉出或推入。

(16)连接柜、屏、台、箱、盘面板上的电器及控制台、板等可动部位的电线应符合下列规定:

1)采用多股铜芯软电线,敷设长度留有适当裕量;

2)线束有外套塑料管等加强绝缘保护层;

3)与电器连接时,端部绞紧,且有不开口的终端端子或搪锡,不松散、断股;

4)可转动部位的两端用卡子固定。

(17)照明配电箱(盘)安装应符合下列规定:

1)位置正确,部件齐全,箱体开孔与导管管径适配,暗装配电箱箱盖紧贴墙面,箱(盘)涂层完整;

2)箱(盘)内接线整齐,回路编号齐全,标识正确;

3)箱(盘)不采用可燃材料制作;

4)箱(盘)安装牢固,垂直度允许偏差为 1.5‰;底边距地面为 1.5m,照明配电板底边距地面不小于 1.8m。

135. 低压电动机、电加热器及电动执行机构检查接线有什么要求?

主 控 项 目

(1)电动机、电加热器及电动执行机构的可接近裸露导体必须接地(PE)或接零(PEN)。

(2)电动机、电加热器及电动执行机构绝缘电阻值应大于 0.5MΩ。

(3)100kW 以上的电动机,应测量各相直流电阻值,相互差不应大于最小值的 2%;无中性点引出的电动机,测量线间直流电阻值，相互差不应大于最小值的1%。

一 般 项 目

(1)电气设备安装应牢固，螺栓及防松零件齐全，不松动。防水防潮电气设备的接线入口及接线盒盖等应做密封处理。

(2)除电动机随带技术文件说明不允许在施工现场抽芯检查外，有下列情况之一的电动机，应抽芯检查：

1)出厂时间已超过制造厂保证期限，无保证期限的已超过出厂时间一年以上；

2)外观检查、电气试验、手动盘转和试运转，有异常情况。

(3)电动机抽芯检查应符合下列规定：

1)线圈绝缘层完好、无伤痕，端部绑线不松动，槽楔固定、无断裂，引线焊接饱满，内部清洁，通风孔道无堵塞；

2)轴承无锈斑，注油(脂)的型号、规格和数量正确，转子平衡块紧固，平衡螺丝锁紧，风扇叶片无裂纹；

3)连接用紧固件的防松零件齐全完整；

4)其他指标符合产品技术文件的特有要求。

(4)在设备接线盒内裸露的不同相导线间和导线对地间最小距离应大于8mm，否则应采取绝缘防护措施。

136. 裸母线、封闭母线、插接式母线安装验收有什么要求?

主 控 项 目

(1)绝缘子的底座、套管的法兰、保护网(罩)及母线支架等可接近裸露导体应接地(PE)或接零(PEN)可靠。不应作为接地(PE)或接零(PEN)的接续导体。

(2)母线与母线或母线与电器接线端子，当采用螺栓搭接连接时，应符合下列规定：

1)母线的各类搭接连接的钻孔直径和搭接长度符合规范的规定，用力矩扳手拧紧钢制连接螺栓的力矩值符合规范的规定；

2)母线接触面保持清洁，涂电力复合脂，螺栓孔周边无毛刺；

3)连接螺栓两侧有平垫圈,相邻垫圈间有大于3mm的间隙,螺母侧装有弹簧垫圈或锁紧螺母;

4)螺栓受力均匀,不使电器的接线端子受额外应力。

(3)封闭、插接式母线安装应符合下列规定:

1)母线与外壳同心,允许偏差为±5mm;

2)当段与段连接时,两相邻段母线及外壳对准,连接后不使母线及外壳受额外应力;

3)母线的连接方法符合产品技术文件要求。

(4)室内裸母线的最小安全净距应符合规范的规定。

(5)高压母线交流工频耐压试验必须按规范的规定交接试验合格。

(6)低压母线交接试验应符合规范的规定。

一 般 项 目

(7)母线的支架与预埋铁件采用焊接固定时,焊缝应饱满;采用膨胀螺栓固定时,选用的螺栓应适配,连接应牢固。

(8)母线与母线、母线与电器接线端子搭接,搭接面的处理应符合下列规定:

1)铜与铜:室外、高温且潮湿的室内,搭接面搪锡;干燥的室内,不搪锡;

2)铝与铝:搭接面不做涂层处理;

3)钢与钢:搭接面搪锡或镀锌;

4)铜与铝:在干燥的室内,铜导体搭接面搪锡;在潮湿场所,铜导体搭接面搪锡,且采用铜铝过渡板与铝导体连接;

5)钢与铜或铝:钢搭接面搪锡。

(9)母线的相序排列及涂色,当设计无要求时应符合下列规定:

1)上、下布置的交流母线,由上至下排列为A、B、C相;直流母线正极在上,负极在下;

2)水平布置的交流母线,由盘后向盘前排列为A、B、C相;直流母线正极在后,负极在前;

3)面对引下线的交流母线,由左至右排列为A、B、C相;直流母线正极在左,负极在右;

4)母线的涂色:交流,A相为黄色、B相为绿色、C相为红色;直流,正极为赭色、负极为蓝色;在连接处或支持件边缘两侧10mm以内不涂色。

(10)母线在绝缘子上安装应符合下列规定:

1)金具与绝缘子间的固定平整牢固,不使母线受额外应力;

2)交流母线的固定金具或其他支持金具不形成闭合铁磁回路;

3)除固定点外,当母线平置时,母线支持夹板的上部压板与母线间有1~1.5mm的间隙;当母线立置时,上部压板与母线间有1.5~2mm的间隙;

4)母线的固定点,每段设置1个,设置于全长或两母线伸缩节的中点;

5)母线采用螺栓搭接时,连接处距绝缘子的支持夹板边缘不小于50mm。

(11)封闭、插接式母线组装和固定位置应正确,外壳与底座间、外壳各连接部位和母线的连接螺栓应按产品技术文件要求选择正确,连接紧固。

137. 电线导管、电缆导管和线槽敷设有什么要求?

主 控 项 目

(1)金属的导管和线槽必须接地(PE)或接零(PEN)可靠,并符合下列规定:

1)镀锌的钢导管、可挠性导管和金属线槽不得熔焊跨接接地线,以专用接地卡跨接的两卡间连线为铜芯软导线,截面积不小于$4mm^2$;

2)当非镀锌钢导管采用螺纹连接时,连接处的两端焊跨接接地线;当镀锌钢导管采用螺纹连接时,连接处的两端用专用接地卡固定跨接接地线；

3)金属线槽不作设备的接地导体，当设计无要求时，金属线槽全长不少于2处与接地(PE)或接零(PEN)干线连接；

4)非镀锌金属线槽间连接板的两端跨接铜芯接地线，镀锌线槽间连接板的两端不跨接接地线，但连接板两端不少于2个有防松螺帽或防松垫圈的连接固定螺栓。

(2)金属导管严禁对口熔焊连接；镀锌和壁厚小于等于2mm的钢导管不得套管熔焊连接。

(3)防爆导管不应采用倒扣连接；当连接有困难时，应采用防爆活接头，其接合面应严密。

(4)当绝缘导管在砌体上剔槽埋设时，应采用强度等级不小于M10的水泥砂浆抹面保护，保护层厚度大于15mm。

一 般 项 目

(5)室外埋地敷设的电缆导管，埋深不应小于0.7m。壁厚小于等于2mm的钢电线导管不应埋设于室外土壤内。

(6)室外导管的管口应设置在盒、箱内。在落地式配电箱内的管口，箱底无封板的，管口应高出基础面50～80mm。所有管口在穿入电线、电缆后应做密封处理。由箱式变电所或落地式配电箱引向建筑物的导管，建筑物一侧的导管管口应设在建筑物内。

(7)电缆导管的弯曲半径不应小于电缆最小允许弯曲半径，电缆最小允许弯曲半径应符合规范的规定。

(8)金属导管内外壁应防腐处理；埋设于混凝土内的导管内壁应防腐处理，外壁可不防腐处理。

(9)室内进入落地式柜、台、箱、盘内的导管管口，应高出柜、台、箱、盘的基础面50～80mm。

(10)暗配的导管，埋设深度与建筑物、构筑物表面的距离不应小于15mm；明配的导管应排列整齐，固定点间距均匀，安装牢固；在终端、弯头中点或柜、台、箱、盘等边缘的距离150～500mm范围内设有管卡，中间直线段管卡间的最大距离应符合表3-123的规定。

管卡间最大距离 **表 3-123**

敷设方式	导管种类	导管直径(mm)				
		15～20	25～32	32～40	50～65	65 以上
		管卡间最大距离(m)				
支架或沿墙明敷	壁厚>2mm 刚性钢导管	1.5	2.0	2.5	2.5	3.5
	壁厚≤2mm 刚性钢导管	1.0	1.5	2.0	—	—
	刚性绝缘导管	1.0	1.5	1.5	2.0	2.0

(11)线槽应安装牢固,无扭曲变形,紧固件的螺母应在线槽外侧。

(12)防爆导管敷设应符合下列规定:

1)导管间及与灯具、开关、线盒等的螺纹连接处紧密牢固,除设计有特殊要求外,连接处不跨接接地线,在螺纹上涂以电力复合酯或导电性防锈酯;

2)安装牢固顺直,镀锌层锈蚀或剥落处做防腐处理。

(13)绝缘导管敷设应符合下列规定:

1)管口平整光滑;管与管、管与盒(箱)等器件采用插入法连接时,连接处结合面涂专用胶合剂,接口牢固密封;

2)直埋于地下或楼板内的刚性绝缘导管,在穿出地面或楼板易受机械损伤的一段,采取保护措施;

3)当设计无要求时,埋设在墙内或混凝土内的绝缘导管,采用中型以上的导管;

4)沿建筑物、构筑物表面和在支架上敷设的刚性绝缘导管,按设计要求装设温度补偿装置。

(14)金属、非金属柔性导管敷设应符合下列规定:

1)刚性导管经柔性导管与电气设备、器具连接,柔性导管的长度在动力工程中不大于 0.8m,在照明工程中不大于 1.2m;

2)可挠金属管或其他柔性导管与刚性导管或电气设备、器具间的连接采用专用接头;复合型可挠金属管或其他柔性导管的连接处密封良好,防液覆盖层完整无损;

3)可挠性金属导管和金属柔性导管不能做接地(PE)或接零(PEN)的接续导体。

(15)导管和线槽,在建筑物变形缝处,应设补偿装置。

138. 电缆头制作、接线和线路绝缘测试有什么要求?

主 控 项 目

(1)高压电力电缆直流耐压试验必须按规范的规定交接试验合格。

(2)低压电线和电缆,线间和线对地间的绝缘电阻值必须大于0.5MΩ。

(3)铠装电力电缆头的接地线应采用铜绞线或镀锡铜编织线,截面积不应小于表3-124的规定。

电缆芯线和接地线截面积(mm^2) **表3-124**

电缆芯线截面积	接地线截面积
120及以下	16
150及以上	25

注:电缆芯线截面积在16mm^{2}及以下,接地线截面积与电缆芯线截面积相等。

(4)电线、电缆接线必须准确,并联运行电线或电缆的型号、规格、长度、相位应一致。

一 般 项 目

(1)芯线与电器设备的连接应符合下列规定:

1)截面积在10mm^{2}及以下的单股铜芯线和单股铝芯线直接与设备、器具的端子连接;

2)截面积在2.5mm^{2}及以下的多股铜芯线拧紧搪锡或接续端子后与设备、器具的端子连接;

3)截面积大于2.5mm^{2}的多股铜芯线,除设备自带插接式端子外,接续端子后与设备或器具的端子连接;多股铜芯线与插接式端子连接前,端部拧紧搪锡;

4)多股铝芯线接续端子后与设备、器具的端子连接;

5)每个设备和器具的端子接线不多于2根电线。

(2)电线、电缆的芯线连接金具(连接管和端子),规格应与芯线的规格适配,且不得采用开口端子。

(3)电线、电缆的回路标记应清晰,编号准确。

139.普通灯具安装的验收有什么要求?

主控项目

(1)灯具的固定应符合下列规定:

1)灯具重量大于3kg时,固定在螺栓或预埋吊钩上;

2)软线吊灯,灯具重量在0.5kg及以下时,采用软电线自身吊装;大于0.5kg的灯具采用吊链,且软电线编叉在吊链内,使电线不受力;

3)灯具固定牢固可靠,不使用木楔。每个灯具固定用螺钉或螺栓不少于2个;当绝缘台直径在75mm及以下时,采用1个螺钉或螺栓固定。

(2)花灯吊钩圆钢直径不应小于灯具挂销直径,且不应小于6mm。大型花灯的固定及悬吊装置,应按灯具重量的2倍做过载试验。

(3)当钢管做灯杆时,钢管内径不应小于10mm,钢管厚度不应小于1.5mm。

(4)固定灯具带电部件的绝缘材料以及提供防触电保护的绝缘材料,应耐燃烧和防明火。

(5)当设计无要求时,灯具的安装高度和使用电压等级应符合下列规定:

1)一般敞开式灯具,灯头对地面距离不小于下列数值(采用安全电压时除外):

A. 室外:2.5m(室外墙上安装);

B. 厂房:2.5m;

C. 室内:2m;

D. 软吊线带升降器的灯具在吊线展开后:0.8m。

2)危险性较大及特殊危险场所,当灯具距地面高度小于2.4m时,使用额定电压为36V及以下的照明灯具,或有专用保护措施。

(6)当灯具距地面高度小于2.4m时,灯具的可接近裸露导体必须接地(PE)或接零(PEN)可靠,并应有专用接地螺栓,且有标识。

一 般 项 目

(7)引向每个灯具的导线线芯最小截面积应符合表3-125的规定

导线线芯最小截面积(mm²) **表3-125**

灯具安装的场所及用途		线芯最小截面积		
		铜芯软线	铜 线	铝 线
灯头线	民用建筑室内	0.5	0.5	2.5
	工业建筑室内	0.5	1.0	2.5
	室 外	1.0	1.0	2.5

(8)灯具的外形、灯头及其接线应符合下列规定:

1)灯具及其配件齐全,无机械损伤、变形、涂层剥落和灯罩破裂等缺陷;

2)软线吊灯的软线两端做保护扣,两端芯线搪锡;当装升降器时,套塑料软管,采用安全灯头;

3)除敞开式灯具外,其他各类灯具灯泡容量在100W及以上者采用瓷质灯头;

4)连接灯具的软线盘扣、搪锡压线,当采用螺口灯头时,相线接于螺口灯头中间的端子上;

5)灯头的绝缘外壳不破损和漏电;带有开关的灯头,开关手柄无裸露的金属部分。

(9)变电所内,高低压配电设备及裸母线的正上方不应安装灯具。

(10)装有白炽灯泡的吸顶灯具,灯泡不应紧贴灯罩;当灯泡与绝缘台间距离小于 5mm 时，灯泡与绝缘台间应采取隔热措施。

(11)安装在重要场所的大型灯具的玻璃罩，应采取防止玻璃罩碎裂后向下溅落的措施。

(12)投光灯的底座及支架应固定牢固，枢轴应沿需要的光轴方向拧紧固定。

(13)安装在室外的壁灯应有泄水孔，绝缘台与墙面之间应有防水措施。

140. 专用灯具安装的验收有什么要求？

主 控 项 目

(1)36V 及以下行灯变压器和行灯安装必须符合下列规定：

1)行灯电压不大于 36V，在特殊潮湿场所或导电良好的地面上以及工作地点狭窄、行动不便的场所行灯电压不大于 12V；

2)变压器外壳、铁芯和低压侧的任意一端或中性点，接地(PE)或接零(PEN)可靠；

3)行灯变压器为双圈变压器，其电源侧和负荷侧有熔断器保护，熔丝额定电流分别不应大于变压器一次、二次的额定电流；

4)行灯灯体及手柄绝缘良好，坚固耐热耐潮湿；灯头与灯体结合紧固，灯头无开关，灯泡外部有金属保护网、反光罩及悬吊挂钩，挂钩固定在灯具的绝缘手柄上。

(2)游泳池和类似场所灯具(水下灯及防水灯具)的等电位联结应可靠，且有明显标识，其电源的专用漏电保护装置应全部检测合格。自电源引入灯具的导管必须采用绝缘导管，严禁采用金属或有金属护层的导管。

(3)手术台无影灯安装应符合下列规定：

1)固定灯座的螺栓数量不少于灯具法兰底座上的固定孔数，且螺栓直径与底座孔径相适配；螺栓采用双螺母锁固；

2)在混凝土结构上螺栓与主筋相焊接或将螺栓末端弯曲与主筋绑扎锚固；

3)配电箱内装有专用的总开关及分路开关,电源分别接在两条专用的回路上,开关至灯具的电线采用额定电压不低于750V的铜芯多股绝缘电线。

(4)应急照明灯具安装应符合下列规定:

1)应急照明灯的电源除正常电源外,另有一路电源供电;或者是独立于正常电源的柴油发电机组供电;或由蓄电池柜供电或选用自带电源型应急灯具;

2)应急照明在正常电源断电后,电源转换时间为:疏散照明≤15s;备用照明≤15s(金融商店交易所≤1.5s);安全照明≤0.5s;

3)疏散照明由安全出口标志灯和疏散标志灯组成。安全出口标志灯距地高度不低于2m,且安装在疏散出口和楼梯口里侧的上方;

4)疏散标志灯安装在安全出口的顶部,楼梯间、疏散走道及其转角处应安装在1m以下的墙面上。不易安装的部位可安装在上部。疏散通道上的标志灯间距不大于20m(人防工程不大于10m);

5)疏散标志灯的设置,不影响正常通行,且不在其周围设置容易混同疏散标志灯的其他标志牌等;

6)应急照明灯具、运行中温度大于60℃的灯具,当靠近可燃物时,采取隔热、散热等防火措施。当采用白炽灯,卤钨灯等光源时,不直接安装在可燃装修材料或可燃物件上;

7)应急照明线路在每个防火分区有独立的应急照明回路,穿越不同防火分区的线路有防火隔堵措施;

8)疏散照明线路采用耐火电线、电缆,穿管明敷或在非燃烧体内穿刚性导管暗敷,暗敷保护层厚度不小于30mm。电线采用额定电压不低于750V的铜芯绝缘电线。

(5)防爆灯具安装应符合下列规定:

1)灯具的防爆标志、外壳防护等级和温度组别与爆炸危险环境相适配。当设计无要求时,灯具种类和防爆结构的选型应符合表3-126的规定;

灯具种类和防爆结构的选型 **表 3-126**

爆炸危险区域防爆结构 照明设备种类	Ⅰ区		Ⅱ区	
	隔爆型 d	增安型 e	隔爆型 d	增安型 e
固定式灯	○	×	○	○
移动式灯	△	—	○	—
携带式电池灯	○	—	○	—
镇 流 器	○	△	○	○

注:○为适用;△为慎用;×为不适用。

2)灯具配套齐全,不用非防爆零件替代灯具配件(金属护网、灯罩、接线盒等);

3)灯具的安装位置离开释放源,且不在各种管道的泄压口及排放口上下方安装灯具;

4)灯具及开关安装牢固可靠,灯具吊管及开关与接线盒螺纹啮合扣数不少于 5 扣,螺纹加工光滑、完整、无锈蚀,并在螺纹上涂以电力复合酯或导电性防锈酯;

5)开关安装位置便于操作,安装高度 1.3m。

一 般 项 目

(6)36V 及以下行灯变压器和行灯安装应符合下列规定:

1)行灯变压器的固定支架牢固,油漆完整;

2)携带式局部照明灯电线采用橡套软线。

(7)手术台无影灯安装应符合下列规定:

1)底座紧贴顶板,四周无缝隙;

2)表面保持整洁、无污染,灯具镀、涂层完整无划伤。

(8)应急照明灯具安装应符合下列规定:

1)疏散照明采用荧光灯或白炽灯;安全照明采用卤钨灯,或采用瞬时可靠点燃的荧光灯;

2)安全出口标志灯和疏散标志灯装有玻璃或非燃材料的保护罩,面板亮度均匀度为 1:10(最低:最高),保护罩应完整、无裂纹。

(9)防爆灯具安装应符合下列规定:

1)灯具及开关的外壳完整,无损伤、无凹陷或沟槽,灯罩无裂纹,金属护网无扭曲变形,防爆标志清晰;

2)灯具及开关的紧固螺栓无松动、锈蚀,密封垫圈完好。

141. 开关、插座、风扇安装的验收有什么要求?

主 控 项 目

(1)当交流、直流或不同电压等级的插座安装在同一场所时,应有明显的区别,且必须选择不同结构、不同规格和不能互换的插座;配套的插头应按交流、直流或不同电压等级区别使用。

(2)插座接线应符合下列规定:

1)单相两孔插座,面对插座的右孔或上孔与相线连接,左孔或下孔与零线连接;单相三孔插座,面对插座的右孔与相线连接,左孔与零线连接;

2)单相三孔、三相四孔及三相五孔插座的接地(PE)或接零(PEN)线接在上孔。插座的接地端子不与零线端子连接。同一场所的三相插座,接线的相序一致。

3)接地(PE)或接零(PEN)线在插座间不串联连接。

(3)特殊情况下插座安装应符合下列规定:

1)当接插有触电危险家用电器的电源时,采用能断开电源的带开关插座,开关断开相线;

2)潮湿场所采用密封型并带保护地线触头的保护型插座,安装高度不低于1.5m。

(4)照明开关安装应符合下列规定:

1)同一建筑物、构筑物的开关采用同一系列的产品,开关的通断位置一致,操作灵活、接触可靠;

2)相线经开关控制;民用住宅无软线引至床边的床头开关。

(5)吊扇安装应符合下列规定:

1)吊扇挂钩安装牢固,吊扇挂钩的直径不小于吊扇挂销直径,且不小于8mm;有防振橡胶垫;挂销的防松零件齐全、可靠;

2)吊扇扇叶距地高度不小于2.5m;

3)吊扇组装不改变扇叶角度,扇叶固定螺栓防松零件齐全;

4)吊杆间、吊杆与电机间螺纹连接,啮合长度不小于 20mm,且防松零件齐全紧固;

5)吊扇接线正确,当运转时扇叶无明显颤动和异常声响。

(6)壁扇安装应符合下列规定:

1)壁扇底座采用尼龙塞或膨胀螺栓固定;尼龙塞或膨胀螺栓的数量不少于 2 个,且直径不小于 8mm。固定牢固可靠;

2)壁扇防护罩扣紧,固定可靠,当运转时扇叶和防护罩无明显颤动和异常声响。

一 般 项 目

(7)插座安装应符合下列规定:

1)当不采用安全型插座时,托儿所、幼儿园及小学等儿童活动场所安装高度不小于 1.8m;

2)暗装的插座面板紧贴墙面,四周无缝隙,安装牢固,表面光滑整洁、无碎裂、划伤,装饰帽齐全;

3)车间及试(实)验室的插座安装高度距地面不小于 0.3m;特殊场所暗装的插座不小于 0.15m;同一室内插座安装高度一致;

4)地插座面板与地面齐平或紧贴地面,盖板固定牢固,密封良好。

(8)照明开关安装应符合下列规定:

1)开关安装位置便于操作,开关边缘距门框边缘的距离 0.15～0.2m,开关距地面高度 1.3m;拉线开关距地面高度 2～3m,层高小于 3m 时,拉线开关距顶板不小于 100mm,拉线出口垂直向下;

2)相同型号并列安装及同一室内开关安装高度一致,且控制有序不错位。并列安装的拉线开关的相邻间距不小于 20mm;

3)暗装的开关面板应紧贴墙面,四周无缝隙,安装牢固,表面光滑整洁、无碎裂、划伤,装饰帽齐全。

(9)吊扇安装应符合下列规定:

1)涂层完整,表面无划痕、无污染,吊杆上下扣碗安装牢固到位;

2)同一室内并列安装的吊扇开关高度一致,且控制有序不错位。

(10)壁扇安装应符合下列规定:

1)壁扇下侧边缘距地面高度不小于1.8m;

2)涂层完整,表面无划痕、无污染,防护罩无变形。

142. 避雷引下线和变配电室接地干线敷设有什么要求?

主 控 项 目

(1)暗敷在建筑物抹灰层内的引下线应有卡钉分段固定;明敷的引下线应平直、无急弯,与支架焊接处,油漆防腐,且无遗漏。

(2)变压器室、高低压开关室内的接地干线应有不少于2处与接地装置引出干线连接。

(3)当利用金属构件、金属管道做接地线时,应在构件或管道与接地干线间焊接金属跨接线。

一 般 项 目

(4)钢制接地线的焊接连接应符合规范的规定,材料采用及最小允许规格、尺寸应符合规范的规定。

(5)明敷接地引下线及室内接地干线的支持件间距应均匀,水平直线部分0.5~1.5m;垂直直线部分1.5~3m;弯曲部分0.3~0.5m。

(6)接地线在穿越墙壁、楼板和地坪处应加套钢管或其他坚固的保护套管,钢套管应与接地线做电气连通。

(7)变配电室内明敷接地干线安装应符合下列规定:

1)便于检查,敷设位置不妨碍设备的拆卸与检修;

2)当沿建筑物墙壁水平敷设时,距地面高度250~300mm;与建筑物墙壁间的间隙10~15mm;

3)当接地线跨越建筑物变形缝时,设补偿装置;

4)接地线表面沿长度方向,每段为15~100mm,分别涂以黄色和绿色相间的条纹;

5)变压器室、高压配电室的接地干线上应设置不少于2个供临时接地用的接线柱或接地螺栓。

(8)当电缆穿过零序电流互感器时,电缆头的接地线应通过零序电流互感器后接地;由电缆头至穿过零序电流互感器的一段电缆金属护层和接地线应对地绝缘。

(9)配电间隔和静止补偿装置的栅栏门及变配电室金属门铰链处的接地连接,应采用编织铜线。变配电室的避雷器应用最短的接地线与接地干线连接。

(10)设计要求接地的幕墙金属框架和建筑物的金属门窗,应就近与接地干线连接可靠,连接处不同金属间应有防电化腐蚀措施。

143.通风与空调工程的验收有什么基本规定?

(1)通风与空调工程施工质量的验收,除应符合规范的规定外,还应按照被批准的设计图纸、合同约定的内容和相关技术标准的规定进行。施工图纸修改必须有设计单位的设计变更通知书或技术核定签证。

(2)承担通风与空调工程项目的施工企业,应具有相应工程施工承包的资质等级及相应质量管理体系。

(3)施工企业承担通风与空调工程施工图纸深化设计及施工时,还必须具有相应的设计资质及其质量管理体系,并应取得原设计单位的书面同意或签字认可。

(4)通风与空调工程施工现场的质量管理应符合《建筑工程施工质量验收统一标准》(GB50300—2001)的规定。

(5)通风与空调工程所使用的主要原材料、成品、半成品和设备的进场,必须对其进行验收。验收应经监理工程师认可,并应形成相应的质量记录。

(6)通风与空调工程的施工,应把每一个分项施工工序作为工序交接检验点,并形成相应的质量记录。

(7)通风与空调工程施工过程中发现设计文件有差错的,应及时提出修改意见或更正建议，并形成书面文件及归档。

(8)当通风与空调工程作为建筑工程的分部工程施工时，其子分部与分项工程的划分应按表3-127规定执行。当通风与空调工程作为单位工程独立验收时，子分部上升为分部，分项工程的划分同上。

通风与空调分部工程的子分部划分 **表3-127**

<table>
<tr><th>子分部工程</th><th colspan="2">分项工程</th></tr>
<tr><td>送、排风系统</td><td rowspan="5">风管与配件制作
部件制作
风管系统安装
风管与设备防腐
风机安装
系统调试</td><td>通风设备安装，消声设备制作与安装</td></tr>
<tr><td>防、排烟系统</td><td>排烟风口、常闭正压风口与设备安装</td></tr>
<tr><td>除尘系统</td><td>除尘器与排污设备安装</td></tr>
<tr><td>空调系统</td><td>空调设备安装，消声设备制作与安装，风管与设备绝热</td></tr>
<tr><td>净化空调系统</td><td>空调设备安装，消声设备制作与安装，风管与设备绝热，高效过滤器安装，净化设备安装</td></tr>
<tr><td>制冷系统</td><td colspan="2">制冷机组安装，制冷剂管道及配件安装，制冷附属设备安装，管道及设备的防腐与绝热，系统调试</td></tr>
<tr><td>空调水系统</td><td colspan="2">冷热水管道系统安装，冷却水管道系统安装，冷凝水管道系统安装，阀门及部件安装，冷却塔安装，水泵及附属设备安装，管道与设备的防腐与绝热，系统调试</td></tr>
</table>

(9)通风与空调工程的施工应按规定的程序进行，并与土建及其他专业工种互相配合；与通风与空调系统有关的土建工程施工完毕后，应由建设或总承包、监理、设计及施工单位共同会检。会检的组织宜由建设、监理或总承包单位负责。

(10)通风与空调工程分项工程施工质量的验收，应按本规范对应分项的具体条文规定执行。子分部中的各个分项，可根据施工工程的实际情况一次验收或数次验收。

(11)通风与空调工程中的隐蔽工程，在隐蔽前必须经监理人员验收及认可签证。

(12)通风与空调工程中从事管道焊接施工的焊工，必须具备操作资格证书和相应类别管道焊接的考核合格证书。

(13)通风与空调工程竣工的系统调试,应在建设和监理单位的共同参与下进行,施工企业应具有专业检测人员和符合有关标准规定的测试仪器。

(14)通风与空调工程施工质量的保修期限,自竣工验收合格日起计算为二个采暖期、供冷期。在保修期内发生施工质量问题的,施工企业应履行保修职责,责任方承担相应的经济责任。

(15)净化空调系统洁净室(区域)的洁净度等级应符合设计的要求。洁净度等级的检测应按规范规定,洁净度等级与空气中悬浮粒子的最大浓度限值(C_n)应按规范规定。

(16)分项工程检验批验收合格质量应符合下列规定:

1)具有施工单位相应分项合格质量的验收记录;

2)主控项目的质量抽样检验应全数合格;

3)一般项目的质量抽样检验,除有特殊要求外,计数合格率不应小于80%,且不得有严重缺陷。

144.风管制作验收的一般规定有什么?

(1)这里讨论的适用于建筑工程通风与空调工程中,使用的金属、非金属风管与复合材料风管或风道的加工、制作质量的检验与验收。

(2)对风管制作质量的验收,应按其材料、系统类别和使用场所的不同分别进行,主要包括风管的材质、规格、强度、严密性与成品外观质量等项内容。

(3)风管制作质量的验收,按设计图纸与规范的规定执行。工程中所选用的外购风管,还必须提供相应的产品合格证明文件或进行强度和严密性的验证,符合要求的方可使用。

(4)通风管道规格的验收,风管以外径或外边长为准,风道以内径或内边长为准。通风管道的规格宜按照表3-128、表3-129的规定。圆形风管应优先采用基本系列。非规则椭圆形风管参照矩形风管,并以长径平面边长及短径尺寸为准。

圆形风管规格(mm)　　表 3-128

风管直径 D			
基本系列	辅助系列	基本系列	辅助系列
100	80	500	480
	90	560	530
120	110	630	600
140	130	700	670
160	150	800	750
180	170	900	850
200	190	1000	950
220	210	1120	1060
250	240	1250	1180
280	260	1400	1320
320	300	1600	1500
360	340	1800	1700
400	380	2000	1900
450	420		

矩形风管规格(mm)　　表 3-129

风管边长				
120	320	800	2000	4000
160	400	1000	2500	—
200	500	1250	3000	—
250	630	1600	3500	—

(5)风管系统按其系统的工作压力划分为三个类别,其类别划分应符合表 3-130 的规定。

风管系统类别划分 **表 3-130**

系统类别	系统工作压力 P(Pa)	密封要求
低压系统	$P \leqslant 500$	接缝和接管连接处严密
中压系统	$500 < P \leqslant 1500$	接缝和接管连接处增加密封措施
高压系统	$P > 1500$	所有的拼接缝和接管连接处,均应采取密封措施

(6)镀锌钢板及各类含有复合保护层的钢板,应采用咬口连接或铆接,不得采用影响其保护层防腐性能的焊接连接方法。

(7)风管的密封,应以板材连接的密封为主,可采用密封胶嵌缝和其他方法密封。密封胶性能应符合使用环境的要求,密封面宜设在风管的正压侧。

145. 风管制作验收的主控项目有什么?

(1)金属风管的材料品种、规格、性能与厚度等应符合设计和现行国家产品标准的规定。当设计无规定时,应按规范规定执行。钢板或镀锌钢板的厚度不得小于表 3-131 的规定;不锈钢板的厚度不得小于表 3-132 的规定;铝板的厚度不得小于表 3-133 的规定。

钢板风管板材厚度(mm) **表 3-131**

类别 / 风管直径 D 或长边尺寸 b	圆形风管	矩形风管		除尘系统风管
		中、低压系统	高压系统	
$D(b) \leqslant 320$	0.5	0.5	0.75	1.5
$320 < D(b) \leqslant 450$	0.6	0.6	0.75	1.5
$450 < D(b) \leqslant 630$	0.75	0.6	0.75	2.0
$630 < D(b) \leqslant 1000$	0.75	0.75	1.0	2.0
$1000 < D(b) \leqslant 1250$	1.0	1.0	1.0	2.0
$1250 < D(b) \leqslant 2000$	1.2	1.0	1.2	按设计
$2000 < D(b) \leqslant 4000$	按设计	1.2	按设计	

注:1. 螺旋风管的钢板厚度可适当减小 10%~15%。
2. 排烟系统风管钢板厚度可按高压系统。
3. 特殊除尘系统风管钢板厚度应符合设计要求。
4. 不适用于地下人防与防火隔墙的预埋管。

高、中、低压系统不锈钢板风管板材厚度(mm)　表 3-132

风管直径或长边尺寸 b	不锈钢板厚度
$b \leqslant 500$	0.5
$500 < b \leqslant 1120$	0.75
$1120 < b \leqslant 2000$	1.0
$2000 < b \leqslant 4000$	1.2

中、低压系统铝板风管板材厚度(mm)　表 3-133

风管直径或长边尺寸 b	铝板厚度
$b \leqslant 320$	1.0
$320 < b \leqslant 630$	1.5
$630 < b \leqslant 2000$	2.0
$2000 < b \leqslant 4000$	按设计

检查数量:按材料与风管加工批数量抽查10%,不得小于5件。

检查方法:查验材料质量合格证明文件、性能检测报告,尺量、观察检查。

(2)非金属风管的材料品种、规格、性能与厚度等应符合设计和现行国家产品标准的规定。当设计无规定时,应按规范执行。硬聚氯乙烯风管板材的厚度,不得小于表3-134、表3-135规定;有机玻璃钢风管板材的厚度,不得小于表3-136规定;无机玻璃钢风管板材的厚度应符合表3-137规定,相应的玻璃布层数不应小于表3-138规定,其表面不得出现返卤或严重泛霜。

用于高压风管系统的非金属风管厚度应按设计规定。

中、低压系统硬聚氯乙烯圆形风管板材厚度(mm)　表 3-134

风管直径 D	板材厚度
$D \leqslant 320$	3.0
$320 < D \leqslant 630$	4.0
$630 < D \leqslant 1000$	5.0
$1000 < D \leqslant 2000$	6.0

中、低压系统硬聚氯乙烯矩形风管板材厚度(mm)　表 3-135

风管长边尺寸 b	板材厚度
$b \leqslant 320$	3.0
$320 < b \leqslant 500$	4.0
$500 < b \leqslant 800$	5.0
$800 < b \leqslant 1250$	6.0
$1250 < b \leqslant 2000$	8.0

中、低压系统有机玻璃钢风管板材厚度(mm)　表 3-136

圆形风管直径 D 或矩形风管长边尺寸 b	壁厚
$D(b) \leqslant 200$	2.5
$200 < D(b) \leqslant 400$	3.2
$400 < D(b) \leqslant 630$	4.0
$630 < D(b) \leqslant 1000$	4.8
$1000 < D(b) \leqslant 2000$	6.2

中、低压系统无机玻璃钢风管板材厚度(mm)　表 3-137

圆形风管直径 D 或矩形风管长边尺寸 b	壁厚
$D(b) \leqslant 300$	2.5～3.5
$300 < D(b) \leqslant 500$	3.5～4.5
$500 < D(b) \leqslant 1000$	4.5～5.5
$1000 < D(b) \leqslant 1500$	5.5～6.5
$1500 < D(b) \leqslant 2000$	6.5～7.5
$D(b) > 2000$	7.5～8.5

中、低压系统无机玻璃钢风管
玻璃纤维布厚度与层数(mm)　表 3-138

圆形风管直径 D 或矩形风管长边 b	风管管体玻璃纤维布厚度		风管法兰玻璃纤维布厚度	
	0.3	0.4	0.3	0.4
	玻璃布层数			
$D(b) \leqslant 300$	5	4	8	7
$300 < D(b) \leqslant 500$	7	5	10	8

续表

圆形风管直径 D 或矩形风管长边 b	风管管体玻璃纤维布厚度		风管法兰玻璃纤维布厚度	
	0.3	0.4	0.3	0.4
	玻璃布层数			
$500<D(b)\leqslant1000$	8	6	13	9
$1000<D(b)\leqslant1500$	9	7	14	10
$1500<D(b)\leqslant2000$	12	8	16	14
$D(b)>2000$	14	9	20	16

检查数量:按材料与风管加工批数量抽查10%,不得小于5件。

检查方法:查验材料质量合格证明文件、性能检测报告,尺量、观察检查。

(3)防火风管的本体、框架与固定材料、密封垫料必须为不燃材料,其耐火等级应符合设计的规定。

检查数量:按材料与风管加工批数量抽查10%,不应少于5件。

检查方法:查验材料质量合格证明文件、性能检测报告,观察检查与点燃试验。

(4)复合材料风管的覆面材料必须为不燃材料,内部的绝热材料应为不燃或难燃 B_1 级,且对人体无害的材料。

检查数量:按材料与风管加工批数量抽查10%,不应小于5件。

检查方法:查验材料质量合格证明文件、性能检测报告,观察检查与点燃试验。

(5)风管必须通过工艺性的检测或验证,其强度和严密性要求应符合设计或下列规定:

1)风管的强度应能满足在1.5倍工作压力下接缝处无开裂;

2)矩形风管的允许漏风量应符合以下规定:

低压系统风管　　$Q_L\leqslant0.1056P^{0.65}$

中压系统风管　　$Q_M\leqslant0.0352P^{0.65}$

高压系统风管　　$Q_H\leqslant0.0117P^{0.65}$

式中　Q_L、Q_M、Q_H——系统风管在相应工作压力下，单位面积风管单位时间内的允许漏风量[$m^3/(h \cdot m^2)$]；

P——指风管系统的工作压力(Pa)。

3)低压、中压圆形金属风管、复合材料风管以及采用非法兰形式的非金属风管的允许漏风量，应为矩形风管规定值的50%；

4)砖、混凝土风道的允许漏风量不应大于矩形低压系统风管规定值的1.5倍；

5)排烟、除尘、低温送风系统按中压系统风管的规定，1～5级净化空调系统按高压系统风管的规定。

检查数量：按风管系统的类别和材质分别抽查，不得少于3件及$15m^2$。

检查方法：检查产品合格证明文件和测试报告，或进行风管强度和漏风量测试。

(6)金属风管的连接应符合下列规定：

1)风管板材拼接的咬口缝应错开，不得有十字形拼接缝。

2)金属风管法兰材料规格不应小于表3-139或表3-140的规定。中、低压系统风管法兰的螺栓及铆钉孔的孔距不得大于150mm；高压系统风管不得大于100mm。矩形风管法兰的四角部位应设有螺孔。

当采用加固方法提高了风管法兰部位的强度时，其法兰材料规格相应的使用条件可适当放宽。

无法兰连接风管的薄钢板法兰高度应参照金属法兰风管的规定执行。

金属圆形风管法兰及螺栓规格(mm)　　**表3-139**

风管直径 D	法兰材料规格		螺栓规格
	扁　钢	角　钢	
$D \leqslant 140$	20×4	—	M6
$140 < D \leqslant 280$	25×4	—	
$280 < D \leqslant 630$	—	25×3	

续表

风管直径 D	法兰材料规格		螺栓规格
	扁 钢	角 钢	
630＜D≤1250	—	30×4	M8
1250＜D≤2000	—	40×4	

金属矩形风管法兰及螺栓规格(mm)　　表 3-140

风管长边尺寸 b	法兰材料规格(角钢)	螺栓规格
b≤630	25×3	M6
630＜b≤1500	30×3	M8
1500＜b≤2500	40×4	
2500＜b≤4000	50×5	M10

检查数量:按加工批数量抽查5%,不得少于5件。

检查方法:尺量、观察检查。

(7)非金属(硬聚氯乙烯、有机、无机玻璃钢)风管的连接还应符合下列规定:

1)法兰的规格应分别符合表3-141、表3-142、表3-143的规定,其螺栓孔的间距不得大于120mm;矩形风管法兰的四角处,应设有螺孔;

硬聚氯乙烯圆形风管法兰规格(mm)　　表 3-141

风管直径 D	材料规格(宽×厚)	连接螺栓	风管直径 D	材料规格(宽×厚)	连接螺栓
D≤180	35×6	M6	800＜D≤1400	45×12	M10
180＜D≤400	35×8	M8	1400＜D≤1600	50×15	
400＜D≤500	35×10		1600＜D≤2000	60×15	
500＜D≤800	40×10		D＞2000	按设计	

硬聚氯乙烯矩形风管法兰规格(mm)　　表 3-142

风管边长 b	材料规格（宽×厚）	连接螺栓	风管边长 b	材料规格（宽×厚）	连接螺栓
$b \leqslant 160$	35×6	M6	$800 < b \leqslant 1250$	45×12	M10
$160 < b \leqslant 400$	35×8	M8	$1250 < b \leqslant 1600$	50×15	
$400 < b \leqslant 500$	35×10		$1600 < b \leqslant 2000$	60×18	
$500 < b \leqslant 800$	40×10	M10	$b > 2000$	按设计	

有机、无机玻璃钢风管法兰规格(mm)　　表 3-143

风管直径 D 或风管边长 b	材料规格(宽×厚)	连接螺栓
$D(b) \leqslant 400$	30×4	M8
$400 < D(b) \leqslant 1000$	40×6	
$1000 < D(b) \leqslant 2000$	50×8	M10

2)采用套管连接时,套管厚度不得小于风管板材厚度。

检查数量:按加工批数量抽查 5%,不得少于 5 件。

检查方法:尺量、观察检查。

(8)复合材料风管采用法兰连接时,法兰与风管板材的连接应可靠,其绝热层不得外露,不得采用降低板材强度和绝热性能的连接方法。

检查数量:按加工批数量抽查 5%,不得少于 5 件。

检查方法:尺量、观察检查。

(9)砖、混凝土风道的变形缝,应符合设计要求,不应渗水和漏风。

检查数量:全数检查。

检查方法:观察检查。

(10)金属风管的加固应符合下列规定:

1)圆形风管(不包括螺旋风管)直径大于等于 800mm,且其管段长度大于 1250mm 或总表面积大于 $4m^2$ 均应采取加固措施;

2)矩形风管边长大于 630mm、保温风管边长大于 800mm,管段长度大于 1250mm 或低压风管单边平面积大于 $1.2m^2$、中、高压风管大于 $1.0m^2$,均应采取加固措施;

3)非规则椭圆风管的加固,应参照矩形风管执行。

检查数量:按加工批抽查5%,不得少于5件。

检查方法:尺量、观察检查。

(11)非金属风管的加固,除应符合规范的规定外还应符合下列规定:

1)硬聚氯乙烯风管的直径或边长大于500mm时,其风管与法兰的连接处应设加强板,且间距不得大于450mm;

2)有机及无机玻璃钢风管的加固,应为本体材料或防腐性能相同的材料,并与风管成一整体。

检查数量:按加工批抽查5%,不得少于5件。

检查方法:尺量、观察检查。

(12)矩形风管弯管的制作,一般应采用曲率半径为一个平面边长的内外同心弧形弯管。当采用其他形式的弯管,平面边长大于500mm时,必须设置弯管导流片。

检查数量:其他形式的弯管抽查20%,不得少于2件。

检查方法:观察检查。

(13)净化空调系统风管还应符合下列规定:

1)矩形风管边长小于或等于900mm时,底面板不应有拼接缝;大于900mm时,不应有横向拼接缝;

2)风管所用的螺栓、螺母、垫圈和铆钉均应采用与管材性能相匹配、不会产生电化学腐蚀的材料,或采取镀锌或其他防腐措施,并不得采用抽芯铆钉;

3)不应在风管内设加固框及加固筋,风管无法兰连接不得使用S形插条、直角形插条及立联合角形插条等形式;

4)空气洁净度等级为1~5级的净化空调系统风管不得采用按扣式咬口;

5)风管的清洗不得用对人体和材质有危害的清洁剂;

6)镀锌钢板风管不得有镀锌层严重损坏的现象,如表层大面积白花、锌层粉化等。

检查数量:按风管数抽查20%,每个系统不得少于5个。

检查方法：查阅材料质量合格证明文件和观察检查，白绸布擦拭。

146．风管制作验收的一般项目是什么？

(1)金属风管的制作应符合下列规定：

1)圆形弯管的曲率半径(以中心线计)和最少分节数量应符合表3-144的规定。圆形弯管的弯曲角度及圆形三通、四通支管与总管夹角的制作偏差不应大于3°；

圆形弯管曲率半径和最少节数　　表3-144

弯管直径 D(mm)	曲率半径 R	弯管角度和最少节数							
		90°		60°		45°		30°	
		中节	端节	中节	端节	中节	端节	中节	端节
80～220	≥1.5D	2	2	1	2	1	2	—	2
220～450	D～1.5D	3	2	2	2	1	2	—	2
450～800	D～1.5D	4	2	2	2	1	2	1	2
800～1400	D	5	2	3	2	2	2	1	2
1400～2000	D	8	2	5	2	3	2	2	2

2)风管与配件的咬口缝应紧密、宽度应一致；折角应平直，圆弧应均匀；两端面平行。风管无明显扭曲与翘角；表面应平整，凹凸不大于10mm；

3)风管外径或外边长的允许偏差：当小于或等于300mm时，为2mm；当大于300mm时，为3mm。管口平面度的允许偏差为2mm，矩形风管两条对角线长度之差不应大于3mm；圆形法兰任意正交两直径之差不应大于2mm；

4)焊接风管的焊缝应平整，不应有裂缝、凸瘤、穿透的夹渣、气孔及其他缺陷等，焊接后板材的变形应矫正，并将焊渣及飞溅物清除干净。

检查数量：通风与空调工程按制作数量10%抽查，不得少于5件；净化空调工程按制作数量抽查20%，不得少于5件。

检查方法：查验测试记录，进行装配试验，尺量、观察检查。

(2)金属法兰连接风管的制作还应符合下列规定:

1)风管法兰的焊缝应熔合良好、饱满,无假焊和孔洞;法兰平面度的允许偏差为2mm,同一批量加工的相同规格法兰的螺孔排列应一致,并具有互换性。

2)风管与法兰采用铆接连接时,铆接应牢固、不应有脱铆和漏铆现象;翻边应平整、紧贴法兰,其宽度应一致,且不应小于6mm;咬缝与四角处不应有开裂与孔洞。

3)风管与法兰采用焊接连接时,风管端面不得高于法兰接口平面。除尘系统的风管,宜采用内侧满焊、外侧间断焊形式,风管端面距法兰接口平面不应小于5mm。

当风管与法兰采用点焊固定连接时,焊点应融合良好,间距不应大于100mm;法兰与风管应紧贴,不应有穿透的缝隙或孔洞。

4)当不锈钢板或铝板风管的法兰采用碳素钢时,其规格应符合规范的规定,并应根据设计要求做防腐处理;铆钉应采用与风管材质相同或不产生电化学腐蚀的材料。

检查数量:通风与空调工程按制作数量抽查10%,不得少于5件;净化空调工程按制作数量抽查20%,不得少于5件。

检查方法:查验测试记录,进行装配试验,尺量、观察检查。

(3)无法兰连接风管的制作还应符合下列规定:

1)无法兰连接风管的接口及连接件,应符合表3-145、表3-146的要求。圆形风管的芯管连接应符合表3-147的要求;

2)薄钢板法兰矩形风管的接口及附件,其尺寸应准确,形状应规则,接口处应严密;

薄钢板法兰的折边(或法兰条)应平直,弯曲度不应大于5/1000;弹性插条或弹簧夹应与薄钢板法兰相匹配;角件与风管薄钢板法兰四角接口的固定应稳固、紧贴,端面应平整、相连处不应有缝隙大于2mm的连续穿透缝;

3)采用C形、S形插条连接的矩形风管,其边长不应大于630mm;插条与风管加工插口的宽度应匹配一致,其允许偏差为2mm;连接应平整、严密,插条两端压倒长度不应小于20mm;

4)采用立咬口、包边立咬口连接的矩形风管,其立筋的高度应大于或等于同规格风管的角钢法兰宽度。同一规格风管的立咬口、包边立咬口的高度应一致,折角应倾角、直线度允许偏差为5/1000;咬口连接铆钉的间距不应大于150mm,间隔应均匀;立咬口四角连接处的铆固,应紧密、无孔洞。

圆形风管无法兰连接形式　　表3-145

无法兰连接形式		附件板厚(mm)	接口要求	使用范围
承插连接	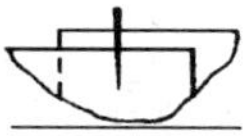	—	插入深度≥30mm,有密封要求	低压风管　直径＜700mm
带加强筋承插		—	插入深度≥20mm,有密封要求	中、低压风管
角钢加固承插	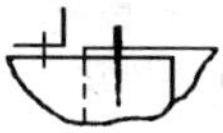	—	插入深度≥20mm,有密封要求	中、低压风管
芯管连接		≥管板厚	插入深度≥20mm,有密封要求	中、低压风管
立筋抱箍连接	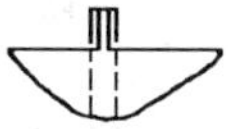	≥管板厚	翻边与楞筋匹配一致,紧固严密	中、低压风管
抱箍连接	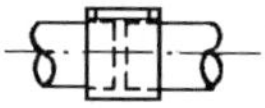	≥管板厚	对口尽量靠近不重叠,抱箍应居中	中、低压风管宽度≥100mm

矩形风管无法兰连接形式　　表3-146

无法兰连接形式		附件板厚(mm)	使用范围
S形插条	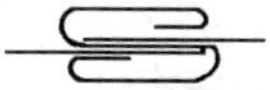	≥0.7	低压风管单独使用连接处必须有固定措施
C形插条		≥0.7	中、低压风管
立插条		≥0.7	中、低压风管

续表

无法兰连接形式		附件板厚(mm)	使用范围
立咬口		≥0.7	中、低压风管
包边立咬口		≥0.7	中、低压风管
薄钢板法兰插条		≥1.0	中、低压风管
薄钢板法兰弹簧夹		≥1.0	中、低压风管
直角形平插条		≥0.7	低压风管
立联合角形插条		≥0.8	低压风管

注:薄钢板法兰风管也可采用铆接法兰条连接的方法。

圆形风管的芯管连接　　　　表 3-147

风管直径 D(mm)	芯管长度 l(mm)	自攻螺丝或抽芯铆钉数量(个)	外径允许偏差(mm)	
			圆管	芯管
120	120	3×2	−1～0	−3～−4
300	160	4×2		
400	200	4×2	−2～0	−4～−5
700	200	6×2		
900	200	8×2		
1000	200	8×2		

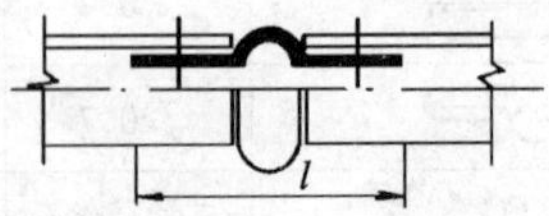

检查数量:按制作数量抽查 10%,不得少于 5 件;净化空调工

程抽查 20%，均不得少于 5 件。

检查方法：查验测试记录，进行装配试验，尺量、观察检查。

(4)风管的加固应符合下列规定：

1)风管的加固可采用楞筋、立筋、角钢(内、外加固)、扁钢、加固筋和管内支撑等形式，如图 3-2；

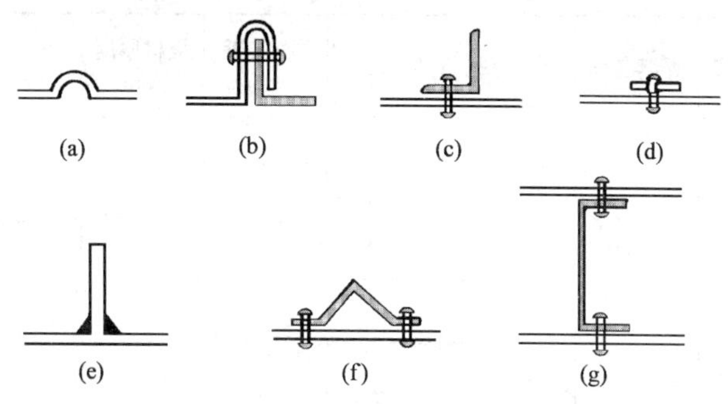

图 3-2　风管的加固形式

(a)楞筋；(b)立筋；(c)角钢加固；(d)扁钢平加固；(e)扁钢立加固；(f)加固筋；(g)管内支撑

2)楞筋或楞线的加固，排列应规则，间隔应均匀，板面不应有明显的变形；

3)角钢、加固筋的加固，应排列整齐、均匀对称，其高度应小于或等于风管的法兰宽度。角钢、加固筋与风管的铆接应牢固、间隔应均匀，不应大于 220mm；两相交处应连接成一体；

4)管内支撑与风管的固定应牢固，各支撑点之间或与风管的边沿或法兰的间距应均匀，不应大于 950mm；

5)中压和高压系统风管的管段，其长度大于 1250mm 时，还应有加固框补强。高压系统金属风管的单咬口缝，还应有防止咬口缝胀裂的加固或补强措施。

检查数量：按制作数量抽查 10%，净化空调系统抽查 20%，均不得少于 5 件。

检查方法：查验测试记录，进行装配试验，观察和尺量检查。

(5)硬聚氯乙烯风管除应执行规范规定外,还应符合下列规定:

1)风管的两端面平行,无明显扭曲,外径或外边长的允许偏差为 2mm;表面平整、圆弧均匀,凹凸不应大于 5mm;

2)焊缝的坡口形式和角度应符合表 3-148 的规定;

焊缝形式及坡口 **表 3-148**

焊缝形式	焊缝名称	图　形	焊缝高度(mm)	板材厚度(mm)	焊缝坡口张角 α(°)
对接焊缝	V形单面焊	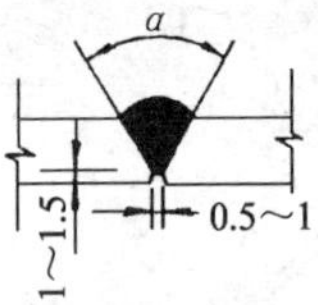 α; 1～1.5; 0.5～1	2～3	3～5	70～90
	V形双面焊	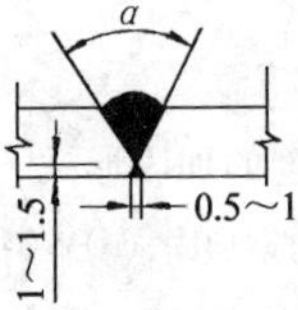 α; 1～1.5; 0.5～1	2～3	5～8	70～90
	X形双面焊	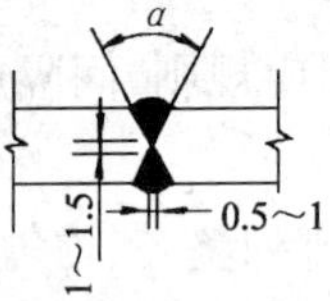 α; 1～1.5; 0.5～1	2～3	≥8	70～90
搭接焊缝	搭接焊	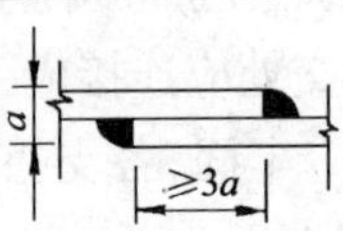 a; ≥3a	≥最小板厚	3～10	—
填角焊缝	填角焊无坡角	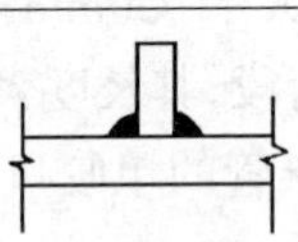	≥最小板厚	6～18	—
		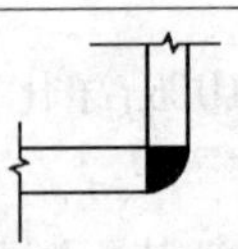	≥最小板厚	≥3	—

续表

焊缝形式	焊缝名称	图形	焊缝高度(mm)	板材厚度(mm)	焊缝坡口张角 α(°)
对角焊缝	V形对角焊	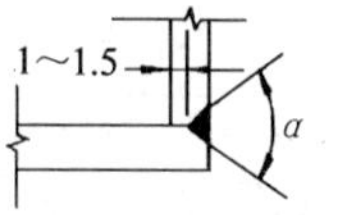 1～1.5 α	≥最小板厚	3～5	70～90
	V形对角焊	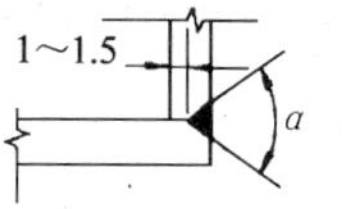 1～1.5 α	≥最小板厚	5～8	70～90
	V形对角焊	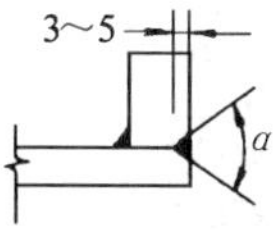 3～5 α	≥最小板厚	6～15	70～90

3)焊缝应饱满,焊条排列应整齐,无焦黄、断裂现象;

4)用于洁净室时,还应按规范有关规定执行。

检查数量:按风管总数抽查10%,法兰数抽查5%,不得少于5件。

检查方法:尺量、观察检查。

(6)有机玻璃钢风管除应执行规范规定外,还应符合下列规定:

1)风管不应有明显扭曲、内表面应平整光滑,外表面应整齐美观,厚度应均匀,且边缘无毛刺,并无气泡及分层现象;

2)风管的外径或外边长尺寸的允许偏差为3mm,圆形风管的任意正交两直径之差不应大于5mm;矩形风管的两对角线之差不应大于5mm;

3)法兰应与风管成一整体,并应有过渡圆弧,并与风管轴线成直角,管口平面度的允许偏差为3mm;螺孔的排列应均匀,至管壁的距离应一致,允许偏差为2mm;

4)矩形风管的边长大于900mm,且管段长度大于1250mm时,应加固。加固筋的分布应均匀、整齐。

检查数量:按风管总数抽查10%,法兰数抽查5%,不得少于

5件。

检查方法:尺量、观察检查。

(7)无机玻璃钢风管除应执行规范规定外,还应符合下列规定:

1)风管的表面应光洁、无裂纹、无明显泛霜和分层现象:

2)风管的外形尺寸的允许偏差应符合表3-149的规定;

3)风管法兰的规定与有机玻璃钢法兰相同。

检查数量:按风管总数抽查10%,法兰数抽查5%,不得少于5件。

检查方法:尺量、观察检查。

无机玻璃钢风管外形尺寸(mm)　　表3-149

直径或大边长	矩形风管外表平面度	矩形风管管口对角线之差	法兰平面度	圆形风管两直径之差
≤300	≤3	≤3	≤2	≤3
301~500	≤3	≤4	≤2	≤3
501~1000	≤4	≤5	≤2	≤4
1001~1500	≤4	≤6	≤3	≤5
1501~2000	≤5	≤7	≤3	≤5
>2000	≤6	≤8	≤3	≤5

(8)砖、混凝土风道内表面水泥砂浆应抹平整、无裂缝,不渗水。

检查数量:按风道总数抽查10%,不得少于一段。

检查方法:观察检查。

(9)双面铝箔绝热板风管除应执行规范规定外,还应符合下列规定:

1)板材拼接宜采用专用的连接构件,连接后板面平面度的允许偏差为5mm;

2)风管的折角应平直,拼缝粘接应牢固、平整,风管的粘结材料宜为难燃材料;

3)风管采用法兰连接时,其连接应牢固,法兰平面度的允许偏

差为 2mm;

4)风管的加固,应根据系统工作压力及产品技术标准的规定执行。

检查数量:按风管总数抽查 10%,法兰数抽查 5%,不得少于 5 件。

检查方法:尺量、观察检查。

(10)铝箔玻璃纤维板风管除应执行规范规定外,还应符合下列规定:

1)风管的离心玻璃纤维板材应干燥、平整;板外表面的铝箔隔气保护层应与内芯玻璃纤维材料粘合牢固;内表面应有防纤维脱落的保护层,并应对人体无危害。

2)当风管连接采用插入接口形式时,接缝处的粘接应严密、牢固,外表面铝箔胶带密封的每一边粘贴宽度不应小于 25mm,并应有辅助的连接固定措施。

当风管的连接采用法兰形式时,法兰与风管的连接应牢固,并应能防止板材纤维逸出和冷桥。

3)风管表面应平整、两端面平行,无明显凹穴、变形、起泡,铝箔无破损等。

4)风管的加固,应根据系统工作压力及产品技术标准的规定执行。

检查数量:按风管总数抽查 10%,不得少于 5 件。

检查方法:尺量、观察检查。

(11)净化空调系统风管还应符合以下规定:

1)现场应保持清洁,存放时应避免积尘和受潮。风管的咬口缝、折边和铆接等处有损坏时,应做防腐处理;

2)风管法兰铆钉孔的间距,当系统洁净度的等级为 1~5 级时,不应大于 65mm;为 6~9 级时,不应大于 100mm;

3)静压箱本体、箱内固定高效过滤器的框架及固定件应做镀锌、镀镍等防腐处理;

4)制作完成的风管,应进行第二次清洗,经检查达到清洁要求后应及时封口。

检查数量:按风管总数抽查20%,法兰数抽查10%,不得少于5件。

检查方法:观察检查,查阅风管清洗记录,用白绸布擦拭。

147.风管部件与消声器制作验收有什么要求?

一 般 规 定

(1)这里讨论的仅适用于通风与空调工程中风口、风阀、排风罩等其他部件及消声器的加工制作或产成品质量的验收。

(2)一般风量调节阀按设计文件和风阀制作的要求进行验收,其他风阀按外购产品质量进行验收。

主 控 项 目

(1)手动单叶片或多叶片调节风阀的手轮或扳手,应以顺时针方向转动为关闭,其调节范围及开启角度指示应与叶片开启角度相一致。

用于除尘系统间歇工作点的风阀,关闭时应能密封。

检查数量:按批抽查10%,不得少于1个。

检查方法:手动操作、观察检查。

(2)电动、气动调节风阀的驱动装置,动作应可靠,在最大工作压力下工作正常。

检查数量:按批抽查10%,不得少于1个。

检查方法:核对产品的合格证明文件、性能检测报告,观察或测试。

(3)防火阀和排烟阀(排烟口)必须符合有关消防产品标准的规定,并具有相应的产品合格证明文件。

检查数量:按种类、批抽查10%,不得少于2个。

检查方法:核对产品的合格证明文件、性能检测报告。

(4)防爆风阀的制作材料必须符合设计规定,不得自行替换。

检查数量:全数检查。

检查方法:核对材料品种、规格,观察检查。

(5)净化空调系统的风阀，其活动件、固定件以及紧固件均应采取镀锌或作其他防腐处理(如喷塑或烤漆)；阀体与外界相通的缝隙处，应有可靠的密封措施。

检查数量：按批抽查10%，不得少于1个。

检查方法：核对产品的材料，手动操作、观察。

(6)工作压力大于1000Pa的调节风阀，生产厂应提供(在1.5倍工作压力下能自由开关)强度测试合格的证书(或试验报告)。

检查数量：按批抽查10%，不得少于1个。

检查方法：核对产品的合格证明文件、性能检测报告。

(7)防排烟系统柔性短管的制作材料必须为不燃材料。

检查数量：全数检查。

检查方法：核对材料品种的合格证明文件。

(8)消声弯管的平面边长大于800mm时，应加设吸声导流片；消声器内直接迎风面的布质覆面层应有保护措施；净化空调系统消声器内的覆面应为不易产尘的材料。

检查数量：全数检查。

检查方法：观察检查、核对产品的合格证明文件。

一 般 项 目

(1)手动单叶片或多叶片调节风阀应符合下列规定：

1)结构应牢固，启闭应灵活，法兰应与相应材质风管的相一致；

2)叶片的搭接应贴合一致，与阀体缝隙应小于2mm；

3)截面积大于1.2m^2的风阀应实施分组调节。

检查数量：按类别、批抽查10%，不得少于1个。

检查方法：手动操作，尺量、观察检查。

(2)止回风阀应符合下列规定：

1)启闭灵活，关闭时应严密；

2)阀叶的转轴、铰链应采用不易锈蚀的材料制作，保证转动灵活、耐用；

3)阀片的强度应保证在最大负荷压力下不弯曲变形；

4)水平安装的止回风阀应有可靠的平衡调节机构。

检查数量:按类别、批抽查10%,不得少于1个。

检查方法:观察、尺量,手动操作试验与核对产品的合格证明文件。

(3)插板风阀应符合下列规定:

1)壳体应严密,内壁应作防腐处理;

2)插板应平整,启闭灵活,并有可靠的定位固定装置;

3)斜插板风阀的上下接管应成一直线。

检查数量:按类别、批抽查10%,不得少于1个。

检查方法:手动操作,尺量、观察检查。

(4)三通调节风阀应符合下列规定:

1)拉杆或手柄的转轴与风管的结合处应严密;

2)拉杆可在任意位置上固定,手柄开关应标明调节的角度;

3)阀板调节方便,并不与风管相碰擦。

检查数量:按类别、批分别抽查10%,不得少于1个。

检查方法:观察、尺量,手动操作试验。

(5)风量平衡阀应符合产品技术文件的规定。

检查数量:按类别、批分别抽查10%,不得少于1个。

检查方法:观察、尺量,核对产品的合格证明文件。

(6)风罩的制作应符合下列规定:

1)尺寸正确、连接牢固、形状规则、表面平整光滑,其外壳不应有尖锐边角;

2)槽边侧吸罩、条缝抽风罩尺寸应正确,转角处弧度均匀、形状规则,吸入口平整,罩口加强板分隔间距应一致;

3)厨房锅社排烟罩应采用不易锈蚀材料制作,其下部集水槽应严密不漏水,并坡向排放口,罩内油烟过滤器应便于拆卸和清洗。

检查数量:每批抽查10%,不得少于1个。

检查方法:尺量、观察检查。

(7)风帽的制作应符合下列规定:

1)尺寸应正确,结构牢靠,风帽接管尺寸的允许偏差同风管的规定一致;

2)伞形风帽伞盖的边缘应有加固措施,支撑高度尺寸应一致;

3)锥形风帽内外锥体的中心应同心,锥体组合的连接缝应顺水,下部排水应畅通;

4)筒形风帽的形状应规则、外筒体的上下沿口应加固,其不圆度不应大于直径的2%。伞盖边缘与外筒体的距离应一致,挡风圈的位置应正确;

5)三叉形风帽三个支管的夹角应一致,与主管的连接应严密。主管与支管的锥度应为3°~4°。

检查数量:按批抽查10%,不得少于1个。

检查方法:尺量、观察检查。

(8)矩形弯管导流叶片的迎风侧边缘应圆滑,固定应牢固。导流片的弧度应与弯管的角度相一致。导流片的分布应符合设计规定。当导流叶片的长度超过1250mm时,应有加强措施。

检查数量:按批抽查10%,不得少于1个。

检查方法:核对材料,尺量、观察检查。

(9)柔性短管应符合下列规定:

1)应选用防腐、防潮、不透气、不易霉变的柔性材料。用于空调系统的应采取防止结露的措施;用于净化空调系统的还应是内壁光滑、不易产生尘埃的材料;

2)柔性短管的长度,一般宜为150~300mm,其连接处应严密、牢固可靠;

3)柔性短管不宜作为找正、找平的异径连接管;

4)设于结构变形缝的柔性短管,其长度宜为变形缝的宽度加100mm及以上。

检查数量:按数量抽查10%,不得少于1个。

检查方法:尺量、观察检查。

(10)消声器的制作应符合下列规定:

1)所选用的材料,应符合设计的规定,如防火、防腐、防潮和卫生性能等要求;

2)外壳应牢固、严密,其漏风量应符合规范的规定;

3)充填的消声材料,应按规定的密度均匀铺设,并应有防止下沉的措施。消声材料的覆面层不得破损,搭接应顺气流,且应拉紧,界面无毛边;

4)隔板与壁板结合处应紧贴、严密;穿孔板应平整、无毛刺,其孔径和穿孔率应符合设计要求。

检查数量:按批抽查 10%,不得少于 1 个。

检查方法:尺量、观察检查,核对材料合格的证明文件。

(11)检查门应平整、启闭灵活、关闭严密,其与风管或空气处理室的连接处应采取密封措施,无明显渗漏。

净化空调系统风管检查门的密封垫料,宜采用成型密封胶带或软橡胶条制作。

检查数量:按数量抽查 20%,不得少于 1 个。

检查方法:观察检查。

(12)风口的验收,规格以颈部外径与外边长为准,其尺寸的允许偏差值应符合表 3-150 的规定。风口的外表装饰面应平整、叶片或扩散环的分布应匀称、颜色应一致、无明显的划伤和压痕;调节装置转动应灵活、可靠,定位后应无明显自由松动。

检查数量:按类别、批分别抽查 5%,不得少于 1 个。

检查方法:尺量、观察检查,核对材料合格的证明文件与手动操作检查。

风口尺寸允许偏差(mm)　　表 3-150

圆 形 风 口			
直 径	≤250	>250	
允许偏差	0～-2	0～-3	
矩 形 风 口			
边 长	<300	300～800	>800
允许偏差	0～-1	0～-2	0～-3
对角线长度	<300	300～500	>500
对角线长度之差	≤1	≤2	≤3

148. 风管系统安装验收的主控项目有什么？

(1)在风管穿过需要封闭的防火、防爆的墙体或楼板时，应设预埋管或防护套管，其钢板厚度不应小于1.6mm。风管与防护套管之间，应用不燃且对人体无危害的柔性材料封堵。

检查数量：按数量抽查20%，不得少于1个系统。

检查方法：尺量、观察检查。

(2)风管安装必须符合下列规定：

1)风管内严禁其他管线穿越；

2)输送含有易燃、易爆气体或安装在易燃、易爆环境的风管系统应有良好的接地，通过生活区或其他辅助生产房间时必须严密，并不得设置接口；

3)室外立管的固定拉索严禁拉在避雷针或避雷网上。

检查数量：按数量抽查20%，不得少于1个系统。

检查方法：手扳、尺量、观察检查。

(3)输送空气温度高于80℃的风管，应按设计规定采取防护措施。

检查数量：按数量抽查20%，不得少于1个系统。

检查方法：观察检查。

(4)风管部件安装必须符合下列规定：

1)各类风管部件及操作机构的安装，应能保证其正常的使用功能，并便于操作；

2)斜插板风阀的安装，阀板必须为向上拉启；水平安装时，阀板还应为顺气流方向插入；

3)止回风阀、自动排气活门的安装方向应正确。

检查数量：按数量抽查20%，不得少于5件。

检查方法：尺量、观察检查，动作试验。

(5)防火阀、排烟阀(口)的安装方向、位置应正确。防火分区隔墙两侧的防火阀，距墙表面不应大于200mm。

检查数量：按数量抽查20%，不得少于5件。

检查方法:尺量、观察检查,动作试验。

(6)净化空调系统风管的安装还应符合下列规定:

1)风管、静压箱及其他部件,必须擦拭干净,做到无油污和浮尘,当施工停顿或完毕时,端口应封好;

2)法兰垫料应为不产尘、不易老化和具有一定强度和弹性的材料,厚度为5~8mm,不得采用乳胶海绵;法兰垫片应尽量减少拼接,并不允许直缝对接连接,严禁在垫料表面涂涂料;

3)风管与洁净室吊顶、隔墙等围护结构的接缝处应严密。

检查数量:按数量抽查20%,不得少于1个系统。

检查方法:观察、用白绸布擦拭。

(7)集中式真空吸尘系统的安装应符合下列规定:

1)真空吸尘系统弯管的曲率半径不应小于4倍管径,弯管的内壁面应光滑,不得采用褶皱弯管;

2)真空吸尘系统三通的夹角不得大于45°;四通制作应采用两个斜三通的做法。

检查数量:按数量抽查20%,不得少于2件。

检查方法:尺量、观察检查。

(8)风管系统安装完毕后,应按系统类别进行严密性检验,漏风量应符合设计与规范的规定。风管系统的严密性检验,应符合下列规定:

1)低压系统风管的严密性检验应采用抽检,抽检率为5%,且不得少于1个系统。在加工工艺得到保证的前提下,采用漏光法检测。检测不合格时,应按规定的抽检率做漏风量测试。

中压系统风管的严密性检验,应在漏光法检测合格后,对系统漏风量测试进行抽检,抽检率为20%,且不得少于1个系统。

高压系统风管的严密性检验,为全数进行漏风量测试。

系统风管严密性检验的被抽检系统,应全数合格,则视为通过;如有不合格时,则应再加倍抽检,直至全数合格。

2)净化空调系统风管的严密性检验,1~5级的系统按高压系统风管的规定执行;6~9级的系统按规范的规定执行。

检查数量:按条文中的规定。

检查方法:按规范的规定进行严密性测试。

(9)手动密闭阀安装,阀门上标志的箭头方向必须与受冲击波方向一致。

检查数量:全数检查。

检查方法:观察、核对检查。

149. 通风与空调设备安装验收的一般规定有什么?

(1)这里所讨论的仅适用于工作压力不大于5kPa的通风机与空调设备安装质量的检验与验收。

(2)通风与空调设备应有装箱清单、设备说明书、产品质量合格证书和产品性能检测报告等随机文件,进口设备还应具有商检合格的证明文件。

(3)设备安装前,应进行开箱检查,并形成验收文字记录。参加人员为建设、监理、施工和厂商等方单位的代表。

(4)设备就位前应对其基础进行验收,合格后方能安装。

(5)设备的搬运和吊装必须符合产品说明书的有关规定,并应做好设备的保护工作,防止因搬运或吊装而造成设备损伤。

150. 通风与空调设备安装验收的主控项目有什么?

(1)通风机的安装应符合下列规定:

1)型号、规格应符合设计规定,其出口方向应正确;

2)叶轮旋转应平稳,停转后不应每次停留在同一位置上;

3)固定通风机的地脚螺栓应拧紧,并有防松动措施。

检查数量:全数检查。

检查方法:依据设计图核对、观察检查。

(2)通风机传动装置的外露部位以及直通大气的进、出口,必须装设防护罩(网)或采取其他安全设施。

检查数量:全数检查。

检查方法:依据设计图核对、观察检查。

(3)空调机组的安装应符合下列规定:

1)型号、规格、方向和技术参数应符合设计要求；

2)现场组装的组合式空气调节机组应做漏风量的检测，其漏风量必须符合现行国家标准《组合式空调机组》(GB/T14294)的规定。

检查数量：按总数抽检20%，不得少于1台。净化空调系统的机组，1～5级全数检查，6～9级抽查50%。

检查方法：依据设计图核对，检查测试记录。

(4)除尘器的安装应符合下列规定：

1)型号、规格、进出口方向必须符合设计要求；

2)现场组装的除尘器壳体应做漏风量检测，在设计工作压力下允许漏风率为5%，其中离心式除尘器为3%；

3)布袋除尘器、电除尘器的壳体及辅助设备接地应可靠。

检查数量：按总数抽查20%，不得少于1台；接地全数检查。

检查方法：按图核对、检查测试记录和观察检查。

(5)高效过滤器应在洁净室及净化空调系统进行全面清扫和系统连续试车12h以上后，在现场拆开包装并进行安装。

安装前需进行外观检查和仪器检漏。目测不得有变形、脱落、断裂等破损现象；仪器抽检检漏应符合产品质量文件的规定。

合格后立即安装，其方向必须正确，安装后的高效过滤器四周及接口，应严密不漏；在调试前应进行扫描检漏。

检查数量：高效过滤器的仪器抽检检漏按批抽5%，不得少于1台。

检查方法：观察检查、按规范规定扫描检测或查看检测记录。

(6)净化空调设备的安装还应符合下列规定：

1)净化空调设备与洁净室围护结构相连的接缝必须密封；

2)风机过滤器单元(FFU与FMU空气净化装置)应在清洁的现场进行外观检查，目测不得有变形、锈蚀、漆膜脱落、拼接板破损等现象；在系统试运转时，必须在进风口处加装临时中效过滤器作为保护。

检查数量：全数检查。

检查方法：按设计图核对、观察检查。

(7)静电空气过滤器金属外壳接地必须良好。

检查数量:按总数抽查20%,不得少于1台。

检查方法:核对材料、观察检查或电阻测定。

(8)电加热器的安装必须符合下列规定:

1)电加热器与钢构架间的绝热层必须为不燃材料;接线柱外露的应加设安全防护罩;

2)电加热器的金属外壳接地必须良好;

3)连接电加热器的风管的法兰垫片,应采用耐热不燃材料。

检查数量:按总数抽查20%,不得少于1台。

检查方法:核对材料、观察检查或电阻测定。

(9)干蒸汽加湿器的安装,蒸汽喷管不应朝下。

检查数量:全数检查。

检查方法:观察检查。

(10)过滤吸收器的安装方向必须正确,并应设独立支架,与室外的连接管段不得泄漏。

检查数量:全数检查。

检查方法:观察或检测。

151. 通风与空调设备安装验收的一般项目是什么?

(1)通风机的安装应符合下列规定:

1)通风机的安装,应符合表3-151的规定,叶轮转子与机壳的组装位置应正确;叶轮进风口插入风机机壳进风口或密封圈的深度,应符合设备技术文件的规定,或为叶轮外径值的1/100;

通风机安装的允许偏差　　　　表3-151

项次	项　　目	允许偏差	检验方法
1	中心线的平面位移	10mm	经纬仪或拉线和尺量检查
2	标　　高	±10mm	水准仪或水平仪、直尺、拉线和尺量检查
3	皮带轮轮宽中心平面偏移	1mm	在主、从动皮带轮端面拉线和尺量检查

续表

<table>
<tr><th>项次</th><th colspan="2">项　目</th><th>允许偏差</th><th>检验方法</th></tr>
<tr><td>4</td><td colspan="2">传动轴水平度</td><td>纵向 0.2/1000
横向 0.3/1000</td><td>在轴或皮带轮 0°和 180°的两个位置上,用水平仪检查</td></tr>
<tr><td rowspan="2">5</td><td rowspan="2">联轴器</td><td>两轴芯径向位移</td><td>0.05mm</td><td rowspan="2">在联轴器互相垂直的四个位置上,用百分表检查</td></tr>
<tr><td>两轴线倾斜</td><td>0.2/1000</td></tr>
</table>

2)现场组装的轴流风机叶片安装角度应一致,达到在同一平面内运转,叶轮与筒体之间的间隙应均匀,水平度允许偏差为1/1000;

3)安装隔振器的地面应平整,各组隔振器承受荷载的压缩量应均匀,高度误差应小于 2mm;

4)安装风机的隔振钢支、吊架,其结构形式和外形尺寸应符合设计或设备技术文件的规定;焊接应牢固,焊缝应饱满、均匀。

检查数量:按总数抽查 20%,不得少于 1 台。

检查方法:尺量、观察或检查施工记录。

(3)组合式空调机组及柜式空调机组的安装应符合下列规定:

1)组合式空调机组各功能段的组装,应符合设计规定的顺序和要求;各功能段之间的连接应严密,整体应平直;

2)机组与供回水管的连接应正确,机组下部冷凝水排放管的水封高度应符合设计要求;

3)机组应清扫干净,箱体内应无杂物、垃圾和积尘;

4)机组内空气过滤器(网)和空气热交换器翅片应清洁、完好。

检查数量:按总数抽查 20%,不得少于 1 台。

检查方法:观察检查。

(3)空气处理室的安装应符合下列规定:

1)金属空气处理室壁板及各段的组装位置应正确,表面平整,连接严密、牢固;

2)喷水段的本体及其检查门不得漏水,喷水管和喷嘴的排列、规格应符合设计的规定;

3)表面式换热器的散热面应保持清洁、完好。当用于冷却空气时,在下部应设有排水装置,冷凝水的引流管或槽应畅通,冷凝水不外溢;

4)表面式换热器与围护结构间的缝隙,以及表面式热交换器之间的缝隙,应封堵严密;

5)换热器与系统供回水管的连接应正确,且严密不漏。

检查数量:按总数抽查 20%,不得少于 1 台。

检查方法:观察检查。

(4)单元式空调机组的安装应符合下列规定:

1)分体式空调机组的室外机和风冷整体式空调机组的安装,固定应牢固、可靠;除应满足冷却风循环空间的要求外,还应符合环境卫生保护有关法规的规定;

2)分体式空调机组的室内机的位置应正确、并保持水平,冷凝水排放应畅通。管道穿墙处必须密封,不得有雨水渗入;

3)整体式空调机组管道的连接应严密、无渗漏,四周应留有相应的维修空间。

检查数量:按总数抽查 20%,不得少于 1 台。

检查方法:观察检查。

(5)除尘设备的安装应符合下列规定:

1)除尘器的安装位置应正确、牢固平稳,允许误差应符合表 3-152的规定;

除尘器安装允许偏差和检验方法　　　　表 3-152

项次	项目		允许偏差(mm)	检验方法
1	平面位移		≤10	用经纬仪或拉线、尺量检查
2	标　　高		±10	用水准仪、直尺、拉线和尺量检查
3	垂直度	每　米	≤2	吊线和尺量检查
		总偏差	≤10	

2)除尘器的活动或转动部件的动作应灵活、可靠,并应符合设计要求;

3)除尘器的排灰阀、卸料阀、排泥阀的安装应严密,并便于操作与维护修理。

检查数量:按总数抽查20%,不得少于1台。

检查方法:尺量、观察检查及检查施工记录。

(6)现场组装的静电除尘器的安装,还应符合设备技术文件及下列规定:

1)阳极板组合后的阳极排平面度允许偏差为5mm,其对角线允许偏差为10mm;

2)阴极小框架组合后主平面的平面度允许偏差为5mm,其对角线允许偏差为10mm;

3)阴极大框架的整体平面度允许偏差为15mm,整体对角线允许偏差为10mm;

4)阳极板高度小于或等于7m的电除尘器,阴、阳极间距允许偏差为5mm。阳极板高度大于7m的电除尘器,阴、阳极间距允许偏差为10mm;

5)振打锤装置的固定,应可靠;振打锤的转动,应灵活。锤头方向应正确;振打锤头与振打砧之间应保持良好的线接触状态,接触长度应大于锤头厚度的0.7倍。

检查数量:按总数抽查20%,不得少于1组。

检查方法:尺量、观察检查及检查施工记录。

(7)现场组装布袋除尘器的安装,还应符合下列规定:

1)外壳应严密、不漏,布袋接口应牢固;

2)分室反吹袋式除尘器的滤袋安装,必须平直。每条滤袋的拉紧力应保持在25~35N/m;与滤袋连接接触的短管和袋帽,应无毛刺;

3)机械回转扁袋袋式除尘器的旋臂,转动应灵活可靠,净气室上部的顶盖,应密封不漏气,旋转应灵活,无卡阻现象;

4)脉冲袋式除尘器的喷吹孔,应对准文氏管的中心,同心度允许偏差为2mm。

检查数量:按总数抽查20%,不得少于1台。

检查方法:尺量、观察检查及检查施工记录。

(8)洁净室空气净化设备的安装,应符合下列规定:

1)带有通风机的气闸室、吹淋室与地面间应有隔振垫;

2)机械式余压阀的安装,阀体、阀板的转轴均应水平,允许偏差为2/1000。余压阀的安装位置应在室内气流的下风侧,并不应在工作面高度范围内;

3)传递窗的安装,应牢固、垂直,与墙体的连接处应密封。

检查数量:按总数抽查20%,不得少于1件。

检查方法:尺量、观察检查。

(9)装配式洁净室的安装应符合下列规定:

1)洁净室的顶板和壁板(包括夹芯材料)应为不燃材料;

2)洁净室的地面应干燥、平整,平整度允许偏差为1/1000;

3)壁板的构配件和辅助材料的开箱,应在清洁的室内进行,安装前应严格检查其规格和质量。壁板应垂直安装,底部宜采用圆弧或钝角交接;安装后的壁板之间、壁板与顶板间的拼缝,应平整严密,墙板的垂直允许偏差为2/1000,顶板水平度的允许偏差与每个单间的几何尺寸的允许偏差均为2/1000;

4)洁净室吊顶在受荷载后应保持平直,压条全部紧贴。洁净室壁板若为上、下槽形板时,其接头应平整、严密;组装完毕的洁净室所有拼接缝,包括与建筑的接缝,均应采取密封措施,做到不脱落,密封良好。

检查数量:按总数抽查20%,不得少于5处。

检查方法:尺量、观察检查及检查施工记录。

(10)洁净层流罩的安装应符合下列规定:

1)应设独立的吊杆,并有防晃动的固定措施;

2)层流罩安装的水平度允许偏差为1/1000,高度的允许偏差为±1mm;

3)层流罩安装在吊顶上,其四周与顶板之间应设有密封及隔振措施。

检查数量:按总数抽查20%,且不得少于5件。

检查方法:尺量、观察检查及检查施工记录。

(11)风机过滤器单元(FFU、FMU)的安装应符合下列规定:

1)风机过滤器单元的高效过滤器安装前应按规范的规定检漏,合格后进行安装,方向必须正确;安装后的 FFU 或 FMU 机组应便于检修;

2)安装后的 FFU 风机过滤器单元,应保持整体平整,与吊顶衔接良好。风机箱与过滤器之间的连接,过滤器单元与吊顶框架间应有可靠的密封措施。

检查数量:按总数抽查 20%,且不得少于 2 个。

检查方法:尺量、观察检查及检查施工记录。

(12)高效过滤器的安装应符合下列规定:

1)高效过滤器采用机械密封时,须采用密封垫料,其厚度为 6~8mm,并定位贴在过滤器边框上,安装后垫料的压缩应均匀,压缩率为 25%~50%;

2)采用液槽密封时,槽架安装应水平,不得有渗漏现象,槽内无污物和水分,槽内密封液高度宜为 2/3 槽深。密封液的熔点宜高于 50℃。

检查数量:按总数抽查 20%,且不得少于 5 个。

检查方法:尺量、观察检查。

(13)消声器的安装应符合下列规定:

1)消声器安装前应保持干净,做到无油污和浮尘;

2)消声器安装的位置、方向应正确,与风管的连接应严密,不得有损坏与受潮。两组同类型消声器不宜直接串联;

3)现场安装的组合式消声器,消声组件的排列、方向和位置应符合设计要求。单个消声器组件的固定应牢固;

4)消声器、消声弯管均应设独立支、吊架。

检查数量:整体安装的消声器,按总数抽查 10%,且不得少于 5 台。现场组装的消声器全数检查。

检查方法:手扳和观察检查、核对安装记录。

(14)空气过滤器的安装应符合下列规定:

1)安装平整、牢固,方向正确。过滤器与框架、框架与围护结构之间应严密无穿透缝;

2)框架式或粗效、中效袋式空气过滤器的安装,过滤器四周与框架应均匀压紧,无可见缝隙,并应便于拆卸和更换滤料;

3)卷绕式过滤器的安装,框架应平整、展开的滤料,应松紧适度、上下筒体应平行。

检查数量:按总数抽查10%,且不得少于1台。

检查方法:观察检查。

(15)风机盘管机组的安装应符合下列规定:

1)机组安装前宜进行单机三速试运转及水压检漏试验。试验压力为系统工作压力的1.5倍,试验观察时间为2min,不渗漏为合格;

2)机组应设独立支、吊架,安装的位置、高度及坡度应正确、固定牢固;

3)机组与风管、回风箱或风口的连接,应严密、可靠。

检查数量:按总数抽查10%,且不得少于1台。

检查方法:观察检查、查阅检查试验记录。

(16)转轮式换热器安装的位置、转轮旋转方向及接管应正确,运转应平稳。

检查数量:按总数抽查20%,且不得少于1台。

检查方法:观察检查。

(17)转轮去湿机安装应牢固,转轮及传动部件应灵活、可靠,方向正确;处理空气与再生空气接管应正确;排风水平管须保持一定的坡度,并坡向排出方向。

检查数量:按总数抽查20%,且不得少于1台。

检查方法:观察检查。

(18)蒸汽加湿器的安装应设置独立支架,并固定牢固;接管尺寸正确、无渗漏。

检查数量:全数检查。

检查方法:观察检查。

(19)空气风幕机的安装，位置方向应正确、牢固可靠，纵向垂直度与横向水平度的偏差均不应大于2/1000。

检查数量：按总数10%的比例抽查，且不得少于1台。

检查方法：观察检查。

(20)变风量末端装置的安装，应设单独支、吊架，与风管连接前宜做动作试验。

检查数量：按总数抽查10%，且不得少于1台。

检查方法：观察检查、查阅检查试验记录。

152. 空调制冷系统安装验收的一般规定有什么？

(1)这里讨论的适用于空调工程中工作压力不高于2.5MPa，工作温度在－20～150℃的整体式、组装式及单元式制冷设备(包括热泵)、制冷附属设备、其他配套设备和管路系统安装工程施工质量的检验和验收。

(2)制冷设备、制冷附属设备、管道、管件及阀门的型号、规格、性能及技术参数等必须符合设计要求。设备机组的外表应无损伤、密封应良好，随机文件和配件应齐全。

(3)与制冷机组配套的蒸汽、燃油、燃气供应系统和蓄冷系统的安装，还应符合设计文件、有关消防规范与产品技术文件的规定。

(4)空调用制冷设备的搬运和吊装，应符合产品技术文件和规范的规定。

(5)制冷机组本体的安装、试验、试运转及验收还应符合现行国家标准《制冷设备、空气分离设备安装工程施工及验收规范》(GB50274)的规定。

153. 空调制冷系统安装验收的主控项目有什么？

(1)制冷设备与制冷附属设备的安装应符合下列规定：

1)制冷设备、制冷附属设备的型号、规格和技术参数必须符合设计要求，并具有产品合格证书、产品性能检验报告；

2)设备的混凝土基础必须进行质量交接验收,合格后方可安装;

3)设备安装的位置、标高和管口方向必须符合设计要求。用地脚螺栓固定的制冷设备或制冷附属设备,其垫铁的放置位置应正确、接触紧密;螺栓必须拧紧,并有防松动措施。

检查数量:全数检查。

检查方法:查阅图纸核对设备型号、规格;产品质量合格证书和性能检验报告。

(2)直接膨胀表面式冷却器的外表应保持清洁、完整,空气与制冷剂应呈逆向流动;表面式冷却器与外壳四周的缝隙应堵严,冷凝水排放应畅通。

检查数量:全数检查。

检查方法:观察检查。

(3)燃油系统的设备与管道,以及储油罐及日用油箱的安装,位置和连接方法应符合设计与消防要求。

燃气系统设备的安装应符合设计和消防要求。调压装置、过滤器的安装和调节应符合设备技术文件的规定,且应可靠接地。

检查数量:全数检查。

检查方法:按图纸核对、观察、查阅接地测试记录。

(4)制冷设备的各项严密性试验和试运行的技术数据,均应符合设备技术文件的规定。对组装式的制冷机组和现场充注制冷剂的机组,必须进行吹污、气密性试验、真空试验和充注制冷剂检漏试验,其相应的技术数据必须符合产品技术文件和有关现行国家标准、规范的规定。

检查数量:全数检查。

检查方法:旁站观察、检查和查阅试运行记录。

(5)制冷系统管道、管件和阀门的安装应符合下列规定:

1)制冷系统的管道、管件和阀门的型号、材质及工作压力等必须符合设计要求,并应具有出厂合格证、质量证明书;

2)法兰、螺纹等处的密封材料应与管内的介质性能相适应;

3)制冷剂液体管不得向上装成“Ω”形。气体管道不得向下装成“Ʊ”形(特殊回油管除外);液体支管引出时,必须从干管底部或侧面接出;气体支管引出时,必须从干管顶部或侧面接出;有两根以上的支管从干管引出时,连接部位应错开,间距不应小于2倍支管直径,且不小于200mm;

4)制冷机与附属设备之间制冷剂管道的连接,其坡度与坡向应符合设计及设备技术文件要求。当设计无规定时,应符合表3-153的规定;

制冷剂管道坡度、坡向 **表3-153**

管道名称	坡向	坡度
压缩机吸气水平管(氟)	压缩机	≥10/1000
压缩机吸气水平管(氨)	蒸发器	≥3/1000
压缩机排气水平管	油分离器	≥10/1000
冷凝器水平供液管	贮液器	(1~3)/1000
油分离器至冷凝器水平管	油分离器	(3~5)/1000

5)制冷系统投入运行前,应对安全阀进行调试校核,其开启和回座压力应符合设备技术文件的要求。

检查数量:按总数抽检20%,且不得少于5件。本题5款全数检查。

检查方法:核查合格证明文件、观察、水平仪测量、查阅调校记录。

(6)燃油管道系统必须设置可靠的防静电接地装置,其管道法兰应采用镀锌螺栓连接或在法兰处用铜导线进行跨接,且接合良好。

检查数量:系统全数检查。

检查方法:观察检查、查阅试验记录。

(7)燃气系统管道与机组的连接不得使用非金属软管。燃气管道的吹扫和压力试验应为压缩空气或氮气,严禁用水。当燃气供气管道压力大于0.005MPa时,焊缝的无损检测的执行标准应按设计规定。当设计无规定,且采用超声波探伤时,应全数检测,以质量不低于Ⅱ级为合格。

检查数量:系统全数检查。

检查方法:观察检查、查阅探伤报告和试验记录。

(8)氨制冷剂系统管道、附件、阀门及填料不得采用铜或铜合金材料(磷青铜除外),管内不得镀锌。氨系统的管道焊缝应进行射线照相检验,抽检率为10%,以质量不低于Ⅲ级为合格。在不易进行射线照相检验操作的场合,可用超声波检验代替,以不低于Ⅱ级为合格。

检查数量:系统全数检查。

检查方法:观察检查、查阅探伤报告和试验记录。

(9)输送乙二醇溶液的管道系统,不得使用内镀锌管道及配件。

检查数量:按系统的管段抽查20%,且不得少于5件。

检查方法:观察检查、查阅安装记录。

(10)制冷管道系统应进行强度、气密性试验及真空试验,且必须合格。

检查数量:系统全数检查。

检查方法:旁站、观察检查和查阅试验记录。

154. 空调制冷系统安装验收的一般项目有什么?

(1)制冷机组与制冷附属设备的安装应符合下列规定:

1)制冷设备及制冷附属设备安装位置、标高的允许偏差,应符合表3-154的规定;

制冷设备与制冷附属设备安装允许偏差和检验方法 **表3-154**

项次	项　　目	允许偏差(mm)	检 验 方 法
1	平面位移	10	经纬仪或拉线和尺量检查
2	标　　高	±10	水准仪或经纬仪、拉线和尺量检查

2)整体安装的制冷机组,其机身纵、横向水平度的允许偏差为1/1000,并应符合设备技术文件的规定;

3)制冷附属设备安装的水平度或垂直度允许偏差为1/1000，并应符合设备技术文件的规定；

4)采用隔振措施的制冷设备或制冷附属设备，其隔振器安装位置应正确；各个隔振器的压缩量，应均匀一致，偏差不应大于2mm；

5)设置弹簧隔振的制冷机组，应设有防止机组运行时水平位移的定位装置。

检查数量：全数检查。

检查方法：在机座或指定的基准面上用水平仪、水准仪等检测、尺量与观察检查。

(2)模块式冷水机组单元多台并联组合时，接口应牢固，且严密不漏。连接后机组的外表，应平整、完好，无明显的扭曲。

检查数量：全数检查。

检查方法：尺量、观察检查。

(3)燃油系统油泵和蓄冷系统载冷剂泵的安装，纵、横向水平度允许偏差为1/1000，联轴器两轴芯轴向倾斜允许偏差为0.2/1000，径向位移为0.05mm。

检查数量：全数检查。

检查方法：在机座或指定的基准面上，用水平仪、水准仪等检测，尺量、观察检查。

(4)制冷系统管道、管件的安装应符合下列规定：

1)管道、管件的内外壁应清洁、干燥；铜管管道支吊架的型式、位置、间距及管道安装标高应符合设计要求，连接制冷机的吸、排气管道应设单独支架；管径小于等于20mm的铜管道，在阀门处应设置支架；管道上下平行敷设时，吸气管应在下方；

2)制冷剂管道弯管的弯曲半径不应小于3.5D(管道直径)，其最大外径与最小外径之差不应大于0.08D，且不应使用焊接弯管及皱褶弯管；

3)制冷剂管道分支管应按介质流向弯成90°弧度与主管连接，不宜使用弯曲半径小于1.5D的压制弯管；

4)铜管切口应平整、不得有毛刺、凹凸等缺陷，切口允许倾斜偏差为管径的1%，管口翻边后应保持同心，不得有开裂及皱褶，并应有良好的密封面；

5)采用承插钎焊焊接连接的铜管，其插接深度应符合表3-155的规定，承插的扩口方向应迎介质流向。当采用套接钎焊焊接连接时，其插接深度应不小于承插连接的规定。

采用对接焊缝组对管道的内壁应齐平，错边量不大于0.1倍壁厚，且不小于1mm。

承插式焊接的铜管承口的扩口深度表(mm)　　表3-155

铜管规格	≤DN15	DN20	DN25	DN32	DN40	DN50	DN65
承插口的扩口深度	9～12	12～15	15～18	17～20	21～24	24～26	26～30

6)管道穿越墙体或楼板时，管道的支吊架和钢管的焊接应按规范规定执行。

检查数量：按系统抽查20%，且不得少于5件。

检查方法：尺量、观察检查。

(5)制冷系统阀门的安装应符合下列规定：

1)制冷剂阀门安装前应进行强度和严密性试验。强度试验压力为阀门公称压力的1.5倍，时间不得少于5min；严密性试验压力为阀门公称压力的1.1倍，持续时间30s不漏为合格。合格后应保持阀体内干燥。如阀门进、出口封闭破损或阀体锈蚀的还应进行解体清洗；

2)位置、方向和高度应符合设计要求；

3)水平管道上的阀门的手柄不应朝下；垂直管道上的阀门手柄应朝向便于操作的地方；

4)自控阀门安装的位置应符合设计要求。电磁阀、调节阀、热力膨胀阀、升降式止回阀等的阀头均应向上；热力膨胀阀的安装位置应高于感温包，感温包应装在蒸发器末端的回气管上，与管道接触良好，绑扎紧密；

5)安全阀应垂直安装在便于检修的位置，其排气管的出口应朝向安全地带，排液管应装在泄水管上。

检查数量：按系统抽查20%，且不得少于5件。

检查方法：尺量、观察检查、旁站或查阅试验记录。

(6)制冷系统的吹扫排污应采用压力为0.6MPa的干燥压缩空气或氮气，以浅色布检查5min，无污物为合格。系统吹扫干净后，应将系统中阀门的阀芯拆下清洗干净。

检查数量：全数检查。

检查方法：观察、旁站或查阅试验记录。

155. 空调水系统管道与设备安装验收的一般规定有什么？

(1)这里讨论的适用于空调工程水系统安装子分部工程，包括冷(热)水、冷却水、凝结水系统的设备(不包括末端设备)、管道及附件施工质量的检验及验收。

(2)镀锌钢管应采用螺纹连接。当管径大于*DN*100时，可采用卡箍式、法兰或焊接连接，但应对焊缝及热影响区的表面进行防腐处理。

(3)从事金属管道焊接的企业，应具有相应项目的焊接工艺评定，焊工应持有相应类别焊接的焊工合格证书。

(4)空调用蒸汽管道的安装，应按现行国家标准《建筑给水排水及采暖工程施工质量验收规范》(GB50242—2002)的规定执行。

156. 空调水系统管道与设备安装验收的主控项目有什么？

(1)空调工程水系统的设备与附属设备、管道、管配件及阀门的型号、规格、材质及连接形式应符合设计规定。

检查数量：按总数抽查10%，且不得少于5件。

检查方法：观察检查外观质量并检查产品质量证明文件、材料进场验收记录。

(2)管道安装应符合下列规定：

1)隐蔽管道必须按规范规定执行；

2)焊接钢管、镀锌钢管不得采用热煨弯；

3)管道与设备的连接，应在设备安装完毕后进行，与水泵、制冷机组的接管必须为柔性接口。柔性短管不得强行对口连接，与其连接的管道应设置独立支架；

4)冷热水及冷却水系统应在系统冲洗、排污合格(目测：以排出口的水色和透明度与入水口对比相近，无可见杂物)，再循环试运行2h以上，且水质正常后才能与制冷机组、空调设备相贯通；

5)固定在建筑结构上的管道支、吊架，不得影响结构的安全。管道穿越墙体或楼板处应设钢制套管，管道接口不得置于套管内，钢制套管应与墙体饰面或楼板底部平齐，上部应高出楼层地面20～50mm，并不得将套管作为管道支撑。

保温管道与套管四周间隙应使用不燃绝热材料填塞紧密。

检查数量：系统全数检查。每个系统管道、部件数量抽查10%，且不得少于5件。

检查方法：尺量、观察检查，旁站或查阅试验记录，隐蔽工程记录。

(3)管道系统安装完毕，外观检查合格后，应按设计要求进行水压试验。当设计无规定时，应符合下列规定：

1)冷热水、冷却水系统的试验压力，当工作压力小于等于1.0MPa时，为1.5倍工作压力，但最低不小于0.6MPa；当工作压力大于1.0MPa时，为工作压力加0.5MPa。

2)对于大型或高层建筑垂直位差较大的冷(热)媒水、冷却水管道系统宜采用分区、分层试压和系统试压相结合的方法。一般建筑可采用系统试压方法。

分区、分层试压：对相对独立的局部区域的管道进行试压。在试验压力下，稳压10min，压力不得下降，再将系统压力降至工作压力，在60min内压力不得下降、外观检查无渗漏为合格。

系统试压：在各分区管道与系统主、干管全部连通后，对整个系统的管道进行系统的试压。试验压力以最低点的压力为准，但最低点的压力不得超过管道与组成件的承受压力。压力试验升至试验压力后,稳压 10min,压力下降不得大于 0.02MPa,再将系统压力降至工作压力,外观检查无渗漏为合格。

3)各类耐压塑料管的强度试验压力为 1.5 倍工作压力,严密性工作压力为 1.15 倍的设计工作压力;

4)凝结水系统采用充水试验,应以不渗漏为合格。

检查数量:系统全数检查。

检查方法:旁站观察或查阅试验记录。

(4)阀门的安装应符合下列规定:

1)阀门的安装位置、高度、进出口方向必须符合设计要求,连接应牢固紧密;

2)安装在保温管道上的各类手动阀门,手柄均不得向下;

3)阀门安装前必须进行外观检查,阀门的铭牌应符合现行国家标准《通用阀门标志》(GB12220)的规定。对于工作压力大于 1.0MPa 及在主干管上起到切断作用的阀门,应进行强度和严密性试验,合格后方准使用。其他阀门可不单独进行试验,待在系统试压中检验。

强度试验时,试验压力为公称压力的 1.5 倍,持续时间不少于 5min,阀门的壳体、填料应无渗漏。

严密性试验时,试验压力为公称压力的 1.1 倍;试验压力在试验持续的时间内应保持不变,时间应符合表 3-156 的规定,以阀瓣密封面无渗漏为合格。

阀门压力持续时间 **表 3-156**

公称直径 *DN*(mm)	最短试验持续时间(s)	
	严密性试验	
	金属密封	非金属密封
≤50	15	15
65~200	30	15
250~450	60	30
≥500	120	60

检查数量:1、2 款抽查 5%,且不得少于 1 个。水压试验以每批(同牌号、同规格、同型号)数量中抽查 20%,且不得少于 1 个。对于安装在主干管上起切断作用的闭路阀门,全数检查。

检查方法:按设计图核对、观察检查;旁站或查阅试验记录。

(5)补偿器的补偿量和安装位置必须符合设计及产品技术文件的要求,并应根据设计计算的补偿量进行预拉伸或预压缩。

设有补偿器(膨胀节)的管道应设置固定支架,其结构形式和固定位置应符合设计要求,并应在补偿器的预拉伸(或预压缩)前固定;导向支架的设置应符合所安装产品技术文件的要求。

检查数量:抽查 20%,且不得少于 1 个。

检查方法:观察检查,旁站或查阅补偿器的预拉伸或预压缩记录。

(6)冷却塔的型号、规格、技术参数必须符合设计要求。对含有易燃材料冷却塔的安装,必须严格执行施工防火安全的规定。

检查数量:全数检查。

检查方法:按图纸核对,监督执行防火规定。

(7)水泵的规格、型号、技术参数应符合设计要求和产品性能指标。水泵正常连续试运行的时间,不应少于 2h。

检查数量:全数检查。

检查方法:按图纸核对,实测或查阅水泵试运行记录。

(8)水箱、集水缸、分水缸、储冷罐的满水试验或水压试验必须符合设计要求。储冷罐内壁防腐涂层的材质、涂抹质量、厚度必须符合设计或产品技术文件要求,储冷罐与底座必须进行绝热处理。

检查数量:全数检查。

检查方法:尺量、观察检查,查阅试验记录。

157. 空调水系统管道与设备安装验收的一般项目有什么？

(1)当空调水系统的管道，采用建筑用硬聚氯乙烯(PVC-U)、聚丙烯(PP-R)、聚丁烯(PB)与交联聚乙烯(PEX)等有机材料管道时，其连接方法应符合设计和产品技术要求的规定。

检查数量：按总数抽查20%，且不得少于2处。

检查方法：尺量、观察检查，验证产品合格证书和试验记录。

(2)金属管道的焊接应符合下列规定：

1)管道焊接材料的品种、规格、性能应符合设计要求。管道对接焊口的组对和坡口形式等应符合表3-157的规定；对口的平直度为1/100，全长不大于10mm。管道的固定焊口应远离设备，且不宜与设备接口中心线相重合。管道对接焊缝与支、吊架的距离应大于50mm；

管道焊接坡口形式和尺寸 **表3-157**

项次	厚度 T(mm)	坡口名称	坡口形式	坡口尺寸			备注
				间隙 C(mm)	钝边 P(mm)	坡口角度 α(°)	
1	1~3	I形坡口	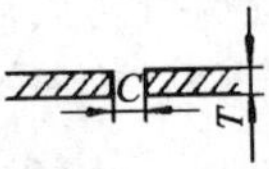	0~1.5	—	—	内壁错边量≤0.1T，且≤2mm；外壁≤3mm
	3~6			1~2.5			
2	6~9	V形坡口	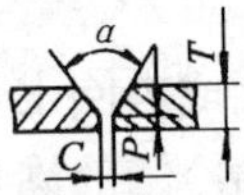	0~2.0	0~2	65~75	
	9~26			0~3.0	0~3	55~65	
3	2~30	T形坡口	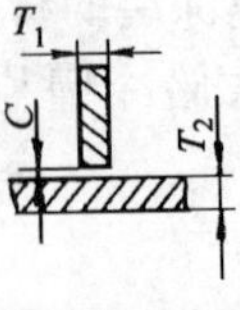	0~2.0	—	—	

2)管道焊缝表面应清理干净，并进行外观质量的检查。焊缝

外观质量不得低于现行国家标准《现场设备、工业管道焊接工程施工及验收规范》(GB50236)中的Ⅳ级规定(氨管为Ⅲ级)。

检查数量:按总数抽查20%,且不得少于1处。

检查方法:尺量、观察检查。

(3)螺纹连接的管道,螺纹应清洁、规整,断丝或缺丝不大于螺纹全扣数的10%;连接牢固;接口处根部外露螺纹为2～3扣,无外露填料;镀锌管道的镀锌层应注意保护,对局部的破损处,应做防腐处理。

检查数量:按总数抽查5%,且不得少于5处。

检查方法:尺量、观察检查。

(4)法兰连接的管道,法兰面应与管道中心线垂直,并同心。法兰对接应平行,其偏差不应大于其外径的1.5/1000,且不得大于2mm;连接螺栓长度应一致、螺母在同侧、均匀拧紧。螺栓紧固后不应低于螺母平面。法兰的衬垫规格、品种与厚度应符合设计的要求。

检查数量:按总数抽查5%,且不得少于5处。

检查方法:尺量、观察检查。

(5)钢制管道的安装应符合下列规定:

1)管道和管件在安装前,应将其内、外壁的污物和锈蚀清除干净。当管道安装间断时,应及时封闭敞开的管口;

2)管道弯制弯管的弯曲半径,热弯不应小于管道外径的3.5倍、冷弯不应小于4倍;焊接弯管不应小于1.5倍;冲压弯管不应小于1倍。弯管的最大外径与最小外径的差不应大于管道外径的8/100,管壁减薄率不应大于15%;

3)冷凝水排水管坡度,应符合设计文件的规定。当设计无规定时,其坡度宜大于或等于8‰;软管连接的长度,不宜大于150mm;

4)冷热水管道与支、吊架之间,应有绝热衬垫(承压强度能满足管道重量的不燃、难燃硬质绝热材料或经防腐处理的木衬垫),其厚度不应小于绝热层厚度,宽度应大于支、吊架支承面的宽度。

衬垫的表面应平整、衬垫接合面的空隙应填实；

5)管道安装的坐标、标高和纵、横向的弯曲度应符合表 3-158 的规定。在吊顶内等暗装管道的位置应正确，无明显偏差。

管道安装的允许偏差和检验方法　　表 3-158

<table>
<tr><th colspan="3">项　　目</th><th>允许偏差(mm)</th><th>检 查 方 法</th></tr>
<tr><td rowspan="3">坐标</td><td rowspan="2">架空及地沟</td><td>室　外</td><td>25</td><td rowspan="6">按系统检查管道的起点、终点、分支点和变向点及各点之间的直管
用经纬仪、水准仪、液体连通器、水平仪、拉线和尺量检查</td></tr>
<tr><td>室　内</td><td>15</td></tr>
<tr><td colspan="2">埋　　地</td><td>60</td></tr>
<tr><td rowspan="3">标高</td><td rowspan="2">架空及地沟</td><td>室　外</td><td>±20</td></tr>
<tr><td>室　内</td><td>±15</td></tr>
<tr><td colspan="2">埋　　地</td><td>±25</td></tr>
<tr><td colspan="2" rowspan="2">水平管道平直度</td><td>DN≤100mm</td><td>2L‰，最大 40</td><td rowspan="2">用直尺、拉线和尺量检查</td></tr>
<tr><td>DN＞100mm</td><td>3L‰，最大 60</td></tr>
<tr><td colspan="3">立管垂直度</td><td>5L‰，最大 25</td><td>用直尺、线锤、拉线和尺量检查</td></tr>
<tr><td colspan="3">成排管段间距</td><td>15</td><td>用直尺尺量检查</td></tr>
<tr><td colspan="3">成排管段或成排阀门在同一平面上</td><td>3</td><td>用直尺、拉线和尺量检查</td></tr>
</table>

注：L——管道的有效长度(mm)。

检查数量：按总数抽查 10%，且不得少于 5 处。

检查方法：尺量、观察检查。

(6)钢塑复合管道的安装，当系统工作压力不大于 1.0MPa 时，可采用涂(衬)塑焊接钢管螺纹连接，与管道配件的连接深度和扭矩应符合表 3-159 的规定；当系统工作压力为 1.0～2.5MPa 时，可采用涂(衬)塑无缝钢管法兰连接或沟槽式连接，管道配件均为无缝钢管涂(衬)塑管件。

沟槽式连接的管道，其沟槽与橡胶密封圈和卡箍套必须为配套合格产品；支、吊架的间距应符合表 3-160 的规定。

钢塑复合管螺纹连接深度及紧固扭矩　　表 3-159

公称直径(mm)		15	20	25	32	40	50	65	80	100
螺纹连接	深度(mm)	11	13	15	17	18	20	23	27	33
	牙数	6.0	6.5	7.0	7.5	8.0	9.0	10.0	11.5	13.5
扭矩(N·m)		40	60	100	120	150	200	250	300	400

沟槽式连接管道的沟槽及支、吊架的间距　　表 3-160

公称直径(mm)	沟槽深度(mm)	允许偏差(mm)	支、吊架的间距(m)	端面垂直度允许偏差(mm)
65～100	2.20	0～+0.3	3.5	1.0
125～150	2.20	0～+0.3	4.2	1.5
200	2.50	0～+0.3	4.2	
225～250	2.50	0～+0.3	5.0	
300	3.0	0～+0.5	5.0	

注：1. 连接管端面应平整光滑、无毛刷；沟槽过深，应作为废品，不得使用。
2. 支、吊架不得支承在连接头上，水平管的任意两个连接头之间必须有支、吊架。

检查数量；按总数抽查 10%，且不得少于 5 处。

检查方法：尺量、观察检查、查阅产品合格证明文件。

(7)风机盘管机组及其他空调设备与管道的连接，宜采用弹性接管或软接管(金属或非金属软管)，其耐压值应大于等于 1.5 倍的工作压力。软管的连接应牢固、不应有强扭和瘪管。

检查数量：按总数抽查 10%，且不得少于 5 处。

检查方法：观察、查阅产品合格证明文件。

(8)金属管道的支、吊架的型式、位置、间距、标高应符合设计或有关技术标准的要求。设计无规定时，应符合下列规定：

1)支、吊架的安装应平整牢固，与管道接触紧密。管道与设备连接处，应设独立支、吊架；

2)冷(热)媒水、冷却水系统管道机房内总、干管的支、吊架，应采用承重防晃管架；与设备连接的管道管架宜有减振措施。当水平支管的管架采用单杆吊架时，应在管道起始点、阀门、三通、弯头及长度每隔 15m 设置承重防晃支、吊架；

3)无热位移的管道吊架，其吊杆应垂直安装；有热位移的，其吊杆应向热膨胀(或冷收缩)的反方向偏移安装，偏移量按计算确定；

4)滑动支架的滑动面应清洁、平整，其安装位置应从支承面中心向位移反方向偏移 1/2 位移值或符合设计文件规定；

5)竖井内的立管，每隔 2～3 层应设导向支架。在建筑结构负重允许的情况下，水平安装管道支、吊架的间距应符合表 3-161 的规定；

钢管道支、吊架的最大间距　　　　表 3-161

公称直径(mm)		15	20	25	32	40	50	70	80	100	125	150	200	250	300
支架的最大间距(m)	L_1	1.5	2.0	2.5	2.5	3.0	3.5	4.0	5.0	5.0	5.5	6.5	7.5	8.5	9.5
	L_2	2.5	3.0	3.5	4.0	4.5	5.0	6.0	6.5	6.5	7.5	7.5	9.0	9.5	10.5
	对大于 300mm 的管道可参考 300mm 管道														

注：1. 适用于工作压力不大于 2.0MPa，不保温或保温材料密度不大于 $200kg/m^3$ 的管道系统。

2. L_1 用于保温管道，L_2 用于不保温管道。

6)管道支、吊架的焊接应由合格持证焊工施焊，并不得有漏焊、欠焊或焊接裂纹等缺陷。支架与管道焊接时，管道侧的咬边量，应小于 0.1 管壁厚。

检查数量：按系统支架数量抽查 5%，且不得少于 5 个。

检查方法：尺量、观察检查。

(9)采用建筑用硬聚氯乙烯(PVC-U)、聚丙烯(PP-R)与交联聚乙烯(PEX)等管道时，管道与金属支、吊架之间应有隔绝措施，不可直接接触。当为热水管道时，还应加宽其接触的面积。支、吊架的间距应符合设计和产品技术要求的规定。

检查数量：按系统支架数量抽查 5%，且不得少于 5 个。

检查方法：观察检查。

(10)阀门、集气罐、自动排气装置、除污器(水过滤器)等管道部件的安装应符合设计要求，并应符合下列规定：

1）阀门安装的位置、进出口方向应正确，并便于操作；连接应牢固紧密，启闭灵活；成排阀门的排列应整齐美观，在同一平面上的允许偏差为3mm；

2）电动、气动等自控阀门在安装前应进行单体的调试，包括开启、关闭等动作试验；

3）冷冻水和冷却水的除污器（水过滤器）应安装在进机组前的管道上，方向正确且便于清污；与管道连接牢固、严密，其安装位置应便于滤网的拆装和清洗。过滤器滤网的材质、规格和包扎方法应符合设计要求；

4）闭式系统管路应在系统最高处及所有可能积聚空气的高点设置排气阀，在管路最低点应设置排水管及排水阀。

检查数量：按规格、型号抽查10%，且不得少于2个。

检查方法：对照设计文件尺量、观察和操作检查。

（11）冷却塔安装应符合下列规定：

1）基础标高应符合设计的规定，允许误差为±20mm。冷却塔地脚螺栓与预埋件的连接或固定应牢固，各连接部件应采用热镀锌或不锈钢螺栓，其紧固力应一致、均匀；

2）冷却塔安装应水平，单台冷却塔安装水平度和垂直度允许偏差均为2/1000。同一冷却水系统的多台冷却塔安装时，各台冷却塔的水面高度应一致，高差不应大于30mm；

3）冷却塔的出水口及喷嘴的方向和位置应正确，积水盘应严密无渗漏；分水器布水均匀。带转动布水器的冷却塔，其转动部分应灵活，喷水出口按设计或产品要求，方向应一致；

4）冷却塔风机叶片端部与塔体四周的径向间隙应均匀。对于可调整角度的叶片，角度应一致。

检查数量：全数检查。

检查方法：尺量、观察检查，积水盘做充水试验或查阅试验记录。

（12）水泵及附属设备的安装应符合下列规定：

1)水泵的平面位置和标高允许偏差为±10mm,安装的地脚螺栓应垂直、拧紧,且与设备底座接触紧密;

2)垫铁组放置位置正确、平稳,接触紧密,每组不超过3块;

3)整体安装的泵,纵向水平偏差不应大于0.1/1000,横向水平偏差不应大于0.20/1000;解体安装的泵纵、横向安装水平偏差均不应大于0.05/1000;

水泵与电机采用联轴器连接时,联轴器两轴芯的允许偏差,轴向倾斜不应大于0.2/1000,径向位移不应大于0.05mm;

小型整体安装的管道水泵不应有明显偏斜。

4)减震器与水泵及水泵基础连接牢固、平稳、接触紧密。

检查数量:全数检查。

检查方法:扳手试拧、观察检查,用水平仪和塞尺测量或查阅设备安装记录。

(13)水箱、集水器、分水器、储冷罐等设备的安装,支架或底座的尺寸、位置符合设计要求。设备与支架或底座接触紧密,安装平正、牢固。平面位置允许偏差为15mm,标高允许偏差为±5mm,垂直度允许偏差为1/1000。

膨胀水箱安装的位置及接管的连接,应符合设计文件的要求。

检查数量:全数检查。

检查方法:尺量、观察检查,旁站或查阅试验记录。

158. 通风与空调工程竣工验收有什么要求?

(1)通风与空调工程的竣工验收,是在工程施工质量得到有效监控的前提下,施工单位通过整个分部工程的无生产负荷系统联合试运转与调试和观感质量的检查,按规范要求将质量合格的分部工程移交建设单位的验收过程。

(2)通风与空调工程的竣工验收,应由建设单位负责,组织施工、设计、监理等单位共同进行,合格后即应办理竣工验收手续。

(3)通风与空调工程竣工验收时,应检查竣工验收的资料,一般包括下列文件及记录：

1)图纸会审记录、设计变更通知书和竣工图；

2)主要材料、设备、成品、半成品和仪表的出厂合格证明及进场检(试)验报告；

3)隐蔽工程检查验收记录；

4)工程设备、风管系统、管道系统安装及检验记录；

5)管道试验记录；

6)设备单机试运转记录；

7)系统无生产负荷联合试运转与调试记录；

8)分部(子分部)工程质量验收记录；

9)观感质量综合检查记录；

10)安全和功能检验资料的核查记录。

(4)观感质量检查应包括以下项目：

1)风管表面应平整、无损坏；接管合理，风管的连接以及风管与设备或调节装置的连接，无明显缺陷；

2)风口表面应平整，颜色一致，安装位置正确，风口可调节部件应能正常动作；

3)各类调节装置的制作和安装应正确牢固，调节灵活，操作方便。防火及排烟阀等关闭严密，动作可靠；

4)制冷及水管系统的管道、阀门及仪表安装位置正确，系统无渗漏；

5)风管、部件及管道的支、吊架型式、位置及间距应符合本规范要求；

6)风管、管道的软性接管位置应符合设计要求，接管正确、牢固、自然无强扭；

7)通风机、制冷机、水泵、风机盘管机组的安装应正确牢固；

8)组合式空气调节机组外表平整光滑、接缝严密、组装顺序正确，喷水室外表面无渗漏；

9)除尘器、积尘室安装应牢固、接口严密；

10)消声器安装方向正确,外表面应平整无损坏;

11)风管、部件、管道及支架的油漆应附着牢固,漆膜厚度均匀,油漆颜色与标志符合设计要求;

12)绝热层的材质、厚度应符合设计要求;表面平整、无断裂和脱落;室外防潮层或保护壳应顺水搭接、无渗漏。

检查数量:风管、管道各按系统抽查10%,且不得少于1个系统。各类部件、阀门及仪表抽检5%,且不得少于10件。

检查方法:尺量、观察检查。

(5)净化空调系统的观感质量检查还应包括下列项目:

1)空调机组、风机、净化空调机组、风机过滤器单元和空气吹淋室等的安装位置应正确、固定牢固、连接严密,其偏差应符合规范规定;

2)高效过滤器与风管、风管与设备的连接处应有可靠密封;

3)净化空调机组、静压箱、风管及送回风口清洁无积尘;

4)装配式洁净室的内墙面、吊顶和地面应光滑、平整、色泽均匀、不起灰尘,地板静电值应低于设计规定;

5)送回风口、各类末端装置以及各类管道等与洁净室内表面的连接处密封处理应可靠、严密。

检查数量:按数量抽查20%,且不得少于1个。

检查方法:尺量、观察检查。

159. 混凝土工程验收的基本规定包括哪些内容?

(1)混凝土结构施工现场质量管理应有相应的施工技术标准、健全的质量管理体系、施工质量控制和质量检验制度。

混凝土结构施工项目应有施工组织设计和施工技术方案,并经审查批准。

(2)混凝土结构子分部工程可根据结构的施工方法分为两类:现浇混凝土结构子分部工程的装配式混凝土结构子分部工程;根据结构的分类,还可分为钢筋混凝土结构子分部工程和预应力混凝土结构子分部工程等。

混凝土结构子分部工程可划分为模板、钢筋、预应力、混凝土、现浇结构和装配式结构等分项工程。

各分项工程可根据与施工方式相一致且便于控制施工质量的原则,按工作班、楼层、结构缝或施工段划分为若干检验批。

(3)对混凝土结构子分部工程的质量验收,应在钢筋、预应力、混凝土、现浇结构或装配式结构等相关分项工程验收合格的基础上,进行质量控制资料检查及观感质量验收,并应对涉及结构安全的材料、试件、施工工艺和结构的重要部位进行见证检测或结构实体检验。

(4)分项工程的质量验收应在所含检验批验收合格的基础上,进行质量验收记录检查。

(5)检验批的质量验收应包括如下内容:

1)实物检查,按下列方式进行:

A. 对原材料、构配件和器具等产品的进场复验,应按进场的批次和产品的抽样检验方案执行:

B. 对混凝土强度、预制构件结构性能等,应按国家现行有关标准和规范规定的抽样检验方案执行;

C. 对规范中采用计数检验的项目,应按抽查总点数的合格点率进行检查。

2)资料检查,包括原材料、构配件和器具等的产品合格证(中文质量合格证明文件、规格、型号及性能检测报告等)及进场复验报告、施工过程中重要工序的自检和交接检记录、抽样检验报告、见证检测报告、隐蔽工程验收记录等。

(6)检验批合格质量应符合下列规定:

1)主控项目的质量经抽样检验合格;

2)一般项目的质量经抽样检验合格;当采用计数检验时,除有专门要求外,一般项目的合格点率应达到80%及以上,且不得有严重缺陷;

3)具有完整的施工操作依据和质量验收记录。

对验收合格的检验批,宜做出合格标志。

160. 模板安装验收有哪些要求?

主 控 项 目

(1)安装现浇结构的上层模板及其支架时,下层楼板应具有承受上层荷载的承载能力,或加设支架;上、下层支架的立柱应对准,并铺设垫板。

检查数量:全数检查。

检验方法:对照模板设计文件和施工技术方案观察。

(2)在涂刷模板隔离剂时,不得沾污钢筋和混凝土接槎处。

检查数量:全数检查。

检验方法:观察。

一 般 项 目

(3)模板安装应满足下列要求:

1)模板的接缝不应漏浆;在浇筑混凝土前,木模板应浇水湿润,但模板内不应有积水;

2)模板与混凝土的接触面应清理干净并涂刷隔离剂,但不得采用影响结构性能或妨碍装饰工程施工的隔离剂;

3)浇筑混凝土前,模板内的杂物应清理干净;

4)对清水混凝土工程及装饰混凝土工程,应使用能达到设计效果的模板。

检查数量:全数检查。

检验方法:观察。

(4)用作模板的地坪、胎模等应平整光洁,不得产生影响构件质量的下沉、裂缝、起砂或起鼓。

检查数量:全数检查。

检验方法:观察。

(5)对跨度不小于 4m 的现浇钢筋混凝土梁、板,其模板应按设计要求起拱;当设计无具体要求时,起拱高度宜为跨度的 1/1000～3/1000。

检查数量:在同一检验批内,对梁,应抽查构件数量的 10%,

且不少于3件;对板,应按有代表性的自然间抽查10%,且不少于3间;对大空间结构,板可按纵、横轴线划分检查面,抽查10%,且不少于3面。

检验方法:水准仪或拉线、钢尺检查。

(6)固定在模板上的预埋件、预留孔和预留洞均不得遗漏,且应安装牢固,其偏差应符合表3-162的规定。

检查数量:在同一检验批内,对梁、柱和独立基础,应抽查构件数量的10%,且不少于3件;对墙和板,应按有代表性的自然间抽查10%,且不少于3间;对大空间结构,墙可按相邻轴线间高度5m左右划分检查面,板可按纵横轴线划分检查面,抽查10%,且均不少于3面。

检验方法:钢尺检查。

(7)现浇结构模板安装的偏差应符合表3-163的规定。

检查数量:在同一检验批内,对梁、柱和独立基础,应抽查构件数量的10%,且不少于3件;对墙和板,应按有代表性的自然间抽查10%,且不少于3间;对大空间结构,墙可按相邻轴线间高度5m左右划分检查面,板可按纵、横轴线划分检查面,抽查10%,且均不少于3面。

预埋件和预留孔洞的允许偏差　　　　表3-162

项　　目		允许偏差(mm)
预埋钢板中心线位置		3
预埋管、预留孔中心线位置		3
插　筋	中心线位置	5
	外露长度	+10,0
预埋螺栓	中心线位置	2
	外露长度	+10,0
预 留 洞	中心线位置	10
	尺　寸	+10,0

注:检查中心线位置时,应沿纵、横两个方向量测,并取其中的较大值。

现浇结构模板安装的允许偏差及检验方法　　表 3-163

项目		允许偏差(mm)	检验方法
轴线位置		5	钢尺检查
底模上表面标高		±5	水准仪或拉线、钢尺检查
截面内部尺寸	基础	±10	钢尺检查
	柱、墙、梁	+4,-5	钢尺检查
层高垂直度	不大于 5m	6	经纬仪或吊线、钢尺检查
	大于 5m	8	经纬仪或吊线、钢尺检查
相邻两板表面高低差		2	钢尺检查
表面平整度		5	2m 靠尺和塞尺检查

注:检查轴线位置时,应沿纵、横两个方向量测,并取其中的较大值。

(8)预制构件模板安装的偏差应符合表 3-164 的规定。

检查数量:首次使用及大修后的模板应全数检查;使用中的模板应定期检查,并根据使用情况不定期抽查。

预制构件模板安装的允许偏差及检验方法　　表 3-164

项目		允许偏差(mm)	检验方法
长度	板、梁	±5	钢尺量两角边,取其中较大值
	薄腹梁、桁架	±10	
	柱	0,-10	
	墙板	0,-5	
宽度	板、墙板	0,-5	钢尺量一端及中部,取其中较大值
	梁、薄腹梁、桁架、柱	+2,-5	
高(厚)度	板	+2,-3	钢尺量一端及中部,取其中较大值
	墙板	0,-5	
	梁、薄腹梁、桁架、柱	+2,-5	
侧向弯曲	梁、板、柱	l/1000 且≤15	拉线、钢尺量最大弯曲处
	墙板、薄腹梁、桁架	l/1500 且≤15	
板的表面平整度		3	2m 靠尺和塞尺检查

续表

项目		允许偏差(mm)	检验方法
相邻两板表面高低差		1	钢尺检查
对角线差	板	7	钢尺量两个对角线
	墙板	5	
翘曲	板、墙板	l/1500	调平尺在两端量测
设计起拱	薄腹梁、桁架、梁	±3	拉线、钢尺量跨中

注:l 为构件长度(mm)。

161. 模板拆除验收有哪些要求?

主控项目

(1)底模及其支架拆除时的混凝土强度应符合设计要求;当设计无具体要求时,混凝土强度应符合表 3-165 的规定。

检查数量:全数检查。

检验方法:检查同条件养护试件强度试验报告。

底模拆除时的混凝土强度要求　　　表 3-165

构件类型	构件跨度(m)	达到设计的混凝土立方体抗压强度标准值的百分率(%)
板	≤2	≥50
	>2,≤8	≥75
	>8	≥100
梁、拱、壳	≤8	≥75
	>8	≥100
悬臂构件	—	≥100

(2)对后张法预应力混凝土结构构件,侧模宜在预应力张拉前拆除;底模支架的拆除应按施工技术方案执行,当无具体要求时,不应在结构构件建立预应力前拆除。

检查数量:全数检查。

检验方法:观察。

(3)后浇带模板的拆除和支顶应按施工技术方案执行。

检查数量:全数检查。

检验方法:观察。

一 般 项 目

(4)侧模拆除时的混凝土强度应能保证其表面及棱角不受损伤。

检查数量:全数检查。

检验方法:观察。

(5)模板拆除时,不应对楼层形成冲击荷载。拆除的模板和支架宜分散堆放并及时清运。

检查数量:全数检查。

检验方法:观察。

162. 钢筋工程原材料检验批质量验收记录有哪些要求?

主 控 项 目

(1)钢筋进场时,应按现行国家标准《钢筋混凝土用热轧带肋钢筋》(GB1499)等的规定抽取试件作力学性能检验,其质量必须符合有关标准的规定。

检查数量:按进场的批次和产品的抽样检验方案确定。

检验方法:检查产品合格证、出厂检验报告和进场复验报告。

(2)对有抗震设防要求的框架结构,其纵向受力钢筋的强度应满足设计要求;当设计无具体要求时,对一、二级抗震等级,检验所得的强度实测值应符合下列规定:

1)钢筋的抗拉强度实测值与屈服强度实测值的比值不应小于1.25;

2)钢筋的屈服强度实测值与强度标准值的比值不应大于1.3。

检查数量:按进场的批次和产品的抽样检验方案确定。

检验方法:检查进场复验报告。

(3)当发现钢筋脆断、焊接性能不良或力学性能显著不正常等现象时，应对该批钢筋进行化学成分检验或其他专项检验。

检验方法：检查化学成分等专项检验报告。

一 般 项 目

(4)钢筋应平直、无损伤，表面不得有裂纹、油污、颗粒状或片状老锈。

检查数量：进场时和使用前全数检查。

检验方法：观察。

163. 钢筋加工检验批质量验收记录有哪些要求？

主 控 项 目

(1)受力钢筋的弯钩和弯折应符合下列规定：

1)HPB235级钢筋末端应作180°弯钩，其弯弧内直径不应小于钢筋直径的2.5倍，弯钩的弯后平直部分长度不应小于钢筋直径的3倍；

2)当设计要求钢筋末端需作135°弯钩时，HRB335级、HRB400级钢筋的弯弧内直径不应小于钢筋直径的4倍，弯钩的弯后平直部分长度应符合设计要求；

3)钢筋作不大于90°的弯折时，弯折处的弯弧内直径不应小于钢筋直径的5倍。

检查数量：按每工作班同一类型钢筋、同一加工设备抽查不应少于3件。

检验方法：钢尺检查。

(2)除焊接封闭环式箍筋外，箍筋的末端应作弯钩，弯钩形式应符合设计要求；当设计无具体要求时，应符合下列规定：

1)箍筋弯钩的弯弧内直径除应满足规范的规定外，尚应不小于受力钢筋直径；

2)箍筋弯钩的弯折角度：对一般结构，不应小于90°；对有抗震等要求的结构，应为135°；

3)箍筋弯后平直部分长度：对一般结构，不宜小于箍筋直径的5倍；对有抗震等要求的结构，不应小于箍筋直径的10倍。

检查数量:按每工作班同一类型钢筋、同一加工设备抽查不应少于3件。

检验方法:钢尺检查。

一般项目

(3)钢筋调直宜采用机械方法,也可采用冷拉方法。当采用冷拉方法调直钢筋时,HPB235级钢筋的冷拉率不宜大于4%,HRB335级、HRB400级和RRB400级钢筋的冷拉率不宜大于1%。

检查数量:按每工作班同一类型钢筋、同一加工设备抽查不应少于3件。

检验方法:观察,钢尺检查。

(4)钢筋加工的形状、尺寸应符合设计要求,其偏差应符合表3-166的规定。

检查数量:按每工作班同一类型钢筋、同一加工设备抽查不应少于3件。

检验方法:钢尺检查。

钢筋加工的允许偏差　　表3-166

项　　目	允许偏差(mm)
受力钢筋顺长度方向全长的净尺寸	±10
弯起钢筋的弯折位置	±20
箍筋内净尺寸	±5

164.钢筋连接检验批质量验收记录有哪些要求?

主控项目

(1)纵向受力钢筋的连接方式应符合设计要求。

检查数量:全数检查。

检验方法:观察。

(2)在施工现场,应按国家现行标准《钢筋机械连接通用技术规程》(JGJ107)、《钢筋焊接及验收规程》(JGJ18)的规定抽取钢筋机械连接接头、焊接接头试件作力学性能检验，其质量应符合有关规程的规定。

检查数量：按有关规程确定。

检验方法：检查产品合格证、接头力学性能试验报告。

一 般 项 目

(3)钢筋的接头宜设置在受力较小处。同一纵向受力钢筋不宜设置两个或两个以上接头。接头末端至钢筋弯起点的距离不应小于钢筋直径的10倍。

检查数量：全数检查。

检验方法：观察，钢尺检查。

(4)在施工现场，应按国家现行标准《钢筋机械连接通用技术规程》(JGJ107)、《钢筋焊接及验收规程》(JGJ18)的规定对钢筋机械连接接头、焊接接头的外观进行检查，其质量应符合有关规程的规定。

检查数量：全数检查。

检验方法：观察。

(5)当受力钢筋采用机械连接接头或焊接接头时，设置在同一构件内的接头宜相互错开。

纵向受力钢筋机械连接接头及焊接接头连接区段的长度为35倍 d(d 为纵向受力钢筋的较大直径)且不小于500mm，凡接头中点位于该连接区段长度内的接头均属于同一连接区段。同一连接区段内，纵向受力钢筋机械连接及焊接的接头面积百分率为该区段内有接头的纵向受力钢筋截面面积与全部纵向受力钢筋截面面积的比值。

同一连接区段内，纵向受力钢筋的接头面积百分率应符合设计要求；当设计无具体要求时，应符合下列规定：

1)在受拉区不宜大于50%；

2)接头不宜设置在有抗震设防要求的框架梁端、柱端的箍筋加密区；当无法避开时，对等强度高质量机械连接接头，不应大于50%；

3)直接承受动力荷载的结构构件中,不宜采用焊接接头;

当采用机械连接接头时,不应大于50%。

检查数量:在同一检验批内,对梁、柱和独立基础,应抽查构件数量的10%,且不少于3件;对墙和板,应按有代表性的自然间抽查10%,且不少于3间;对大空间结构,墙可按相邻轴线间高度5m左右划分检查面,板可按纵横轴线划分检查面,抽查10%,且均不少于3面。

检验方法:观察,钢尺检查。

(6)同一构件中相邻纵向受力钢筋的绑扎搭接接头宜相互错开。绑扎搭接接头中钢筋的横向净距不应小于钢筋直径,且不应小于25mm。

钢筋绑扎搭接接头连接区段的长度为$1.3l_l$(l_l为搭接长度),凡搭接接头中点位于该连接区段长度内的搭接接头均属于同一连接区段。同一连接区段内,纵向钢筋搭接接头面积百分率为该区段内有搭接接头的纵向受力钢筋截面面积与全部纵向受力钢筋截面面积的比值(图3-4)。

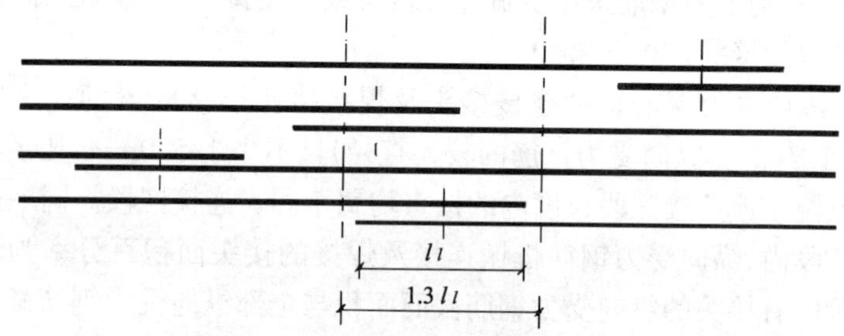

图3-4 钢筋绑扎搭接接头连接区段及接头面积百分率

注:图中所示搭接接头同一连接区段内的搭接钢筋为两根,当各钢筋直径相同时,接头面积百分率为50%。

同一连接区段内,纵向受拉钢筋搭接接头面积百分率应符合设计要求;当设计无具体要求时,应符合下列规定:

1)对梁类、板类及墙类构件,不宜大于25%;

2)对柱类构件,不宜大于50%;

3)当工程中确有必要增大接头面积百分率时,对梁类构件,不应大于50%,对其他构件,可根据实际情况放宽。

纵向受力钢筋绑扎搭接接头的最小搭接长度应符合规范的规定。

检查数量:在同一检验批内,对梁、柱和独立基础,应抽查构件数量的10%,且不少于3件;对墙和板,应按有代表性的自然间抽查10%,且不少于3间,对大空间结构,墙可按相邻轴线间高度5m左右划分检查面,板可按纵、横轴线划分检查面,抽查10%,且均不少于3面。

检验方法:观察,钢尺检查。

(7)在梁、柱类构件的纵向受力钢筋搭接长度范围内,应按设计要求配置箍筋。当设计无具体要求时,应符合下列规定:

1)箍筋直径不应小于搭接钢筋较小直径的0.25倍;

2)受拉搭接区段的箍筋间距不应大于搭接钢筋较小直径的5倍,且不应大于100mm;

3)受压搭接区段的箍筋间距不应大于搭接钢筋较小直径的10倍,且不应大于200mm;

4)当柱中纵向受力钢筋直径大于25mm时,应在搭接接头两个端面外100mm范围内各设置两个箍筋,其间距宜为50mm。

检查数量:在同一检验批内,对梁、柱和独立基础,应抽查构件数量的10%,且不少于3件;对墙和板,应按有代表性的自然间抽查10%,且不少于3间;对大空间结构,墙可按相邻轴线间高度5m左右划分检查面,板可按纵、横轴线划分检查面,抽查10%,且均不少于3面。

检验方法:钢尺检查。

165. 钢筋安装检验批质量验收记录有哪些要求?

主 控 项 目

(1)钢筋安装时,受力钢筋的品种、级别、规格和数量必须符合设计要求。

检查数量:全数检查。

检验方法:观察,钢尺检查。

一 般 项 目

(2)钢筋安装位置的偏差应符合表3-167的规定。

检查数量:在同一检验批内,对梁、柱和独立基础,应抽查构件数量的10%,且不少于3件;对墙和板,应按有代表性的自然间抽查10%,且不少于3间;对大空间结构,墙可按相邻轴线间高度5m左右划分检查面,板可按纵、横轴线划分检查面,抽查10%,且均不少于3面。

钢筋安装位置的允许偏差和检验方法　　表3-167

<table>
<tr><th colspan="3">项　目</th><th>允许偏差(mm)</th><th>检验方法</th></tr>
<tr><td rowspan="2">绑扎钢筋网</td><td colspan="2">长、宽</td><td>±10</td><td>钢尺检查</td></tr>
<tr><td colspan="2">网眼尺寸</td><td>±20</td><td>钢尺量连续三档,取最大值</td></tr>
<tr><td rowspan="2">绑扎钢筋骨架</td><td colspan="2">长</td><td>±10</td><td>钢尺检查</td></tr>
<tr><td colspan="2">宽、高</td><td>±5</td><td>钢尺检查</td></tr>
<tr><td rowspan="5">受力钢筋</td><td colspan="2">间　距</td><td>±10</td><td rowspan="2">钢尺量两端、中间各一点,取最大值</td></tr>
<tr><td colspan="2">排　距</td><td>±5</td></tr>
<tr><td rowspan="3">保护层厚度</td><td>基　础</td><td>±10</td><td>钢尺检查</td></tr>
<tr><td>柱、梁</td><td>±5</td><td>钢尺检查</td></tr>
<tr><td>板、墙、壳</td><td>±3</td><td>钢尺检查</td></tr>
<tr><td colspan="3">绑扎箍筋、横向钢筋间距</td><td>±20</td><td>钢尺量连续三档,取最大值</td></tr>
<tr><td colspan="3">钢筋弯起点位置</td><td>20</td><td>钢尺检查</td></tr>
<tr><td rowspan="2">预埋件</td><td colspan="2">中心线位置</td><td>5</td><td>钢尺检查</td></tr>
<tr><td colspan="2">水平高差</td><td>+3,0</td><td>钢尺和塞尺检查</td></tr>
</table>

注:1. 检查预埋件中心线位置时,应沿纵、横两个方向量测,并取其中的较大值;

2. 表中梁类、板类构件上部纵向受力钢筋保护层厚度的合格点率应达到90%及以上,且不得有超过表中数值1.5倍的尺寸偏差。

166. 混凝土工程原材料检验批质量验收记录有哪些要求?

主 控 项 目

(1)水泥进场时应对其品种、级别、包装或散装仓号、出厂日期等进行检查,并应对其强度、安定性及其他必要的性能指标进行复验,其质量必须符合现行国家标准《硅酸盐水泥、普通硅酸盐水泥》(GB175)等的规定。

当在使用中对水泥质量有怀疑或水泥出厂超过三个月(快硬硅酸盐水泥超过一个月)时,应进行复验,并按复验结果使用。

钢筋混凝土结构、预应力混凝土结构中,严禁使用含氯化物的水泥。

检查数量:按同一生产厂家、同一等级、同一品种、同一批号且连续进场的水泥,袋装不超过200t为一批,散装不超过500t为一批,每批抽样不少于一次。

检验方法:检查产品合格证、出厂检验报告和进场复验报告。

(2)混凝土中掺用外加剂的质量及应用技术应符合现行国家标准《混凝土外加剂》(GB8076)、《混凝土外加剂应用技术规范》(GB50119)等和有关环境保护的规定。

预应力混凝土结构中,严禁使用含氯化物的外加剂。钢筋混凝土结构中,当使用含氯化物的外加剂时,混凝土中氯化物的总含量应符合现行国家标准《混凝土质量控制标准》(GB50164)的规定。

检查数量:按进场的批次和产品的抽样检验方案确定。

检验方法:检查产品合格证、出厂检验报告和进场复验报告。

(3)混凝土中氯化物和碱的总含量应符合现行国家标准《混凝土结构设计规范》(GB50010)和设计的要求。

检验方法:检查原材料试验报告和氯化物、碱的总含量计算书。

一 般 项 目

(4)混凝土中掺用矿物掺合料的质量应符合现行国家标准《用于水泥和混凝土中的粉煤灰》(GB1596)等的规定。矿物掺合料的掺量应通过试验确定。

检查数量:按进场的批次和产品的抽样检验方案确定。

检验方法:检查出厂合格证和进场复验报告。

(5)普通混凝土所用的粗、细骨料的质量应符合国家现行标准《普通混凝土用碎石或卵石质量标准及检验方法》(JGJ53)、《普通混凝土用砂质量标准及检验方法》(JGJ52)的规定。

检查数量:按进场的批次和产品的抽样检验方案确定。

检验方法:检查进场复验报告。

注:1. 混凝土用的粗骨料,其最大颗粒粒径不得超过构件截面最小尺寸的1/4,且不得超过钢筋最小净间距的3/4。

2. 对混凝土实心板,骨料的最大粒径不宜超过板厚的1/3,且不得超过40mm。

(6)拌制混凝土宜采用饮用水;当采用其他水源时,水质应符合国家现行标准《混凝土拌合用水标准》(JGJ63)的规定。

检查数量:同一水源检查不应少于一次。

检验方法:检查水质试验报告。

167. 混凝土施工检验批质量验收记录有哪些要求?

主 控 项 目

(1)结构混凝土的强度等级必须符合设计要求。用于检查结构构件混凝土强度的试件,应在混凝土的浇筑地点随机抽取。取样与试件留置应符合下列规定:

1)每拌制100盘且不超过100m^{3}的同配合比的混凝土,取样不得少于一次;

2)每工作班拌制的同一配合比的混凝土不足100盘时,取样不得少于一次;

3)当一次连续浇筑超过1000m^{3}时,同一配合比的混凝土每200m^{3}取样不得少于一次;

4)每一楼层、同一配合比的混凝土,取样不得少于一次;

5)每次取样应至少留置一组标准养护试件,同条件养护试件的留置组数应根据实际需要确定。

检验方法:检查施工记录及试件强度试验报告。

(2)对有抗渗要求的混凝土结构,其混凝土试件应在浇筑地点随机取样。同一工程、同一配合比的混凝土,取样不应少于一次,留置组数可根据实际需要确定。

检验方法:检查试件抗渗试验报告。

(3)混凝土原材料每盘称量的偏差应符合表3-168的规定。

原材料每盘称量的允许偏差　　表3-168

材料名称	允许偏差
水泥、掺合料	±2%
粗、细骨料	±3%
水、外加剂	±2%

注:1. 各种衡器应定期校验,每次使用前应进行零点校核,保持计量准确;
2. 当遇雨天或含水率有显著变化时,应增加含水率检测次数,并及时调整水和骨料的用量。

检查数量:每工作班抽查不应少于一次。

检验方法:复称。

(4)混凝土运输、浇筑及间歇的全部时间不应超过混凝土的初凝时间。同一施工段的混凝土应连续浇筑,并应在底层混凝土初凝之前将上一层混凝土浇筑完毕。

当底层混凝土初凝后浇筑上一层混凝土时,应按施工技术方案中对施工缝的要求进行处理。

检查数量:全数检查。

检验方法:观察,检查施工记录。

一 般 项 目

(5)施工缝的位置应在混凝土浇筑前按设计要求和施工技术方案确定。施工缝的处理应按施工技术方案执行。

检查数量:全数检查。

检验方法:观察,检查施工记录

(6)后浇带的留置位置应按设计要求和施工技术方案确定。后浇带混凝土浇筑应按施工技术方案进行。

检查数量:全数检查。

检验方法:观察,检查施工记录。

(7)混凝土浇筑完毕后,应按施工技术方案及时采取有效的养护措施,并应符合下列规定:

1)应在浇筑完毕后的12h以内对混凝土加以覆盖并保湿养护;

2)混凝土浇水养护的时间:对采用硅酸盐水泥、普通硅酸盐水泥或矿渣硅酸盐水泥拌制的混凝土,不得少于7d;对掺用缓凝型外加剂或有抗渗要求的混凝土,不得少于14d;

3)浇水次数应能保持混凝土处于湿润状态;混凝土养护用水应与拌制用水相同;

4)采用塑料布覆盖养护的混凝土,其敞露的全部表面应覆盖严密,并应保持塑料布内有凝结水;

5)混凝土强度达到1.2N/mm^{2}前,不得在其上踩踏或安装模板及支架。

注:1. 当日平均气温低于5℃时,不得浇水;

2. 当采用其他品种水泥时,混凝土的养护时间应根据所采用水泥的技术性能确定;

3. 混凝土表面不便浇水或使用塑料布时,宜涂刷养护剂;

4. 对大体积混凝土的养护,应根据气候条件按施工技术方案采取控温措施。

检查数量:全数检查。

检验方法:观察,检查施工记录。

168. 现浇结构分项工程验收有哪些基本规定要求?

(1)现浇结构的外观质量缺陷,应由监理(建设)单位、施工单位等各方根据其对结构性能和使用功能影响的严重程度,按表3-169确定。

现浇结构外观质量缺陷 **表 3-169**

名　称	现　象	严重缺陷	一般缺陷
露　筋	构件内钢筋未被混凝土包裹而外露	纵向受力钢筋有露筋	其他钢筋有少量露筋
蜂　窝	混凝土表面缺少水泥砂浆而形成石子外露	构件主要受力部位有蜂窝	其他部位有少量蜂窝
孔　洞	混凝土中孔穴深度和长度均超过保护层厚度	构件主要受力部位有孔洞	其他部位有少量孔洞
夹　渣	混凝土中夹有杂物且深度超过保护层厚度	构件主要受力部位有夹渣	其他部位有少量夹渣
疏　松	混凝土中局部不密实	构件主要受力部位有疏松	其他部位有少量疏松
裂　缝	缝隙从混凝土表面延伸至混凝土内部	构件主要受力部位有影响结构性能或使用功能的裂缝	其他部位有少量不影响结构性能或使用功能的裂缝
连接部位缺陷	构件连接处混凝土缺陷及连接钢筋、连接件松动	连接部位有影响结构传力性能的缺陷	连接部位有基本不影响结构传力性能的缺陷
外形缺陷	缺棱掉角、棱角不直、翘曲不平、飞边凸肋等	清水混凝土构件有影响使用功能或装饰效果的外形缺陷	其他混凝土构件有不影响使用功能的外形缺陷
外表缺陷	构件表面麻面、掉皮、起砂、沾污等	具有重要装饰效果的清水混凝土构件有外表缺陷	其他混凝土构件有不影响使用功能的外表缺陷

(2)现浇结构拆模后，应由监理(建设)单位、施工单位对外观质量和尺寸偏差进行检查，做出记录，并应及时按施工技术方案对缺陷进行处理。

169. 现浇结构尺寸偏差检验批质量验收记录有哪些要求?

主 控 项 目

(1)现浇结构不应有影响结构性能和使用功能的尺寸偏差。混凝土设备基础不应有影响结构性能和设备安装的尺寸偏差。

对超过尺寸允许偏差且影响结构性能和安装、使用功能的部位，应由施工单位提出技术处理方案，并经监理(建设)单位认可后进行处理。对经处理的部位，应重新检查验收。

检查数量：全数检查。

检验方法：量测，检查技术处理方案。

一般项目

(2)现浇结构和混凝土设备基础拆模后的尺寸偏差应符合表3-170、表3-171的规定。

检查数量：按楼层、结构缝或施工段划分检验批。在同一检验批内，对梁、柱和独立基础，应抽查构件数量的10%，且不少于3件；对墙和板，应按有代表性的自然间抽查10%，且不少于3间；对大空间结构，墙可按相邻轴线间高度5m左右划分检查面，板可按纵、横轴线划分检查面，抽查10%，且均不少于3面；对电梯井，应全数检查。对设备基础，应全数检查。

现浇结构尺寸允许偏差和检验方法　　表3-170

<table>
<tr><th colspan="3">项　目</th><th>允许偏差(mm)</th><th>检验方法</th></tr>
<tr><td rowspan="4">轴线位置</td><td colspan="2">基　础</td><td>15</td><td rowspan="4">钢尺检查</td></tr>
<tr><td colspan="2">独立基础</td><td>10</td></tr>
<tr><td colspan="2">墙、柱、梁</td><td>8</td></tr>
<tr><td colspan="2">剪力墙</td><td>5</td></tr>
<tr><td rowspan="3">垂直度</td><td rowspan="2">层高</td><td>≤5m</td><td>8</td><td>经纬仪或吊线、钢尺检查</td></tr>
<tr><td>>5m</td><td>10</td><td>经纬仪或吊线、钢尺检查</td></tr>
<tr><td colspan="2">全高(H)</td><td>H/1000且≤30</td><td>经纬仪、钢尺检查</td></tr>
<tr><td rowspan="2">标高</td><td colspan="2">层高</td><td>±10</td><td rowspan="2">水准仪或拉线、钢尺检查</td></tr>
<tr><td colspan="2">全高</td><td>±30</td></tr>
<tr><td colspan="3">截面尺寸</td><td>+8，-5</td><td>钢尺检查</td></tr>
<tr><td rowspan="2">电梯井</td><td colspan="2">井筒长、宽对定位中心线</td><td>+25,0</td><td>钢尺检查</td></tr>
<tr><td colspan="2">井筒全高(H)垂直度</td><td>H/1000且≤30</td><td>经纬仪、钢尺检查</td></tr>
<tr><td colspan="3">表面平整度</td><td>8</td><td>2m靠尺和塞尺检查</td></tr>
</table>

续表

项目		允许偏差(mm)	检验方法
预埋设施中心线位置	预埋件	10	钢尺检查
	预埋螺栓	5	
	预埋管	5	
预留洞中心线位置		15	钢尺检查

注:检查轴线、中心线位置时,应沿纵、横两个方向量测,并取其中的较大值。

混凝土设备基础尺寸允许偏差和检验方法　　表 3-171

项目		允许偏差(mm)	检验方法
坐标位置		20	钢尺检查
不同平面的标高		0,-20	水准仪或拉线、钢尺检查
平面外形尺寸		±20	钢尺检查
凸台上平面外形尺寸		0,-20	钢尺检查
凹穴尺寸		+20,0	钢尺检查
平面水平度	每米	5	水平尺、塞尺检查
	全长	10	水准仪或拉线、钢尺检查
垂直度	每米	5	经纬仪或吊线、钢尺检查
	全高	10	
预埋地脚螺栓	标高(顶部)	+20,0	水准仪或拉线,钢尺检查
	中心距	±2	钢尺检查
预埋地脚螺栓孔	中心线位置	10	钢尺检查
	深度	+20,0	钢尺检查
	孔垂直度	10	吊线、钢尺检查
预埋活动地脚螺栓锚板	标高	+20,0	水准仪或拉线、钢尺检查
	中心线位置	5	钢尺检查
	带槽锚板平整度	5	钢尺、塞尺检查
	带螺纹孔锚板平整度	2	钢尺、塞尺检查

注:检查坐标、中心线位置时,应沿纵、横两个方向量测,并取其中的较大值。

170. 混凝土结构子分部工程结构实体检验包括哪些内容?

(1)对涉及混凝土结构安全的重要部位应进行结构实体检验。结构实体检验应在监理工程师(建设单位项目专业技术负责人)见证下,由施工项目技术负责人组织实施。承担结构实体检验的试验室应具有相应的资质。

(2)结构实体检验的内容应包括混凝土强度、钢筋保护层厚度以及工程合同约定的项目;必要时可检验其他项目。

(3)对混凝土强度的检验,应以在混凝土浇筑地点制备并与结构实体同条件养护的试件强度为依据。混凝土强度检验用同条件养护试件的留置、养护和强度代表值应符合规范的规定。

对混凝土强度的检验,也可根据合同的约定,采用非破损或局部破损的检测方法,按国家现行有关标准的规定进行。

(4)当同条件养护试件强度的检验结果符合现行国家标准《混凝土强度检验评定标准》(GBJ107)的有关规定时,混凝土强度应判为合格。

(5)对钢筋保护层厚度的检验,抽样数量、检验方法、允许偏差和合格条件应符合规范的规定。

(6)当未能取得同条件养护试件强度、同条件养护试件强度被判为不合格或钢筋保护层厚度不满足要求时,应委托具有相应资质等级的检测机构按国家有关标准的规定进行检测。

171. 混凝土结构子分部工程验收应包括哪些内容?

(1)混凝土结构子分部工程施工质量验收时,应提供下列文件和记录:

1)设计变更文件;

2)原材料出厂合格证和进场复验报告;

3)钢筋接头的试验报告;

4)混凝土工程施工记录;

5)混凝土试件的性能试验报告;

6)装配式结构预制构件的合格证和安装验收记录;

7)预应力筋用锚具、连接器的合格证和进场复验报告;

8)预应力筋安装、张拉及灌浆记录;

9)隐蔽工程验收记录;

10)分项工程验收记录;

11)混凝土结构实体检验记录;

12)工程的重大质量问题的处理方案和验收记录;

13)其他必要的文件和记录。

(2)混凝土结构子分部工程施工质量验收合格应符合下列规定:

1)有关分项工程施工质量验收合格;

2)应有完整的质量控制资料;

3)观感质量验收合格;

4)结构实体检验结果满足本规范的要求。

(3)当混凝土结构施工质量不符合要求时,应按下列规定进行处理:

1)经返工、返修或更换构件、部件的检验批,应重新进行验收;

2)经有资质的检测单位检测鉴定达到设计要求的检验批,应予以验收;

3)经有资质的检测单位检测鉴定达不到设计要求,但经原设计单位核算并确认仍可满足结构安全和使用功能的检验批,可予以验收;

4)经返修或加固处理能够满足结构安全使用要求的分项工程,可根据技术处理方案和协商文件进行验收。

(4)混凝土结构工程子分部工程施工质量验收合格后,应将所有的验收文件存档备案。

四、建筑工程质量检验评定

1. 如何填写施工现场质量管理检查记录?

施工现场质量管理检查记录应由施工单位按表 4-1 填写,总监理工程师(建设单位项目负责人)进行检查,并做出检查结论。

施工现场质量管理检查记录　　开工日期:　　表 4-1

<table>
<tr><td>工程名称</td><td colspan="3"></td><td colspan="2">施工许可证(开工证)</td><td></td></tr>
<tr><td>建设单位</td><td colspan="3"></td><td colspan="2">项目负责人</td><td></td></tr>
<tr><td>设计单位</td><td colspan="3"></td><td colspan="2">项目负责人</td><td></td></tr>
<tr><td>监理单位</td><td colspan="3"></td><td colspan="2">总监理工程师</td><td></td></tr>
<tr><td>施工单位</td><td></td><td>项目经理</td><td></td><td colspan="2">项目技术负责人</td><td></td></tr>
<tr><td>序号</td><td colspan="3">项　　目</td><td colspan="3">内　　容</td></tr>
<tr><td>1</td><td colspan="3">现场质量管理制度</td><td colspan="3"></td></tr>
<tr><td>2</td><td colspan="3">质量责任制</td><td colspan="3"></td></tr>
<tr><td>3</td><td colspan="3">主要专业工种操作上岗证书</td><td colspan="3"></td></tr>
<tr><td>4</td><td colspan="3">分包方资质与对分包单位的管理制度</td><td colspan="3"></td></tr>
<tr><td>5</td><td colspan="3">施工图审查情况</td><td colspan="3"></td></tr>
<tr><td>6</td><td colspan="3">地质勘察资料</td><td colspan="3"></td></tr>
<tr><td>7</td><td colspan="3">施工组织设计、施工方案及审批</td><td colspan="3"></td></tr>
<tr><td>8</td><td colspan="3">施工技术标准</td><td colspan="3"></td></tr>
<tr><td>9</td><td colspan="3">工程质量检验制度</td><td colspan="3"></td></tr>
<tr><td>10</td><td colspan="3">搅拌站及计量设置</td><td colspan="3"></td></tr>
<tr><td>11</td><td colspan="3">现场材料、设备存放与管理</td><td colspan="3"></td></tr>
<tr><td>12</td><td colspan="3"></td><td colspan="3"></td></tr>
</table>

检查结论:

总监理工程师
(建设单位项目负责人)　　　　年　　月　　日

2. 建筑工程应如何进行施工质量控制?

(1)建筑工程采用的主要材料、半成品、成品、建筑构配件、器具和设备应进行现场验收。凡涉及安全、功能的有关产品,应按各专业工程质量验收规范规定进行复验,并应经监理工程师(建设单位技术负责人)检查认可。

(2)各工序应按施工技术标准进行质量控制,每道工序完成后,应进行检查。

(3)相关各专业工种之间,应进行交接检验,并形成记录。未经监理工程师(建设单位技术负责人)检查认可,不得进行下道工序施工。

3. 建筑工程施工质量应如何进行验收?

(1)建筑工程施工质量应符合本标准和相关专业验收规范的规定。

(2)建筑工程施工应符合工程勘察、设计文件的要求。

(3)参加工程施工质量验收的各方人员应具备规定的资格。

(4)工程质量的验收均应在施工单位自行检查评定的基础上进行。

(5)隐蔽工程在隐蔽前应由施工单位通知有关单位进行验收,并应形成验收文件。

(6)涉及结构安全的试块、试件以及有关材料,应按规定进行见证取样检测。

(7)检验批的质量应按主控项目和一般项目验收。

(8)对涉及结构安全和使用功能的重要分部工程应进行抽样检测。

(9)承担见证取样检测及有关结构安全检测的单位应具有相应资质。

(10)工程的观感质量应由验收人员通过现场检查,并应共同确认。

4. 建筑工程质量验收的划分是如何规定的?

(1)建筑工程质量验收应划分为单位(子单位)工程、分部(子分部)工程、分项工程和检验批。

(2)单位工程的划分应按下列原则确定;

1)具备独立施工条件并能形成独立使用功能的建筑物及构筑物为一个单位工程。

2)建筑规模较大的单位工程,可将其能形成独立使用功能的部分为一个子单位工程。

(3)分部工程的划分应按下列原则确定:

1)分部工程的划分应按专业性质、建筑部位确定。

2)当分部工程较大或较复杂时,可按材料种类、施工特点、施工程序、专业系统及类别等划分为若干子分部工程。

(4)分项工程应按主要工种、材料、施工工艺、设备类别等进行划分。

(5)分项工程可由一个或若干检验批组成,检验批可根据施工及质量控制和专业验收需要按楼层、施工段、变形缝等进行划分。

(6)室外工程可根据专业类别和工程规模划分单位(子单位)工程。

5. 检验批合格质量应符合哪些规定?

(1)主控项目和一般项目的质量经抽样检验合格。

(2)具有完整的施工操作依据、质量检查记录。

6. 分项工程质量验收合格应符合哪些规定?

(1)分项工程所含的检验批均应符合合格质量的规定。

(2)分项工程所含的检验批的质量验收记录应完整。

7. 分部工程质量验收合格应符合哪些规定?

(1)分部(子分部)工程所含分项工程的质量均应验收合格。

(2)质量控制资料应完整。

(3)地基与基础、主体结构和设备安装等分部工程有关安全及功能的检验和抽样检测结果应符合有关规定。

(4)观感质量验收应符合要求。

8. 单位工程质量验收合格应符合哪些规定?

(1)单位(子单位)工程所含分部(子分部)工程的质量均应验收合格。

(2)质量控制资料应完整。

(3)单位(子单位)工程所含分部工程有关安全和功能的检测资料应完整。

(4)主要功能项目的抽查结果应符合相关专业质量验收规范的规定。

(5)观感质量验收应符合要求。

9. 当建筑工程质量不符合要求时,应如何进行处理?

(1)经返工重做或更换器具、设备的检验批,应重新进行验收。

(2)经有资质的检测单位检测鉴定能够达到设计要求的检验批,应予以验收。

(3)经有资质的检测单位检测鉴定达不到设计要求、但经原设计单位核算认可能够满足结构安全和使用功能的检验批,可予以验收。

(4)经返修或加固处理的分项、分部工程,虽然改变外形尺寸但仍能满足安全使用要求,可按技术处理方案和协商文件进行验收。

10. 单位工程的划分应符合哪些原则?

(1)具备独立施工条件并能形成独立使用功能的建筑物及构筑物为一个单位工程。

(2)建筑规模较大的单位工程,可将其能形成独立使用功能的部分为一个子单位工程。

11. 分部工程的划分应按哪些原则确定?

(1)分部工程的划分应按专业性质、建筑部位确定。

(2)当分部工程较大或较复杂时,可按材料种类、施工特点、施工程序、专业系统及类别等划分为若干子分部工程。

12. 如何正确理解建筑工程施工质量验收统一标准总则规定?

编制《验收统一标准》和建筑工程质量验收规范系列标准的目的,是为了加强建筑工程质量管理,统一建筑工程施工质量的验收,保证工程质量。质量验收系列标准编制的最大特点,是将有关建筑工程的施工及验收规范和其工程质量检验评定标准合并,从而组成新的工程质量验收规范体系。实际上,这次修订,其意义已经不仅仅是版本的升级,而是根据建设部新的决定,向国际惯例靠拢,旨在建立一个新的关于质量验收的技术标准体系,以统一建筑工程质量的验收方法、验收程序和验收质量指标。如此重大的改革,必须有一个总的指导原则。这个指导原则就是"验评分离,强化验收、完善手段、过程控制"的指导原则,简称为16字方针。

学习总则应该了解,《验收统一标准》共叙述了两个方面主要内容:第一方面是规定了房屋建筑各专业工程施工质量验收规范编制的统一准则。为了协调和统一房屋工程各专业施工质量验收规范的编制。《验收统一标准》对检验批、分项、分部(子分部)、单位(子单位)工程的划分,质量指标的设置和要求,验收程序与组织都提出了基本一致的原则要求,用以指导系列标准中各专业验收规范的编制。由于有了这些要求,使整个质量验收系列标准在内容、质量指标、宽严程度等方面,做到了协调、统一。第二方面是具体规定了检验批、分项、分部(子分部)、单位(子单位)工程的验收操作,由于这些规定具有很强的可操作性,我们可以把这些规定称之为“操作性条款”。统一标准从单位工程的划分和组成,质量指标的设置,到验收程序和工作步骤,都做出了具体规定,可以直接指导检验批、分项、分部(子分部)、单位(子单位)工程的验收操作。

关于《验收统一标准》本身编制的依据,主要是两类:一类是法律、法规、规章,如《中华人民共和国建筑法》、《建设工程质量管理条例》(国务院 279 号令)、《房屋建筑工程与市政基础设施工程竣工验收备案管理暂行规定》(建设部 78 号令)等;另一类是现行的有关国家技术标准,如《建筑结构可靠度设计统一标准》及其他有关设计规范等。

根据系列标准的分工,新的验收系列标准在使用中,应注意各专业验收规范必须与《验收统一标准》配套使用。单独使用任何一本,是不全面、不完善的。另外,本标准规范体系的落实和执行,还需要验收系列标准之外的其他有关标准的支持。其支持体系在统一标准的条文说明中列出。

13. 建筑工程质量验收程序和组织有哪些规定?

(1)检验批及分项工程应由监理工程师(建设单位项目技术负责人)组织施工单位项目专业质量(技术)负责人等进行验收。

(2)分部工程应由总监理工程师(建设单位项目负责人)组织施工单位项目负责人和技术、质量负责人等进行验收;地基与基础、主体结构分部工程的勘察、设计单位工程项目负责人和施工单位技术、质量部门负责人也应参加相关分部工程验收。

(3)单位工程完工后,施工单位应自行组织有关人员进行检查评定,并向建设单位提交工程验收报告。

(4)建设单位收到工程验收报告后,应由建设单位(项目)负责人组织施工(含分包单位)、设计、监理等单位(项目)负责人进行单位(子单位)工程验收。

(5)单位工程有分包单位施工时,分包单位对所承包的工程项目应按标准规定的程序检查评定,总包单位应派人参加。分包工程完成后,应将工程有关资料交总包单位。

(6)当参加验收各方对工程质量验收意见不一致时,可请当地建设行政主管部门或工程质量监督机构协调处理。

(7)单位工程质量验收合格后,建设单位应在规定时间内将工程竣工验收报告和有关文件,报建设行政管理部门备案。

五、建筑工程质量事故与质量通病

1. 事故如何分类？如出现质量事故应如何处理？

工程质量事故是指建筑工程施工质量不符合设计要求，超出国家颁发的施工技术验收规范或质量检验评定标准允许的偏差范围，一般需作返工或加固处理的单位工程和分项工程。

建筑工程质量事故按其严重程度不同，分为“一般”事故和“重大”事故两种。一般事故系指返工损失一次在 100 元以上、1000 元以下的事故。重大事故是指出现下列情况之一的即为重大质量事故：

(1)建筑物、构筑物的主要结构倒塌；

(2)建筑物、构筑物超过规范规定，基础不均匀下沉、主体倾斜、结构开裂或主体结构强度严重不足；

(3)影响结构安全和建筑物、构筑物使用年限或造成不可挽回的永久性缺陷；

(4)严重影响设备及其相应系统的使用功能；

(5)返工损失一次在 1000 元以上。

报告及处理：

(1)凡发生重大质量事故后，现场负责人应立即向上级和有关部门报告，建筑物、构筑物的主要结构倒塌或事故造成人员伤亡情况应于 12h 内电告建设部。凡重大工程质量事故处理完毕后，要写出详细的事故专题报告上级。

(2)凡发生重大质量事故，在报告上级的同时保护好现场，做好记录。情况危急的，应制止继续施工，等待上级有关部门研究处理。在未得到上级及有关部门许可,不得擅自处理。

(3)发生质量事故后,不得隐瞒,必须严肃对待,并查明原因,分析责任,认真处理。

2. 工程质量事故应采用哪些统计方法?

工程质量事故应采用如下统计方法:

(1)事故的计算方法

工程质量事故按次数计算。同一操作过程的分部分项工程在同一次施工中发生的质量事故算一次,机械设备安装工程的质量事故是以每台单体设备安装完毕发现有质量事故算一次;经返工修补后,如仍不符合设计要求和质量标准的,应重复计算质量事故次数。上期施工跨入本期继续施工的工程,在报告期中发现的质量事故,应计入报告期质量事故次数。

(2)事故的统计范围

工程质量事故统计时,只统计施工过程中发生在工程上的质量事故,不包括下列范围:

1)尚未用于工程而发生在本企业附属工厂内的构配件质量事故;

2)在设备开箱验收或清洗时,发现机械设备已损害的事故(但在清理、安装、调试过程中损坏的设备应计入事故次数中);

3)由于自然灾害而造成的质量事故。

(3)返工损失金额的计算

返工损失金额是指因质量事故而进行返工修补或加固所造成的实际损失的金额。其中,包括人工费、材料费、施工机械使用费和一定数额的管理费(扣除可回收利用的材料价值)。它是综合反映质量事故严重程度的指标。

由于质量事故的发生与返工,修理或加固在时间上往往有先后,如本期发生的事故可能在下期才处理,为了统一口径尽可能一致,返工损失金额一般采用累计计算。

(4)返工损失率的计算

返工损失率系指自年初累计返工损失金额与自行完成施工年产值的比率。它是反映质量事故大小及其严重程度的相对指标。其计算公式为：

$$返工损失率=\frac{自年初累计返工损失金额(元)}{自年初累计自行完成施工产值(元)}$$

3. 基坑(基槽)质量通病有哪些?

(1)边坡塌方

1)未根据土质按规定放坡或加支撑;

2)坑槽上口无挡水措施,地表水浸泡坑邦、基底;

3)降水措施不当,地下水浸泡坑邦、基底;

4)边坡顶部活荷载过大,或堆荷距坑边太近;

5)附近有打桩等振动荷载;

6)旧房基础在基坑上方,距离太近;

7)按冬施冻土放坡,开春化冻;

8)地下管线渗漏;

9)旧人防坑道,旧地下管线未堵,下雨灌水,突发性泄入基坑;

10)放坡不够或槽底挖偏、挖小,在无防塌方措施的情况下随意掏挖坑邦。

(2)基坑(槽)受冻

1)未能连续施工,坑底暴露时间过长;

2)未预留一定翻松层以对基坑(槽)保温;未采取覆盖措施;

3)垫层、底板、暖沟未覆盖而被冻透,地基冻胀;

4)基础未及时回填,地基冻胀。

(3)基坑(槽)超(欠)挖,基底土扰动

1)测量不准,机械开挖与人工清底配合不好;

2)机械开挖预留量过小而超挖;

3)施工运输机具直接进入坑底持力层,基底扰动;

4)坑底暴露时间过长,雨雪及地面水、地下水浸泡。

(4)钎探不符要求

1)未按有关规定钎探(即 300mm 一步,共五步,作好记录,并附平面图;1500mm 间距梅花布点,ϕ25 钎杆、10kg 穿心锤、500mm 自由落距);

2)钎探深度不足,有弄虚作假现象;

3)钎探布点太稀,用大锤击打;记录不详;

4)钎探记录无分析,可疑点未做处理;或处理部位、方法未作认真记载;缺设计、勘探人员签认。

4. 土方回填通病有哪些?

(1)素土回填(包括房心填土)不符要求

1)回填前基底未清,草皮树根、淤泥、耕土等未除,软弱土层未清到要求深度、范围;

2)地下水、地表水未排除;

3)土质不合格,用淤泥、耕土、冻土、垃圾、膨胀土等回填;

4)回填土颗粒太大(超过 50mm,不过筛);

5)不分层夯填,或分层太厚,夯填机具影响深度达不到要求,夯填遍数不够,边角漏夯;

6)用推土机回填及碾压,分层不清,数据不准,难达密实度要求,或回填后用水沉;

7)不按规范留槎;

8)夯填密实度达不到要求;未经设计、试验室确定密实度要求;未各层取点试验或平面取点太少、无代表性;数据不真实;

9)边回填边取点,取点代表范围不清,无严格认可手续制度;

10)环刀取样部位不对,未去除该层上部厚度 1/3 后再取样;

11)含水量较大,未采取吸水措施,夯成橡皮土,未采用翻晒晾干再夯或换土措施;含水量太小,未适当洒水;

12)肥槽回填不认真,造成室内地面及室外散水下陷;

13)未考虑基础两侧对称回填,造成基础挤偏。

(2)灰土回填不符要求

1)土质不合格,使用杂土、砂土、耕土、冻土(应用粘土或亚粘土、轻亚粘土)；

2)土未过筛(粒径不宜大于 15mm)；

3)石灰未熟化透；未过筛(粒径不宜大于 5mm)；

4)拌合不匀，甚至土、灰分层铺撒；配比未过斗；

5)未控制含水率(应达到手握成团，落地开花程度)；

6)未分层夯填，或分层太厚，夯填机具影响深度达不到要求。分层留槎接槎不符要求；

7)夯填数据不合格，未经设计或试验室确定密实度要求；或未达到规范规定标准；或数据不真实；

8)未各层取点试验或平面取点太少。顶面标高，表面平整不符允许偏差；

9)环刀取样部位不对，未在该层厚度 2/3 处取样；

10)回填前基底未处理(见素土回填 1.2)；

11)地基周围灰土夯填不符合要求，不能起隔潮防水作用；

12)回填过程中保护不当，长时间日晒、雨淋或受冻。

(3)天然级配砂石回填通病

不按规定测密实度，或取样数量不符合要求。

(4)砂土回填通病不随浇水随振捣，或取样数量不符合要求

(5)重锤夯实地基不符要求

1)土质不适宜(应适用于轻亚粘土、砂土、湿陷性黄土、杂填土的分层填土及地下水位以上稍湿的粘性土地基)；

2)粘性土中当地下水位高于有效夯实深度，未采取降水措施夯成了橡皮土；

3)未考虑对邻近建筑物影响；夯边坡太陡，造成塌方；

4)施工前未作试夯，选定各种参数(如锤重、底面直径、落距，最后下沉量及相应最少夯击遍数，总下沉量)，试夯后未检查夯实效果；

5)未考虑对最佳含水量的控制措施，夯成了橡皮土；

6)不按规定施工顺序，一夯挨一夯夯实；

7)夯击时落距不一，夯位不正；

8)分层夯填时,虚铺过厚超过夯击影响深度;

9)夯后未测密实度,或测点过少(一般基槽每 $30m^2$ 一点,大面夯填 $50m^2$ 一点);

10)总下沉量少于试夯总下沉量的 60%,最后一遍下沉量大于试夯规定;

11)未找平顶面标高,及超过允许偏差。

(6)强夯地基不符要求

1)土质不适宜强夯(应适用于碎石土、轻亚粘土,砂土、粘性土、湿陷性黄土、人工填土及地下水位以上稍湿的粘性土等地基加固工程);

2)施工前未清理场地,未核查处理地下管线;

3)未考虑对周围建筑物的影响;

4)未根据试验选定合适参数(锤重、落距、夯击点布置、间距、击数、遍数、间歇时间、平均夯击能量,加固范围、深度),试夯后未检查夯实效果;

5)不符合试夯结果要求的参数;

6)未结合土壤粘性检验强夯效果,或检验太急(一般应 1~4 周后检验);

7)夯后未作标准贯入度、静力触探(或轻便触探),检验未作静载试验或检验数据不合格;

8)夯击中心位移超过允许偏差;

9)冬期未考虑冻土损耗能量,雨期未考虑土壤含水率变更影响夯实效果。

5. 预制桩基通病有哪些?

(1)桩身质量差,或桩身自然养护期短造成桩头打坏;桩尖劈裂;桩身折断

1)设计强度偏小,桩顶抗冲击网片不足;主筋距顶面太近;设计长细比过大;

2)混凝土配比不当;计量控制不严;水泥、骨料、外加剂不符合

要求；振捣不实；顶网主筋施工不符合要求；

3)蒸养预制桩未在自然条件下再养护一个半月，以充分完成硬化过程，排出水分提高后期强度；

4)桩身制作弯曲；桩尖不正；桩顶不平；

5)桩顶、桩尖蜂窝、麻面、裂纹掉角；桩表面露筋，蜂窝掉角深度超过10mm或过分集中；

6)桩起吊、运输、堆放不符合规定，弯曲断裂。

(2)桩基施工差，桩头打坏；桩头劈裂；桩身折断

1)选择机具不当，不根据工程地质条件，桩断面尺寸形状合理选择桩、锤；

2)桩、锤不在同一垂直线；

3)桩顶未放弹性垫；

4)放桩不垂直，打入一定深度再强行校正，使桩弯曲受力；

5)采用"植桩法"施工。钻孔偏斜过大(超过1%)桩垂直打入，同时受弯折力；

6)工程地质情况不明，遇局部硬夹层，或地下障碍物；

7)两节桩连接处未清理干净；焊接、栓接或胶接不符合要求而松脱开裂，或连接成折线形；

8)出现断桩不处理，不补桩或补桩不符合要求。

(3)桩倾斜过大，中心位移超差

1)桩尖不正；

2)桩接头不在同一垂直线；

3)桩顶面不平；

4)"植桩法"施工，钻孔偏斜过大，无法纠正；

5)地下情况不明，桩两侧软硬不一；

6)桩位确定不准，无严格控制措施。

(4)沉桩不到位或最终贯入度不符设计要求

1)工程地质情况不明，遇局部硬夹层，或地下障碍；

2)群桩施工，施工路线，施工方法，施工机械选择不当，群桩持力层挤密无法打入，甚至出现桩涌起(一般应由内向外打，或一侧

向另一侧打。先深后浅,先长后短,先大后小);

3)同一根桩打桩间歇太长,摩阻力增大。

(5)入承台梁锚筋过短

1)截桩控制失误;

2)锚筋未保护,被折断。

(6)未按规范规定做静载试验

亦无参考根据,或以动载试验取代静载试验(如不超出勘察单位根据该地区土层物理性能或经验提出桩的允许承载力,并做有动静对比曲线的动载试验时,可以不做静载试验)。

6. 干作业钻孔灌注桩通病有哪些?

(1)孔底虚土过厚(端承桩应≯100mm,摩擦桩应≯30mm)

应首先按下述因素处理,如仍做不到时应由勘察设计单位考虑,降低允许承载力使用

1)遇杂土层、流塑淤泥、松散砂石层而无措施;

2)钻杆不直,连接法兰不平,钻进时晃动,桩孔加大,提钻时漏土;

3)钻头螺距倾角太大,提钻时漏土;

4)孔口土未清净,孔口未盖好,孔口受挠动,土掉入桩底;

5)下混凝土漏斗及钢筋笼碰掉土壁;

6)成孔后浇灌不及时;

7)成孔后雨水冲刷、浸泡;

8)钻孔、停孔,拔杆工艺选择不当;

9)孔底未处理(夯实压浆或另用筒钻取土)。

(2)桩身混凝土质量差

1)配比不当,计量失控,原材料不符合要求;

2)振捣不实;

3)混凝土浇筑高度过大,未采取措施,造成混凝土离析;

4)设计桩的钢筋笼不到底时,混凝土灌注一半后放钢筋,刮掉土壁使桩身夹土。

(3)塌孔或缩颈

1)土质不佳,未预先采取措施;

2)局部有渗水现象。

(4)桩孔倾斜(超%)平面位移超差

1)桩两侧土软硬不匀;

2)地面不平,导向杆不直;

3)钻头定位尖与钻杆不同轴线。

(5)灌注混凝土后,桩顶标高及浮浆处理不符合设计及规范

7.一般基础通病有哪些?

(1)轴线位移,标高不准

1)龙门桩(轴线控制桩),龙门板,标准桩等固定、保护不好,由碰撞等因素产生位移;

2)施工前未作轴线,标高复测;

3)垫层打后未弹线或未引出端部黑线,而被基础覆盖,失去检查标准;

4)基础墙体两侧填土高差过大,墙体强度不够即回填或上车(荷)挤压造成墙体位移。

(2)基础穿套管或留洞未预先考虑

(3)基础未根据建筑物有关等级要求事先考虑沉降观测预埋点

(4)混凝土条形基础通病

1)支模未拉通线(宜拉通线且不撤,随打混凝土随观察有无移位);

2)模板刚度不够;

3)槽帮土质松软,支点不实或支撑未加垫;

4)模板内缺顶撑,支撑无法顶紧;

5)采用土模,边坡不实、边坡土化冻或雨期塌方,土料混入混凝土中;

6)竖向插筋因无控制措施产生位移;

7)其他混凝土通病。

(5)混凝土独立基础

1)放线时未纵横拉通线,位移超过允许偏差;

2)杯口模板不牢或措施不当,造成混凝土偏挤杯口模或杯口模上浮;

3)基础底网状钢筋,绑扣太稀,不符合规定;

4)基础插铁位置无控制或在同一断面接头,超出规范允许范围;

5)基础顶部预埋地脚螺栓位置不正、不垂直,地脚螺栓保护不当,螺丝受损或水泥浆污染;

6)杯口底模无排气孔,加之因四面下混凝土,而形成气囊,影响杯底混凝土抗冲切强度;

7)基础底有泥水未抽净,杯斗底因四面下混凝土,集中成污泥混凝土,影响杯底混凝土抗冲切强度;

8)混凝土基础斜坡部分振捣不实或不振,拍贴而成坡;

9)阶梯形基础分层、分台浇捣间隔时间过长出施工缝;

10)钢筋混凝土其他通病。

(6)片筏基础通病

1)大面积降水措施不力,影响混凝土质量;

2)垫层上未设集水坑也无适当坡度,基础筋绑完后对雨雪或泥水、垃圾难以清理干净;

3)钢筋铁马凳少,不稳固,造成上层网大面积被踩下;

4)浇捣路线,拆架子、跳板路线及分层分头连续作业安排不当;混凝土供应能力不落实,造成大量施工缝;

5)大体积混凝土基础无散热降温或减少内外温差措施;

6)冬期施工保温不当,甚至底板被冻透造成基底冻胀,底板冻裂;

7)片筏基础上墙柱插筋无有效定位措施,造成位移超差严重;

8)后浇带留置及处理不当;

9)商品混凝土通病;

10)钢筋混凝土其他通病。

(7)砖基础通病

1)砌基础不立皮数杆,不拉通线,水平灰缝平直度严重超差,甚至出“螺丝墙”;

2)第一层找平厚度超过20mm,不用细石混凝土,用砂浆或用“包盒子”砌砖;

3)大放脚撂底收退错误,(应一层一退里外砌丁砖或二层一退、上丁下条)收分尺寸不准造成轴线偏移;

4)常温时浇砖不好,砖未洇湿15mm深;

5)灰缝不饱满;

6)组砌方法错误;

7)不砌踏步槎,留直槎甚至母槎;

8)暖沟挑沿砖标高不准;

9)抹防潮层前,砖顶面清扫不净,不湿润,防潮层养护不好,开裂或受冻;

10)防潮层掺防水剂不当,压光压实不好,不起防潮作用,或回填土施工破坏防潮层;

11)其他通病。

(8)地基梁通病

1)地基梁受损

A. 混凝土未达到强度即砌墙;

B. 位置不正,使墙荷载对梁产生扭矩。

2)地基梁受冻开裂

A. 地梁下所填的材料不符合设计要求,易冻胀;

B. 地梁下保温材料填充过实,梁下未留空隙;

C. 先做外墙裙时,散水与墙间未留缝灌热沥青,水易渗入地梁下,产生冻胀而使墙裂;

D. 建筑物周围排水不畅;

E. 其他模板、钢筋混凝土通病见混凝土通病部分。

8. 地下连续壁有哪些质量通病?

(1)开工前未验证在全部墙深度范围的土质是否适合机挖施工挡土墙;

(2)施工前未清除地下障碍物及地下管线;

(3)未做导墙或导墙深度不够;

(4)未分段开挖或分段太长(应4~6m);

(5)分段接头处理不好;

(6)泥浆(或水泥浆)配制不好;

(7)槽内泥浆面高度不够(应高于地下水位面0.5m);

(8)槽内沉积物较厚(应≯100mm);

(9)其他见钢筋混凝土弊病。

9. 挡土桩与锚杆质量通病有哪些?

(1)挡土桩直径、间距、埋深不符设计规定;

(2)挡土桩施工质量不好,混凝土配比、强度不好,颈缩、振捣不实;

(3)挡土桩间空隙,未按设计要求做挡土处理;

(4)锚杆设置角度,长度不符合设计要求;

(5)锚杆灌浆起始位置不符合设计规定,灌浆强度无试块检验,不符合设计要求强度;

(6)锚杆头未拧紧螺丝或预应力未做,或未做预应力记录;

(7)回填中锚杆松动,回收锚梁,未与设计通气,未了解设计计算,地下室墙体土侧压力是否计算允许松开锚杆回收锚梁;

10. 砌筑工程材质与试验质量通病有哪些?

(1)水泥不符合要求

1)无出厂合格证或证物不符;

2)承重结构用水泥,进口水泥、过期水泥品种、日期、安定性不详,水泥未取样复试;

3)不合格水泥未注明如何处理。

(2)砖、砌块不符要求

1)无出厂合格证或证物不符;

2)承重砌体用砖未取样复试或复试数据不全;

3)不合格者未注明如何处理;

4)使用品种不符合设计规定或有关规定。

(3)砂不符要求

1)过细;

2)含泥量超过规定;

3)不合格者未注明如何处理。

11. 砂浆通病有哪些?

(1)试配不符合要求

发生材料变更不重新试配。

(2)计量不符合要求

1)不计量或计量不准,不用重量比(无计量设备或者设备不准,设备不用,不作增减量);

2)换算失误,无人复核;

3)外加剂用量不准;

4)袋装水泥误差太大,未检查和采取增减措施。

(3)不交圈

1)材料、试配、试块用料不一致;

2)单据中日期、代表数量有矛盾。

(4)拌和不当

1)配料全部投入后净机械搅拌时间不足(随机械类型各有规定);

2)超时后随意加水拌和再用(中午剩砂浆相隔时间过长,甚至用过夜砂浆)。

(5)随意代替混合砂浆

1)水泥砂浆或掺塑化剂水泥砂浆代替水泥混合砂浆,不考虑

砌体强度降低 15%或 10%的不利因素;

2)随意代换,不办洽商手续。

(6)试块不符合规定

1)制作不符合规定(每组块数,砖底模,每层留置组数等);

2)养护不符合规定(标养室、湿度、温度、天数或自然养护要求等),以上参见 GB50203—98;

3)试块强度不足或离散性太大。

12. 砌筑工程质量通病有哪些?

(1)干砖上墙(应提前浇砖,水洇湿砖 15mm 深为宜)。

(2)饱满度差。

1)水平缝砂浆饱满度低于 80%;

2)不用"三一"砌砖法;

3)以抠心法打碰头灰;

4)用大缩口灰砌砖(超过 20mm);

5)用大面铺灰填心砌法;

6)砂浆和易性差;

7)用桶底灰凑合砌墙。

(3)竖缝无灰。

1)不挤碰头灰或不打碰头灰;

2)竖缝透亮或瞎缝。

(4)砖、柱、垛用包心砌法。

(5)水平缝不符合要求。

1)水平缝过厚,皮数杆画厚度与砖实际厚度不协调;

2)不按皮数杆砌筑或皮数杆制作不符合要求,未作预检;

3)大于 20mm 水平缝不用细石混凝土;

4)通长水平缝超差,手高手低不合线,不同时起线,皮数杆数量太少,距离太远,拉线不紧;

5)十皮灰缝超差大于 ±8mm;

6)水平缝平直度不合要求,10m 拉线超差大于 7mm(混水

10mm)。

(6)墙体轴线偏移,上下墙错台。

1)放线错位;累计误差;

2)桩位偏移;引上线不准。

13. 砌筑工程清水墙通病有哪些?

(1)大面墙体加非整砖(七分头)。

(2)大角或门窗口出阴阳膀或立缝不贯通(应是长身顶七分头)。

(3)窗台部位所加非整砖不居中,上下变位。

(4)窗过梁以上与窗台以下排砖不统一考虑。

(5)游丁走缝超差。

1)七分头尺寸不准,造成大角或口膀处上下不顺直,立缝大小不匀;

2)未采用立线控制,上下穿吊,偏差调整过急,出现死弯;

3)窗膀排砖上下不一致,上下层窗口位移;

4)过腰线后上下未吊顺,排砖错位;

5)长身立缝不在丁头中,左右偏位;

6)砖规格太差,选砖不好。

(6)墙面不平。

1)构造柱、圈梁外包砖未作临时支撑,混凝土浇筑将墙挤鼓;

2)墙面不留脚手眼,每步架排木压墙顶,采用掏砖砌几行造成墙面不平整,垂直差;

3)垂直超偏后,调整过急,局部凸凹;

4)砌筑手法不良　后手高或后手低或外手高外手低;

5)砌三七墙不双面挂线,砌二四墙不用外手线(最好二四墙也双面挂线);

6)一步架和二步架砌墙者不在墙的同一侧面。

(7)划灰缝太差。

1)清水墙不随砌随划缝;

2)采用大缩口铺灰留缝太深(超过20mm);

3)划缝深浅不一,不足8~10mm;

4)划缝上下边不净,呈圆弧状;

5)划缝后不扫墙。

(8)墙面观感差。

1)选砖不认真,有缺棱掉角,弯曲裂纹、脱皮,过火等缺陷;

2)砖色不一,后堵上料口、脚手眼,未事先留砖;

3)混凝土圈梁,构造柱跑浆污染,不及时清理;

4)砂浆溅墙无保护措施;

5)垂直运输上料口墙面不遮盖;

6)屋顶雨水口未堵,沥青污染墙面;

7)屋面下水口、雨水斗安装后未随安雨水管随加临时弯头,造成每次下雨长时间冲刷墙面,泛白碱。

14. 砌筑工程混水墙质量通病有哪些?

(1)碎砖集中用

1)缺丁砖拉结,影响砌体整体强度;

2)砖层间相互搭接小于25mm,形成通缝。

(2)标高不准

1)皮数标记不明,立皮数杆抄平不准;

2)砌筑不跟线,不跟皮数杆;

3)水平缝过厚,墙顶超高,影响圈梁断面;

4)起线不一,接线错行,砌成螺丝墙。

(3)墙面粗糙

1)舌头灰不刮净,表面不平(尤其背面);

2)墙两面轮换拉线(每步架不同),墙面均不平。

(4)预留洞口不好

1)门窗洞口过大过小,高低不控制,影响门框安装及抹灰;

2)施工临时洞口位置不符合规范规定(GB50203—98),洞口顶部未放过梁;

3)预留孔洞(槽)位置不准或漏留,后剔凿。

(5)预埋不好

1)预埋木砖数量不足,位置不准,顺木纹安装,大头向外,不做防腐;

2)预埋件位置不准或漏放;

3)12cm 厚墙,不使用预制混凝土块内加木砖做法;

4)加气块墙或空斗墙木砖无有效加固措施;

5)墙拉筋数量不足,长度不够,位置不准,锚入做法不符规定,冬施掺盐不作防腐处理;

6)过梁安装座灰不饱满,夹杂砖渣、木块等,或坐灰厚度超 2cm 不用细石混凝土铺垫。

15. 砌筑工程留槎接槎通病有哪些?

(1)留直槎

1)纵横墙交接处,转角处不按规范同时砌,或不留斜槎,留直槎(施工方案不当造成必留直槎);

2)斜槎留置形式不符合规范规定(GB50203—98)。

(2)120mm 墙留槎错误

1)不留阳槎,留阴槎;

2)留阳槎,上下不吊直,甩槎位置不准,接槎砍砖;

3)留阳槎,但漏放拉结筋,或只放拉结筋,不留槎;

4)拉结筋不放两根,锚入长度,伸出长度不足。

(3)接槎错误

1)不通顺、错牙、接缝不平、不直;

2)塞砂浆不严实,立缝,上缝透亮。

16. 砌筑工程构造柱通病有哪些?

(1)留槎错误

1)不留大马牙槎;

2)不是五退五进,而是选进后退,不利于检查、清扫柱根(注

意:小型砌块为三退三进);

3)位置偏移,上下不顺直,断面过小,影响受力。

(2)清理不好

1)构造柱根内残留砂浆,不清净即支模;

2)砖槎上所挂砂浆不清理干净。

(3)拉结筋错误

1)不是每 120mm 墙埋一根,不是每 50cm 高留一道(120mm 墙且不得少于两根);注意:砌块为 60cm;

2)留置形式不对;

3)未伸入构造柱筋内锚固拐出,而是在拉筋处拐;

4)伸入柱筋断面太多,影响下混凝土及振捣。

17. 砖混结构钢筋工程通病有哪些?

(1)材质

(2)构造柱钢筋通病

1)主筋错位

A. 偏位超差太多,无质量保证措施;无钢筋定距架;

B. 竖筋错位调整时不按 1:6 坡度;

C. 接头长度不足;

D. 绑扎接头不绑三扣,焊接接头质量不好;

E. 主筋基础内锚固长度及入顶圈梁内锚固长度不足,地下锚固深度未低于室外地坪及暖气沟底 300mm。

2)箍筋错误

A. 末端弯钩不足 135°;

B. 平直部分长度不足 $10d$;

C. 从圈梁下到圈梁上各 1/6 层高范围内(且各不小于 450mm)箍筋未加密;

D. 箍筋加密间距大于 100mm。

(3)圈梁钢筋通病

1)主筋错误

A. 主筋搭接位置未错开；

B. 主筋搭接长度，锚固长度不足；

C. 主筋未穿入预制阳台甩出的箍筋内；

D. 砌筑标高错误，阳台后圈梁“L”形箍筋被压倒，受力筋挤成束；

E. 圈梁筋放到了构造柱筋外侧；

F. 圈梁遇洞口时，过渡跨接长度不足；

G. 圈梁穿预制混凝土柱时主筋切断、锚固不利或剔出柱主筋与之焊接(质量无保证)。

2)抗震加固错误

A. 箍筋未弯135°钩，平直长度不足10d；

B. 设计抗震构造不全，参见抗震图集(注：有关锚固长度，搭接长度，错开要求，加密要求要按现行规范)；

C. 楼梯间、较高的内墙、加气块墙砌体缺抗震加固圈梁(加固带)考虑。

(4)保护层通病

梁底不垫砂浆垫块，梁帮、柱侧不绑砂浆垫块，垫块制作不规矩，厚度不符合规定。

18. 砖混结构模板、混凝土工程通病有哪些？

(1)材质和搅拌

(2)模内处理差

1)杂物未清净即支模；

2)板缝内、构造柱根、砖槎上夹杂；

3)硬架支模、板底返浆缝不足20mm；

4)浇筑前不浇水湿润。

(3)混凝土浇捣差、养护差

1)构造柱一次下混凝土太厚、漏振、出蜂窝、孔洞；

2)接槎漏振，接槎处未先铺灰(不下同混凝土配比无石子砂浆)烂根；

3)板缝,板端圈梁用大石子混凝土,无小振动棒插捣,混凝土不实;

4)圈梁、板缝混凝土浇完不养护,不覆盖;

5)冬期施工无测温安排,无防冻措施,因保温不好,柱筋接槎处混凝土经常受冻。

19. 烟道、通风道、垃圾道质量通病有哪些?

(1)通道内壁差

1)内壁不抹灰、搓缝不平或漏搓,舌头灰不清;

2)平台留洞尺寸不准,通道安装前也不处理,使通道内壁出台。

(2)不通或不顺畅

1)清理保护差,内落杂物堵塞;

2)预制通道型号用错,孔眼不对;排气道不通入通天道。

(3)预制铁件安装差

1)垃圾斗门伸入通道太多,影响上部垃圾下落;

2)垃圾斗门外侧伸出太少,斗门开启不能自立,影响倒垃圾;

3)垃圾室铁门及垃圾斗安装太差,不牢,开关不灵,漏刷底漆;

4)通风篦子漏安装,安装不正、不牢。

20. 填充墙、预制板墙通病有哪些?

(1)拉结筋不符合规定

1)埋入柱体拉结筋差

A. 不赶砖行,造成死弯,受力不良;

B. 锚固及伸出长度不足,竖向间距太稀或不准。

2)与埋件焊接差

A. 焊缝长度、宽度、厚度不足;

B. 采用点焊做法;

C. 焊接咬肉、夹杂等质量太差。

3)以射钉枪固定铁板,用钉尾焊拉结筋;

4)漏埋拉结筋,靠剔出柱主筋与其焊接。

(2)与梁板间连接固定差

1)砖墙到顶不斜砌顶紧,砂浆不饱满;

2)墙与梁无拉结措施。

(3)冬期施工主要问题

1)砂浆掺外加剂或掺盐失控:无制度、无规定、无加热容器、无定量工具、无检查,不能提前配制溶液,溶液配方或密度测量不符合规定。

2)拉结筋不刷防锈底漆。

21. 钢筋混凝土工程模板通病有哪些?

(1)强度、刚度和稳定性不能保证

重要的、较高、较复杂现浇混凝土无模板设计。整体性、密闭性、精确度、接槎平整度差造成大量剔凿。未按验评标准对模板工程作同步验评。

(2)轴线位移

1)轴线定位错误;

2)墙柱模根部和顶部无固定措施,发生偏差后不作认真校正造成累积误差;

3)不拉水平、竖向通线;无竖向总垂直度控制措施;或打混凝土时撤掉通线不易发现模板变形、跑位;

4)支模刚度差,拉杆太稀;

5)不对称下混凝土,挤偏模板;

6)螺栓、顶撑、木楔使用不当或松动,用铁丝拉结捆绑,变形大;

7)模板与脚手架拉结。

(3)变形

1)支撑及模板带、楞太稀,断面小,刚度差,支点位置不当,支撑不可靠;上下支撑不在同一轴线上;

2)组合小钢模时,连接件未按规定布置,连接件不齐,模板整体性差，变形漏浆，小钢模支点太远，超出规定，钢模受荷后呈永久变形；

3)墙、及大梁模板无对拉螺栓及模内缺顶撑；

4)承重模板垂直支撑体系刚度不足、拉杆太稀，垂直立撑压曲；

5)支撑体系缺斜撑或十字拉杆，直角不方(包括门洞口易变形)，系统变形甚至失稳；

6)角部模板水平楞支撑悬挑，而不采取有效措施，造成刚度差，变形大；(最好阳角模用整方角)；

7)模板在边坡上支点太软，模内又无顶撑，易松动变形；

8)竖向承重支撑地基未夯实，不垫板，也无排水措施，造成支点下沉；

9)不对称下混凝土，模板被挤偏(如门洞口及圆形模等)；

10)浇墙、柱混凝土时，不设混凝土卸料平台，或混凝土太稀，浇灌速度过快，一次浇灌混凝土太厚，振捣过分等造成模板变形；或因不按振动棒有效长度1.25倍，做分层尺竿，并配以照明，造成下混凝土过厚，振捣不透或过振，使模板变形；

11)冬期施工，无防冻措施，支撑地基冻胀，或回填土化冻，地基下沉。

(4)标高偏差

1)每层楼无标高控制点，竖向模板根底未做找平(注意如用找平砂浆不得深入墙、柱体)；而且容易造成漏浆、烂根；

2)模顶无标高标记(特别是墙体大模板顶标高，圈梁顶标高，设备基础顶标高)或不按标记检查施工；墙体模顶未按浮浆厚度支高一些，以保浮浆清除后墙顶混凝土正好超过楼板底3~5mm。

3)楼梯踏步支模未考虑不同装修层厚度差。

(5)接缝不严，接头不规则

1)模板制作安装周期过长，造成干缩缝过大；浇混凝土前不提前浇水湿润胀开；模板木料含水率过大，木模制作不符合要求，粗糙，拼缝不严；

2)钢模变形不修理;

3)钢模接头非整拼时,模板接缝处堵板马虎;

4)堵缝措施不当(如用油毡条、塑料布、水尼袋纸、泡沫等堵模板缝,难以拆净,影响结构和装饰);

5)梁柱交接部位、楼梯间、大模板接头尺寸不准;错台;不交圈。

(6)脱模剂涂刷不符合要求

1)拆模后不清理残灰即刷脱模剂,或不严格要求清理工序,或不为工人创造清理条件;

2)脱模剂涂刷不匀或漏涂,或立模上刷油过多;主筋又不设(或少设)垫块,污染钢筋或流淌下来污染混凝土接槎;

3)油性脱模剂使用不当,油污钢筋、混凝土(特别是滑模、楼板模、预制板钢模);

4)脱模剂选用不当,影响混凝土表面装饰工程质量;

5)水性脱模剂雨天无遮盖措施,被冲洗;

6)滑模刷脱模剂无有效措施,造成钢筋、混凝土接槎严重污染;

7)滑模不刷脱模剂,混凝土被水平拉裂。

(7)模内清理不符合要求

1)墙、柱根部的拐角或堵头,梁柱接头最低点不留清扫口,或所留位置无法有效清扫;

2)合模之前未做第一道清扫;

3)钢筋已绑,模内未用压缩空气或压力水清扫;

4)大面积混凝土底板垫层、后浇滞(缝)底部未设施工用清扫集水坑。

(8)封闭的或竖向的模板无排气口,浇捣口

1)对墙体内大型预留洞口模底,杯形基础杯斗模底等未设排气口,对称下混凝土时易产生气囊,使混凝土不实;

2)高柱、高墙侧面无浇捣口,又无有效措施,造成混凝土灌注自由落距太大,易离析,无法保证浇捣质量。

(9)斜模板存在问题

1)较大斜坡混凝土不支面层斜模,混凝土无法振实;

2)面层斜模与基底面不拉结,不固定,混凝土将模板浮起。

(10)拆模,混凝土受损

1)支模不当影响拆模;

2)拆侧模过早,破坏混凝土棱角(常温混凝土同条件试块强度≥1.2MPa);

3)杯斗起模过早,混凝土坍塌,杯斗起模过晚无法起出;

4)低温下大模板拆模过早,墙体粘连;

5)冬施拆模过早,混凝土未达监界强度而受冻;

6)承重底模未按规范规定强度拆模;

7)未留同条件养护试块,或试块留置不足、不当,又不测温计算混凝土强度,无法指导拆模。

(11)其他支模错误

1)不按规定起拱(如现浇梁≥4m跨时,应起拱1‰～3‰);

2)预埋件、预留孔支模中遗漏;

3)合模前与钢筋、水、电未协调配合;

4)预制墙板键槽定型模板未高出键槽,使键槽混凝土顶部挤不实;

5)硬架支模,板底留缝太小(宜30～50mm),不利于混凝土返浆;

6)圆形模箍、紧箍器分布太远、太稀箍模力不匀;

7)支模顶撑在受力筋上电弧点焊损伤受力筋;

8)抗渗混凝土支模未有止水措施;

9)施工缝未支模或立缝施工缝仅用钢丝网不插模板、混凝土无法振实。

22. 钢筋混凝土工程钢筋通病有哪些?

(1)材质检验与保管不符合规定

1)无出厂合格证或抄件手续不符合要求;或料证不符;批量

不清；

2)无进场复试；

3)批量不清；超批量；漏检；混合批不符钢筋标准规定(每炉不应>30t；炉数不应超6炉或10炉)；含碳量之差不应>0.02%；含锰量之差不应>0.15%或混合批出厂证上未标明本工地炉号以查核能否执行混合批规定；

4)化学成分不合格或加工中发生脆断、焊接性能不良或机械性能显著不正常，未作化学成分检验；

5)机械性能不合格无交代，未加倍复试；或加倍复试后未按判废标准做结论；

6)进口钢筋有焊接要求者不作可焊性检验；

7)运输、储存中钢筋标牌丢失、堆放分类不清；

8)试验室资质不合格；生产厂家资质不合格；试验报告结论上未填根据什么标准、达到什么等级。

(2)锈蚀与污染

1)露天堆放、保管不善、严重锈蚀(出麻坑、掉皮)、不鉴定即使用；

2)中途停工，裸露钢筋未加保护，绑扣也锈断；

3)不除锈、钢筋上沾混凝土及油污不及时清理；

4)刷脱模剂或滑模千斤顶管路漏油污染钢筋；

5)冬期施工用掺氯盐外加剂，无防钢筋锈蚀措施。

(3)代换不当

1)钢筋代换未满足强度要求；

2)只考虑强度代换，未考虑最小钢筋直径，根数要求，锚固长度要求；最大钢筋间距；抗裂、裂宽、挠度要求；梁受力筋与弯起筋分别代换的要求；对重要受力构件，不宜用Ⅰ级光面钢筋代换变形(带肋)钢筋要求，对有抗震要求的框架，代换筋检验所得实际强度；不同钢筋等级成型半径不同及可焊性等要求且未征得设计同意；

3)未通过设计出洽商手续。

(4)加工成型差

1)未统一下料,下料不准;

2)未综合空间相交叉的关系对复杂节点放样;

3)尺寸、角度差,不直不顺,弯点不准,弯钩偏短;抗震箍筋直径不符规范;抗震箍筋直钩长度不足 10d 或钩长不匀;

4)不同等级钢筋及进口筋,不注意不同弯曲成型半径要求;

5)运输堆放被折弯变形不作修正。

(5)不符图纸或规范构造规定

1)主梁与次梁受力筋上下关系不核对清;

2)梁柱相交受力筋里外关系不核对清;

3)门窗洞口遗漏加强筋;加强筋斜加,增加钢筋层数,增大下混凝土困难;

4)墙梁起点立筋、箍筋大于 1/2 立筋箍筋间距,墙端收头不当(一般宜有"⊂"形铁);

5)钢筋过密,未事先放样,未考虑下混凝土的可能性及保证混凝土握裹力、筋净空≥d 且≥25 的最低要求。

(6)接头错误

1)接头绑、焊型式采用不当;

2)搭接长度不足;

3)错开接头的百分比不符合规范;

4)接头位置不当,未避开受拉力较大处或接头末端距弯点未大于 10d;

5)梁柱筋搭接接头处箍筋未加密(受拉接头箍筋距应$\ngtr$5d,且$\ngtr$100;受压$\ngtr$10d 且$\ngtr$200),d 为最小受力筋直径。

(7)锚固错误

1)锚固长度不足;

2)锚固形式不对。

(8)不符合抗震规定

1)框架柱未按 $H_0/6$ 范围在柱两端加密箍筋(间距应$\ngtr$100mm,且一级抗振震$\ngtr$6d,二、三级$\ngtr$8d,且 8 度应$\nless\phi$8);

2)框架梁端未加密箍筋;间距太稀非加密范围区,间距过稀;

3)框架梁、柱箍筋直径小于抗震规定;

4)箍筋未作 135°弯钩;

当以上条件无法满足时未按 $10d$ 焊接;

5)抗震框架梁柱锚筋长度不足 l_{aE}(l_{aE}为钢筋受拉最小锚固长度)。

(9)绑扎错误

1)主筋未绑到位(四角主筋不贴箍筋角,中间主筋不贴箍筋);

2)主筋位置放反(受拉、受压颠倒,特别注意悬挑梁板及地梁、底板);

3)不设定位箍筋,主筋跑位严重;

4)板筋绑扎,花扣不符合规范,缺扣、松扣;

5)接头未绑三道扣;

6)弯起筋弯点位置不准;

7)箍筋不垂直主筋,箍筋间距不匀,绑扎不牢,不贴主筋;

8)矫正主筋不按 1:6 坡度,而硬弯呈豆芽型;

9)柱主筋的弯钩和板主筋弯钩朝向不对;

10)箍筋接头不错开;

11)在钢筋绑扎前未完成以下工作:

A. 弹线;

B. 检查偏位情况:按 1:6 矫正;

C. 检查接头甩头错开情况是否符规范;

D. 检查接头质量;

E. 检查钢筋污损清理情况;

F. 检查混凝土顶面浮浆是否均已清除到露石子。

以上 6 项均合格方可绑扎。

(10)保护层不符合要求,h_0 失控(见 GB50204—92 表 3.5.7)

1)无垫块或垫块厚度不符合规定(特别是主筋无垫块);制作垫块未提供标准厚度靠尺;制作后未分类装箱;

2)双层网楼板筋,上筋支撑不足,钢筋踩下,h_0 失控;施工无保护上筋免踩措施；

3)悬挑梁板，雨篷筋被踩下，h_0 失控；

4)墙内双层网片间距缺定距措施(如"＋＋"顶撑等)，h_0 失控(顶撑端头不做防腐)；

5)缺定距框无法保证保护层正确；

6)绑垫块位置不对。

23. 钢筋混凝土工程钢筋焊接通病有哪些？

(1)有焊接要求的钢筋未做试验

1)进口钢筋未做化学分析及可焊性检验；

2)国产和进口钢筋混焊未先试验；

3)钢筋焊前，未根据施工条件试焊。

(2)进口钢筋采用电弧焊及在非焊接部位打火

(注意：支模螺栓，电气埋件，钢筋凳子等均不应电弧点焊在进口钢筋上，国产筋也应回避电弧点焊)

(3)无焊工合格证，或焊工不符施焊条件(或焊工合格证超过两年，已过期)

(4)未按规范规定在现场截取试件试验，对装配式结构节点未按现场安装条件制作模拟试件

(5)焊条不符要求

1)无出厂合格证；

2)焊条不符钢筋等级要求；

3)未按规范及焊条要求烘烤并作烘烤记录；

4)使用受潮酸性焊条不烘烤；

5)烘烤时间、次数、温度不符要求。

(6)焊接质量不符要求

1)强度试验不合格；

2)试验脆断数超规定；

3)断口位置不符要求；

4)外观不合格：电弧焊接头、裂纹、咬肉、弧坑、缺肉、夹渣、气

孔长度、厚度、宽度不足；

5)焊后不除药皮；

6)帮条焊顶头未留空隙；

7)对焊、气压焊、电渣压力焊接头，焊头不匀、压焊过大，过热或熔焊不足；焊包过小；错位(电渣压力焊应≯0.1d 且应≯2mm；气压焊应≯0.15d，且应≯4mm)、弯折(角度>4°或 7/100)；

8)点焊筋互溶，深度过浅或过深、或脱焊。

(7)焊接不按规定

1)焊接钢筋清理不好，未认真选择好参数(作工艺试验)；

2)对接焊头的端头不垂直、不平整；

3)焊接接头错开百分比不对，距弯点不对(应>10d)；

4)点焊网片花焊情况不符合规范规定；

5)采用电弧焊不是同轴焊接。

(8)挤压接头不符要求

1)钢套筒进钢筋长度不足；

2)压痕数量不够，分布不匀，深度不足，套管压裂；

3)接头弯折超过度数(应≯4°或 7/100)；

(9)锥罗纹、挤压接头未作型式检验(见 JGJ107—97；JGJ108—98；JGJ109—96)

24. 钢筋混凝土工程现浇混凝土施工通病有哪些?

(1)材质与试验不符合要求

1)水泥无出厂合格证(或试验报告)或出厂证内容项目及手续不全，批量不符合规定；水泥无准用证或与准用证不符规定品种、标号，或无防伪标志，或已过期；

2)有下列情况之一未经复试即使用(或复试不合格未注明如何处理)

A. 用于承重结构工程水泥；

B. 储存期超过三个月(快硬水泥超过一个月)；

C. 水泥出厂日期及安定性不明，或对质量有怀疑者；

D. 进口水泥。

3)水泥不做快测,冒险先用,(往往只做 3d 强度,又等不到 3d 即用);

4)砂石级配不合格,含泥量超规定,或其他指标不符合规定,现场砂、石、泥土混杂,不打混凝土垫层,不行隔清。砂、石级配及含泥量不合格不采取合理措施(应委托试验室提出补偿办法;或组织加工处理;或予以更换);试验批量不符合要求;

5)外加剂无法定单位鉴定,无许可证。结块变质不处理,或不能保证均匀掺入混凝土;

6)水泥选用不当,砂石品种规格选用不当,现场管理不善,料证不符;中途变更材料未及时重做试配;水泥、砂、石无进场时间,品种标牌与实际不符、或无标牌、无法核对证物;或不同品种材料混用;水泥库底不随清随用。

(2)搅拌与计量、配比试块不符合要求

1)无试验室试配;或不经过试验室,乱用经验配比;

2)试配与材料、试块不一致、不交圈;

3)计量不准;无专人管理,无开盘鉴定

A. 无秤(用体积比,铁锹比、眼睛估);

B. 有秤不用(无管理制度);

C. 秤未定期标定,秤坏了或不准或被砂石垫死;

D. 无秤量加减砂石措施(秤旁要有砂石堆、铁锹)或有保证车车过磅的措施,奖惩制度;

E. 加水无计量、电子加水每秒代表数不清或测定不准、砂石含水量不测,或不扣除砂石含水量,无坍落度测试与记录;或坍落度测试误差超标太多,不处理;

F. 散包、破袋水泥不计量,袋装水泥不抽检;

G. 外加剂无计量措施(必须有台秤);

H. 无配合比标牌;

I. 理论配比未换算成每盘用量(加小车、秤盘重量);

J. 换算正确与否无人检查;开盘鉴定人未签字;配合比标牌

不是由技术负责人专人填写擦改,而是随意由人代擦、代写。

4)搅拌不匀(时间太短),搅拌不当(加引气型外加剂搅拌时间过长、过短均不宜);

5)试块留置数量不符合规定;

A. 不在混凝土入模前取样做试块,而在搅拌机旁或泵车旁取样;

B. 标养试块数量不足(每层、每 100 盘、每 100m^3、每工作班不应少于 1 组);未留置备用试块;

C. 缺同条件试块或同条件试块不同条件放置,同条件试块不作试块试验记录(冬期施工、拆模、防水混凝土、预应力);

D. 接头、板缝混凝土缺试块;

E. 防水混凝土缺抗渗试块。

6)试块养护不标准;标养室不标准,不自控,仪表不准;不每天做记录;

7)试块试验值未折算

A. 非 15cm 立方体试块未折算,认为达到 100%设计强度标准即合格;认为仅有一组达不到 100%无关系;

B. 每组试块取值计算错误。

8)未作强度评定,或不按规范规定的要求、条件、组数作数理统计分析(统计方法公式应混凝土强度等级相同,配比原材料基本一致,且≥10 组);

9)试块强度不符合设计、规范、验收要求,无处理措施、无设计签认意见。

(3)施工缝留置与处理不符合要求

1)施工方案考虑不周,出现不应有的施工缝,抗渗混凝土方案不细,施工缝位置,形式错误;

如:未根据混凝土初凝时间,混凝土搅拌、运输、浇捣能力、工程量大小、施工难易综合计算考虑浇捣路线,垂直与水平运输时间,搅拌供应能力、分层厚度、分组最少数量,振捣器最低配置数等造成混凝土初凝前不能保证上层混凝土覆盖并振捣完。

2)无合理安排浇注混凝土停歇时间而出现施工缝；

3)事先不明确混凝土搅出浇完及到上层覆盖插捣完最长延续允许时间

A. 不测水泥初凝时间；

B. 不按气温、混凝土等级或本工地实际需要确定最长延续允许时间；

4)不留施工缝又无缓凝措施；

5)施工缝位置不合规定

A. 梁板留在端部(应在跨中1/3范围)；

B. 楼梯踏步板留在根部(一般应在上三步或下三步的跨中1/3范围)；

C. 梁柱混凝土等级不相同时，将缝留在强度等级分界处(仍应留在跨中1/3处)。

6)施工缝留法错误

A. 甩槎不支模、混凝土任意流淌成坡槎；

B. 竖直缝只设一层钢板网，网后不支模，振捣不实，接槎处根底素浆不处理。

7)施工缝处理不符合要求

A. 未达到1.2MPa强度；

B. 未剔除松散混凝土；未及时清理混凝土顶面浮浆、只是凿毛，未清到露石子；

C. 不冲洗净，不润湿，且积水不清理；

D. 未铺浇同混凝土配比无石子砂浆或集中下在一处，或提前分散下灰，过早凝固。

8)后浇带留置及浇筑不符合规定

A. 不按规范三种形式留缝甩筋；也不放膨胀止水条；

B. 后浇带不设清扫坑，也不认真保护使其不进垃圾污水，施工缝无法清扫冲洗干净；

C. 未按设计要求时间或在主要荷载上满后浇筑；

D. 未选气温不太高时浇筑；

E. 未优先选用微膨胀水泥；

F. 后浇带混凝土浇筑后未充分养护。

(4)混凝土一次浇筑过厚

1)浇筑混凝土无卸料平台(尤其是墙、柱混凝土)混凝土用吊斗直接入模造成卸料一次浇筑分层过厚、振捣失控、不匀、漏振、未振透或过振模板变形、跑浆)；

2)浇筑混凝土不分层，或分层不清造成漏振、重振、过振离析易出不应有的施工缝；或不为现场创造分层的条件(如尺竿、照明和卸料平台)；

3)泵送混凝土，无有效控制措施，坍落度过大，或集中一点下混凝土，随浇随流，不分层、责任不清，均匀分配下混凝土无统一指挥、泵车司机、布料杆不能按要求均匀分配下混凝土。

(5)接槎铺设同混凝土配比砂浆不当

1)混凝土接槎不同用同混凝土配比去石子的砂浆；

2)接槎砂浆不与混凝土浇筑同步，接槎砂浆厚度失控。

(6)不对称浇注混凝土，将模板挤偏造成结构变形

(7)混凝土浇注后不按规定养护(也不刷成膜剂或养护灵、也不用塑料膜)

(8)板缝或薄壁混凝土用大石子(应 d≤b/4，也不用附着式振动器或用小振捣棒插捣)

(9)冬期施工混凝土受冻

1)无有效的冬施方案、重视不够，准备不足；

2)未优先采用硅酸盐水泥拌制冬施混凝土，或采用矿渣水泥等不宜使用的水泥时补偿措施不足；

3)无有效加热、保温、养护措施(特别是柱头，墙顶、梁板端头等伸出钢筋接槎处保温不严)；单纯依赖外加剂；

4)未加抗冻早强剂，或掺量不准，不匀；

5)拆模过早，不足 1.2MPa 拆模，混凝土撬裂，粘模、掉角，或混凝土未达到“临界强度”，早期受冻；

6)无认真的测温布置图及测温要求，测温不准，测温点无代表

性,测温记录不及时分析、停止测温无依据,出现问题不采取措施。

(10)大体积混凝土无有效的综合保证质量的施工方案,无防裂措施

1)未采用低水化热水泥;

2)未采用降低内部温度措施(如用降温排管,用低温水拌混凝土,用掺加料减少水泥用量,用掺小毛石混凝土,用缓凝剂,用减薄分层厚度办法,用放大浇筑分层区段延续衔接时间以增加散热面等办法);

3)未采取减少内外温差的办法;

如:冬期施工加保温覆盖,夏季浇水散热,控制升降温度及时分析内外测温记录,采取相应措施

4)未采用降低用水量,增加密实度措施;

5)未与设计协商设置必要的施工缝或后浇带并设置足够的构造钢筋。

(11)对钢筋密集处,无相应措施

1)未采用相应粒径的粗骨料混凝土;

2)未采取模内外振捣或采用分段支模浇捣办法;

3)未综合各节点图放样,以对钢筋过密处事先与设计洽商,适当改变钢筋排列、直径、接头等。

(12)商品混凝土问题

1)商品混凝土合同要求不细,缺水泥品种要求,外加剂要求;初凝时间要求;坍落度及误差要求;均匀供混凝土速度要求,对商品混凝土通知单,混凝土小票,强度等级与设计要求不验证;混凝土小票出站、进场、卸完、打完每一车的记录未汇总整理分析,查路程时间、浇筑时间、出站到打完总时间,并与合同对照与商品混凝土水泥初凝时间对照分析混凝土质量问题;

2)现场不做坍落度检验,或无检验记录;

3)出罐时间过长,混凝土已初凝,现场随意加水;

4)混凝土不合要求时,不立即交涉、采取措施或退回;

5)现场不做试块(仅以商品台试块为准);

6)泵送管内被清洗的混凝土也用于工程中(应废弃);

7)冬施中机具及泵送管路保温不好,造成混凝土入模温度不符合要求,泵送混凝土无认真周密的方案。

25. 结构吊装圆孔板、大楼板安装通病有哪些?

(1)板端搭墙长度不足或不匀

1)墙或梁轴线位移;放线不准或施工累计误差(位移+不垂直超标);

2)板几何尺寸不符要求;

3)安装后未调整,搭墙长度不够

圆孔板:在砖墙,圈梁上搭头小于60mm;

在大模混凝土墙上小于20mm;

大楼板:板边入墙小于10mm;挑键损坏(注:键根必须全入墙)。

(2)板面(板底)不平及标高不准

1)墙上口未找平;

2)圆孔板翘曲(未以1:30坡度抹顺平),或叠合板(薄型)接头缝未贴紧顺平而翘曲;

3)硬架支模未调整板标高,小楼板下面不调平;大楼板上面不调平;

4)标高超高(影响地面、楼梯踏步及门安装,地漏安装)。

(3)支承面板底不严实

1)墙(梁)顶标高不平;

2)安装前未先抹好找平层(安装时只应座3~5mm素水泥浆);

3)硬架支模与墙顶面留量太小,不足20mm,不利于振捣混凝土返浆;

4)硬架支模缺少拉纵横通线调平程序。

(4)楼板端头节点不合要求

1)堵孔不符要求,未凹入孔内(50～80mm),且未堵紧、堵严;

2)胡子筋未弯成45°,而是压在板下或弯成90°,甚至切断,粗胡子筋被切断;

3)附加筋未放,未绑;或未焊或绑点过少。

(5)锚筋焊接

1)漏焊(如:YB6.3～6.9及地下室顶面叠合板(厚型)各有加焊锚筋、板间互焊、与山墙相焊要求);

2)焊接质量差,缺肉、咬肉、夹渣、气孔、裂纹、弧坑,药皮不除,长度、宽度、高度不足;

3)无焊工合格证。

(6)板缝混凝土不实

1)板端缝不清理杂物,不浇水湿润;

2)板缝干挤或太小,不符抗震要求,不用细石混凝土(粒径5～12mm)而用大石子混凝土与圈梁同时灌缝;

3)配比不合格(宜用C20～C30,如在设计有要求应认真执行),采用人工拌合,不计量,混凝土过稀;

4)不用小振捣棒或振动钎振捣;

5)表面不平,不用木抹子压实抹平;

6)板缝强度不足时楼板上即上荷载,板缝混凝土酥裂,嵌固作用下降。

(7)楼板穿管损伤主筋

1)水暖穿管凿洞过大,管洞位置不准;

2)任意割断楼板筋不作处理。

(8)楼板断裂

1)楼板出池(包括修补),运输不足75%强度,发放合格证不认真;

2)现场不认真验收,检查;

3)楼板堆放垫木不当,支座地基软,排水不畅,浸泡下沉等原因造成折断;

4)楼板上临时施工荷载超重，板下无支撑，板断裂；

5)楼板开孔砸洞过猛，支座不平，局部受力，板断裂。

(9)大楼板剔键

(10)大楼板面污染、破损

1)浇灌墙体及板缝混凝土和墙面抹灰时落地灰不及时清理，粘于楼面；

2)在楼板上直接拌灰，小车，铁揪损坏楼面，剩灰清理不净或清理方法不对；

3)油漆、粉刷不保护，污染楼面；

4)水电安装砸损严重；

5)小车、工具梯、工作台、工具、架设材料、管线等硬铁件磕碰损坏；

6)无有效的成品保护措施、制度。

26. 墙板安装通病有哪些?

(1)吊装前施工准备不好

1)板侧面锚环不剔除，理正理直；或切割不匀，造成焊接长度不足；

2)板侧面不刷憎水剂；

3)外墙板反向堆放，披水折断；

4)棱角、挡水台、披水受损未提前认真修补。

(2)表面不平整，大角不垂直，错台，缝宽窄不一

1)测量位置线不准；

2)每层外墙板大角未用经纬仪由楼房根部引上检查，而是层层引线形成累计误差；

3)外皮装修好的预制板，吊装未以外皮找直；内皮装修好的预制板未以内皮位置线找准，上下层外墙板出现错台；

4)墙板几何尺寸不准，未作控制，吊装时未统一均匀调缝，竖向空腔成瞎缝或过宽缝。

(3)板底坐浆不实　捻塞缝不实

1)坐浆法施工:浆虚铺厚度薄;浆过稀,干缩;

2)捻缝法施工:未用干硬性砂浆或未用细石混凝土捻缝,造成干缩;

3)捻缝不及时,不连续,有脱空现象或仅勾表面缝;

4)捻缝法,按标高垫块置好后未认真检查板底缝空隙量提早采取措施,造成板缝过小时无法捻缝;

5)板底部及支承面未清理干净,坐浆前未湿润基层。

(4)键槽施工不符要求

1)键槽钢筋不直,吊钩割开后也不调直,且切割长短不匀,不利于焊接;

2)单面焊缝长度不足 90mm,焊缝宽小于 8mm、厚度小于 4mm,外观质量差;

3)焊工无证操作;

4)键槽混凝土支模高度未超过键槽上边线,里侧未用油毡堵严,未堵塞防水空腔,混凝土稀,配比不准,振捣不实,上部收缩离缝;

5)键槽混凝土,挑出部分剔除过早,影响混凝土与键槽粘结力;

6)模内未清理,混凝土接楂内未湿润,养护不好或冬期施工受冻,造成键槽混凝土脱空离缝;

7)键槽混凝土未做试块。

(5)捻缝灌键不及时,超过一个楼层不灌

(6)外墙板锚环筋与柱筋不符合要求

1)两侧外墙板锚环筋与柱筋套合少于 3 组;

2)柱筋接头长度不够,未加密箍筋;

3)内承重墙板扫地筋未理顺调直,与柱筋锚固不符合设计要求。

(7)外墙板空腔防水不符合要求

1)侧面空腔未刷憎水剂;

2)吊装中碰、撬坏挡水台,披水;

3)板底坐浆太厚,披水高于挡水台;板底座浆太薄,披水,挡水台相碰;

4)设置外架子砸开挡水台挂吊环;

5)空腔被水泥砂浆、混凝土浆堵塞、排水不通不畅,形成毛细通道;

6)塑料条长度、宽度不适宜,位置不准,上下收头不合理;

7)泄水管安装错误,不起作用;

8)横竖缝勾抹不按工艺标准;

9)堵塞的空腔未改为材料防水(如用防水嵌缝油膏填嵌);

10)不做淋水试验,也未认真作雨期观察记录。

27. 隔墙板、垃圾道安装通病有哪些?

(1)隔墙板断裂、变形

1)板制作强度、刚度差,尺寸、质量差,现场缺少验收把关;

2)运输、堆放、吊装不当,遭破坏。

(2)安装质量差

1)不顺直,位移大,扭翘;

2)焊接固定点不足、不实;

3)埋件位置不准。

(3)隔板与楼板,墙体、门框连接缝开裂,脱落

1)尺寸不当,空隙偏大;

2)不按工艺标准操作,捻缝不实,混凝土或砂浆太稀。

(4)垃圾道安装不符要求

1)安装不顺直、错台;

2)焊接,固定不牢;

3)墙壁错台,不平,钢筋外露;

4)垃圾口留置过大,封堵不好、不牢;

5)现浇楼板留洞与垃圾道不符;

6)垃圾斗安装不当,开门不能自立;安装位置过高或过低;挡灰板不活,打开即关不上。

28. 阳台(雨罩)安装通病有哪些?

(1)缺乏统一交底,不拉通线,造成十不顺

1)阳台角上下不顺直;

2)阳台底板上表面水平不顺直,侧面不顺;

3)扶手角竖向不顺直;

4)扶手与栏板水平顶面、侧面不顺直;

5)栏板角部竖向两面不顺直;

6)栏板缝竖向不顺直;

7)分户板竖向侧面不顺直;

8)凉衣架竖向侧面,底面不顺直;

9)栏板铁件竖向顶面,侧面不顺直;

10)泄水管上下、左右位置、伸出长度、坡度不一致、不顺直。

(2)锚筋焊接差

1)构件预留锚筋长度不足,缺验收检查;

2)焊接质量差(裂缝、咬边、气孔、夹渣等);

3)单面焊、双面焊要求不清;焊接长、宽、厚度不符合规范规定;

4)无焊工合格证;

5)加焊的锚固筋长度、直径不符合要求;

6)加焊的锚固筋位置不当,挤靠在一起,未分布在板缝和墙内;

7)阳台边梁预留环筋未整理,未与圈梁钢筋绑扎;

8)阳台栏板与墙体连接不牢固。

(3)支座不符合要求

1)搭墙长度不足100mm;

2)座浆不严实或不坐浆。

(4)防水处理不符要求

1)阳台上下水平缝,侧面缝由板上200mm到板下200mm及分户板下双阳台接缝未嵌填防水油膏(指外墙板的阳台);

2)油膏缝未剔出 20mm×20mm 凹槽，勾缝不严；

3)嵌防水油膏前，基层处理不净、未刷冷底子；

4)阳台地面抹灰坡度不符要求，抹前洇水不好、抹后养护差；阳台排水管埋置不当，过高、过低、过短、过细、翘头；

5)顶层雨罩或通廊顶未做防水，长时间积水而漏。

29. 楼梯安装通病有哪些？

(1)安装时预留量不对(楼梯踏步面、休息平台面及楼板面因抹灰装饰厚度不同，预留量未认真计算即吊装)；

(2)楼梯吊装不坐浆(也未洇水)或未用干硬性砂浆捻实；

(3)楼梯不随层焊接、或焊接质量差、或焊接未用铁板围焊连接，铁板长、宽、厚度不符设计要求；

(4)楼梯缝不清理，不及时用细石混凝土灌实；

(5)踏步棱角不保护，遭破损；

(6)运输、堆放、吊装不当，楼梯裂断；

(7)标高不准，抹面不平，楼梯倾斜；

(8)楼梯型号用错，扶手埋件安反。

30. 柱子吊装通病有哪些？

(1)轴线位移，标高不准，垂直度超差

1)杯口十字线放偏；

2)构件制作断面尺寸，形状不准，吊装前构件弹线不准，或未三面弹线；

3)杯口尺寸、位置偏差，杯底找平标高不准，牛腿标高未事先测算与杯底呼应；

4)吊柱后，临时固定措施不好，杯口内楔子松动拆除过早，吊装后二次满灌浆前未复测垂直度；

5)未控制各层间柱中心错位，未用经纬仪控制全高垂直度；

6)框架柱头，接头筋未对角等速施焊，造成焊接收缩变形，使柱不垂直；柱顶现浇混凝土预埋件标高不准影响上层柱吊装；

7)柱根接头连接筋埋设不准,由于筋粗,难以正位,影响柱轴线;

8)梁柱筋焊接工艺顺序不当,将柱拉偏。

(2)柱根与杯型基础结合不好

1)吊装前杯口内清理不净,杯底浮浆未清,杯壁未凿毛,二次灌浆前的再次清理忽视;

2)杯斗未洇水,混凝土振捣不密实,楔子松动过早,混凝土配比不准;

3)吊柱子时,将已定位柱子碰撞;

4)养护不好,早期脱水。

(3)柱子受损

1)吊运时混凝土强度未满足设计要求,碰撞受损;垫木不当,吊装点位置选择不当,柱断裂;

2)较细长柱,未核算柱子刚度,施工中未采取必要加强措施;

3)捆绑柱时,柱角不保护。

(4)框架短柱核心区及柱接头位置不符要求

1)未加密箍筋或加密间距＞100mm;

2)箍筋未焊成封闭型;

3)未焊 ϕ12 定位箍筋;

4)开口箍筋未焊于梁支托角钢上;

5)柱预留筋矫正不当,生搬硬砸;

6)柱四角筋搭接后未加焊 6d;

7)顶层柱筋未搭焊 150mm;

8)梁柱交叉节点支模不严密,不规矩;

9)梁柱节点混凝土强度＜1MPa 即安装上层柱;

10)梁柱节点及梁叠合层面不留清扫口,未按施工缝处理;

11)梁柱节点处混凝土,叠合层混凝土沿用了梁的设计强度(应用柱的设计强度);

12)短柱根的后浇混凝土留置捻口缝隙不当(宜留 30mm),混凝土未比预制柱提高一级,混凝土配比不当,搅拌过稀,捻口不好,养护差，出现收缩裂纹，宜用细石混凝土采用浇筑水泥，重量比1∶1∶1，水灰比0.3。

31. 框架梁安装通病有哪些？

(1)焊接质量不好

1)梁与柱埋件焊缝厚度，质量不合要求；

2)梁支承角钢与柱焊接时，未焊在三根立筋上(若四根立筋时，角钢中部加焊短支筋)；

3)梁支承角钢顶标高不准；

4)缺口梁主筋互焊不好，靠不严，又不采取措施保证焊接质量；

5)边角柱单面有梁者，带走道梁者，未加焊拐筋。

(2)支座不符要求

1)纵横梁伸入柱，楼板伸入梁翼过少；

2)花篮梁上口未事先找平。

(3)框架剪力墙

1)与边框柱连接不符合规定；

2)墙立筋间距超过300mm；

3)双排墙筋互相拉结太稀(不宜>600mm 中—中)；

4)洞口加强筋锚固长度不足宜按规范中锚固长度规定，端头墙筋不加∪形铁；

5)门洞过梁配筋锚固长度不足宜按规范中锚固长度规定或不足600mm；套箍间距超过150mm；顶层伸入墙内部分未全部加箍筋，其他层入墙座未加一箍筋；

6)剪力内墙转角筋锚固长度不足宜按规范中锚固长度规定；

7)墙体竖直筋水平筋搭接未按规定错开；

8)洞边及墙端纵向加筋连接，搭接倍数，错开要求，及单面焊要求不符合规定。

(4)叠合梁、板筋，不符合要求

1)梁上箍筋未调整，未焊；

2)叠合梁上筋跨中搭接小于规范规定；

3)板缝上筋跨中搭接小于规范规定；

4)板缝下筋支座搭接小于规范规定；

5)叠合层上现浇40mm厚混凝土面层，遇钢筋混凝土抗震墙未加@250ϕ6l=100mm插筋。

32. 地下防水工程材质及试验通病有哪些？

(1)水泥品种标号不符规范要求或无出厂合格证和取样试验报告，试验不合格时无处理记录和结论；

(2)砂、石等材料不进行取样试验或试验不符合要求无处理情况及结论(如含泥量、级配等)；

(3)各种取样试验，未按批量，取样方法试验或试验报告手续不符要求，或未考虑侵蚀介质要求；

(4)抗渗试块不做或少做，缺同条件试块或试验不符合要求无处理情况及结论；

(5)防水材料无出厂合格证和取样试验报告或试验不合格无处理就使用。试验取样批量不合格试验只符合材料标准，未对照施工规范标准；

(6)胶结材料无试验室试配或试验报告；

(7)胶结材料现场配制不取样试验，或试验项目不全，试验不合格无处理情况及结论；

(8)新型防水材料无法定鉴定证明和出厂合格证，无工艺要求，无性能指标，无质量标准及现场取样试验要求及记录，新型防水材料应参考现行屋面施工规范有关最低标准。

33. 地下防水工程基底质量通病有哪些？

(1)降水措施不当，未降到要求水位标高(应在防水工程最低标高以下不少于300mm)；

(2)基底过湿或有明水；

(3)基底不平、杂物清理不净；基底存有扰动土层。

34. 防水混凝土通病有哪些?

防水混凝土通病有如下:

(1)无试验室试配(或试验室未按提高 0.2MPa 抗渗等级做试配)。

(2)水泥强度等级、品种、最小用量,石子粒径、含泥量,含砂率,灰砂比,水灰比,外加剂等选用,不符合防水规范规定。

(3)试配材料与材试,试块三者不交圈。

(4)计量不准(详见钢筋混凝土部分)。

(5)施工缝留置不符合规定。

1)底板上留施工缝,而不留在墙上(距墙根 200mm 以上);

2)留缝形式不符合规范三种规定也不用止水条;

3)留成凹缝不符合规范规定;

4)留企口型缝时,拆模损伤;

5)设止水带(片)时,上下尺寸不匀、接头焊接不严或人为压倒;

6)止水带遇柱或墙交接处断开,处理不当;

7)止水带留在窗井墙上与外墙不交圈;

8)竖向施工缝未留在结构变形缝处。

(6)出现人为施工缝。

1)方案错误:将底板分段浇灌,墙体任意留垂直施工缝,墙体混凝土不连续、不分层浇灌;

2)施工方案不当:未综合考虑浇捣路线、运输时间,搅拌供应能力,分层厚度,最少分组数,振捣机具最低配置数等等,造成混凝土初凝前不能保证上层混凝土覆盖并振捣完;

3)运输马道立杆撤出混凝土时间过晚,使灌孔混凝土与孔周围混凝土间出施工缝,或者后切管灌混凝土形成沿管壁渗水的通路;

4)未合理安排混凝土施工轮流停歇时间。如清洗搅拌机时间,吃饭、交接班时间;

5)缺临时停电,停水,机械故障供料不及时,中途遇雨等的应急处理措施;

6)事先未掌握水泥初凝、终凝时间,未规定混凝土搅出到浇完最长允许时间;

7)无缓凝措施。

(7)变形缝处理不当。

1)橡胶(塑料)止水带埋入墙体不居中,止水带损坏(钉眼、筋扎,撕裂等),接头不严,搭接不在洞口上部水平部位,或一条止水带多处接头;

2)止水带不交圈,收头不合理,或固定不牢,浇灌混凝土跑位,或留缝不匀影响止水带作用;

3)止水带油、泥污染;

4)止水带设置位置方向不当,有断筋现象。

(8)支撑不当,影响防水效果。

1)底板钢筋用铁马凳,无止水措施;或未支在下网上面、而是直接支在模板上;

2)穿墙螺栓(套管)无止水措施;

3)不止水的穿墙螺栓切断后无防渗漏填补措施;

4)穿墙螺栓套管无防渗漏填补措施;

5)模板内顶撑无止水措施;

6)钢筋保护层垫块不用防水砂浆做,厚薄不一,甚至漏放。

(9)后浇缝做法不当。

1)用钢板网封堵,溢出水泥浆不处理,在未浇混凝土一侧根部积为素浆层;

2)用钢板网封堵,后面不设模板和支撑,混凝土振捣不实;

3)后浇缝未按规范要求形式留置;

4)后浇缝甩槎不剔毛,不清理、不湿润或不设清扫坑,后浇混凝土前无法清理干净;

5)后浇缝浇筑时间不当,未考虑工程主要荷载上满情况、气温情况,水泥品种的选用,浇注后不按规定养护。

(10)过墙管道及套管止水措施不当,管道与套管间隙止水处理不当预留洞口无封堵止水措施或封堵不严、不实。

(11)混凝土墙体发生蜂窝露筋、孔洞等问题,不按要求认真处理。

1)防渗漏补救处理,从开始即无认真准确的方案要求,过程中无检查记录;处理后无结论;

2)不剔凿到密实,不冲洗和不充分湿润;

3)后补混凝土不经试验室试配,人工拌制计量失控;

4)混凝土浇灌无有效结合措施(不下同配比无石子砂浆);

5)剔凿后支模固定不牢,缝隙堵塞不严,造成跑浆;

6)振捣措施不力,达不到应有密实度;

7)振捣口处挑出的多余混凝土顶标高太低,顶部混凝土接槎振捣不实;

8)振捣口处挑出的多余混凝土剔凿过早,震动影响结合以及钢筋握裹;

9)混凝土养护措施及时间不够;

10)不按规定留置混凝土试块。

(12)施工缝、接槎做法错误。

1)已浇混凝土强度不足 1.2MPa 即进行接槎,破坏原混凝土骨架、及影响混凝土后期强度,影响与钢筋握裹;

2)对已硬化混凝土表面不清除水泥硬膜和松散混凝土,不冲洗干净,不充分湿润不除净积水;

3)浇筑前不下同混凝土配比无石子砂浆,或铺浆不匀、过厚或不铺,铺浆时间过长;

4)水平施工缝,模板夹不严,固定不牢,跑浆、混凝土不密实。

(13)冬期施工、保温、养护不当,影响防水混凝土质量。

1)施工缝处因有接槎钢筋,保温不严,接槎处混凝土受冻;

2)地下室防水混凝土底板不保温覆盖,侧面也未回槽,地基冻胀,底板拱裂;

3)混凝土内外温差超过 25℃,出现温度裂纹;

4)混凝土未达到临界强度受冻,降低抗渗性能;

5)蒸汽养护防水混凝土,升温、降温速度过快影响防水性能;

6)蒸汽养护直接向混凝土喷射;

7)蒸汽养护无防止混凝土早期脱水措施,无排除冷凝水、防止结冰措施。

35. 卷材防水做法通病有哪些?

卷材防水做法通病

(1)基层不符合要求

1)强度不足;表面起砂起皮;

2)表面平整度、光洁度差、表面不干净;

3)垫层伸出底板尺寸太小,致使保护墙无法砌在垫层上;

4)基层表面阴阳角未做成圆弧或钝角(或圆弧过小不足 R,注意沥青基卷材 $R=100\sim150$,高聚合物改沥青卷材 $R=50$;合成高分子卷材 $R=20$);

5)基层表面不干燥(干燥有困难时,按规范规定做);

6)立面基层未涂冷底子或冷底子不干即做防水。

(2)保护墙做法错误

1)不设保护墙,只在垫层上铺油毡甩头,打底板、墙板后硬卷直角上贴;

2)外防外贴做法错误

A. 永久性保护墙高度不足 $B+(200\sim500)$mm——指底板厚度加混凝土施工缝提高部位,以避开最大应力处;

B. 临时保护墙高度不足 $150(N+1)$——N 指卷材层数;

C. 临时保护墙未用石灰砂浆砌,未抹石灰砂浆找平层并刷石灰水;

D. 混凝土壁外砌保护墙时墙与壁之间未塞实砂浆。

3)外防内贴做法错误

A. 保护墙刚度不够(12mm 墙宜加砖垛);

B. 未按 5~6m 分段留缝(以利于回填挤紧)断缝中未用卷材

条或沥青麻丝填塞。

4)无防止雨水灌槽措施

A. 做防水前未考虑雨水排向槽外措施;

B. 无防雨水由槽外向内渗、流措施;

C. 做防水后,浇灌混凝土前槽内未做坡,未设积水坑,一旦灌水无法抽水,排水;

D. 外槽回填过早,不利排水,甚至挤歪保护墙。

(3)卷材铺贴质量问题

1)胶结材料配比不准,油温过高、过低,厚度过厚;

2)搭接错误:长边不足100mm,短边不足150mm,上下层及相邻卷材接缝未错开,甚至上、下层相互垂直铺贴;

3)立面与平面转角处,卷材接头未留在平面上,或距立面不足600mm;

4)所有转角处均未铺附加层,或附加层剪裁、铺贴方法不对,粘贴不严,或附加层数不足;

5)平面和立面铺贴顺序不符合规范规定;

6)铺贴接缝不严,有翘边、滑移、脱层等缺陷;

7)卷材到顶收头,无有效固定和保护措施;

8)外防外贴法接槎不是分层按要求尺寸搭接、甚至三层卷材一次搭接;各层槎子不是内高外低,是倒装槎;

9)卷材铺贴有气泡,裂缝及损伤,修补不按分层搭接要求,而一次表面粘贴。

(4)细部构造做法通病

1)穿墙管道封闭做法不当,封堵不严;可伸缩管道套管构造不满足防水要求,管道与套管间填缝材料材质不良、挤压不紧;

2)变形缝处型式及使用材料不符合规范规定;附加层少用或未用抗拉强度较高的卷材做附加层;金属止水带接缝焊接不好,锚固不牢;

3)橡胶(塑料)止水带要求,同防水混凝土;

4)止水带接头不设在变形缝高处水平部位。

(5)防水层的保护层通病

1)立面防水层外涂热沥青胶结材料时,未趁热洒干净热砂或挂散麻丝,影响抹水泥砂浆时的粘结;

2)只抹底板部位保护层,而墙、面不做保护层,或保护层脱落,绑扎钢筋时损伤防水层;

3)后砌保护墙时,防水层与保护墙间空隙未随砌随填实砂浆;

4)基坑回填不当,破坏保护层(保护墙)——如推土机回填,机夯碰砸,杂土石块回填等。

36. 屋面工程保温层通病有哪些?

(1)保温层材料导热系数不符合要求;

(2)保温层材料密度超 1000kg/m^3 或超设计 10%以上;

(3)保温混凝土配比不准;

(4)保温层厚度不足、不均;

(5)下部找坡层不拉线找平,影响保温层;

(6)铺块不稳,挤不严、挤不紧;

(7)铺块未拉线垫砂(或灰),表面不平,坡度不顺(将影响找平层);

(8)缺棱掉角,不填保温材料,填砂浆形成冷桥;

(9)保温层过湿,含水率超标。

37. 屋面工程找平层通病有哪些?

(1)基层不平,造成找平层厚薄不匀,易空裂;

(2)保温层含水率过高即作找平层施工;

(3)找平抹灰不先湿润基层,抹后不压光,不认真养护,或不认真保护,过早上人;

(4)脱皮起砂;

(5)不做分格,也无有效措施,造成空鼓裂纹;

(6)坡度不符合要求,存水;

(7)拐角不做钝角或圆弧,沥青基防水卷材 $R=100\sim150$mm;高

聚合物改性沥青卷材 $R=50mm$;合成高分子卷材 $R=20mm$;

(8)下水口埋高、不顺,四周未抹成漏斗型,不利于加毡;

(9)下水口出墙过远、过近,影响雨漏斗安置,落水不顺;

(10)审图不细,下水口与通气孔、人孔紧贴,不利于防水施工质量;

(11)基层细部不合要求。

38. 屋面工程卷材防水层通病有哪些?

(1)防水卷材及沥青胶结材料无出厂合格证和进场取样试验报告,或试验不合格无处理情况及结论;

(2)胶结材料无试验室试配及试验报告;

(3)按试验室试配无现场每工作班配制取样试验报告或试配项目不全,结论不确切;

(4)新型防水材料无法定的鉴定证明和带防伪标志的出厂合格证,工艺要求、质量标准、现场取样试验要求不清;

1)基层表面未扫清;

2)基层不平;

3)立面未作凹槽;

4)各阴阳角、管根未抹圆角;

5)立面上卷最小高度无法保证≧250mm;

6)挑沿、女儿墙、人孔、沉降缝等木砖未作或漏作,沉降缝顶未做坡,不利于铁皮封盖;

7)天沟、沿沟,大面坡度不符合要求情况。

(5)卷材铺贴通病;

1)未刷冷底子油,或冷底子油过稀、过厚、涂刷不匀、涂刷不当或刷后未干即做防水;

2)未做基层粘结试验;

3)铺贴方向及压接方向不符合规范:平行屋脊应顺水槎,垂直屋脊应顺风槎;

4)搭接宽度不足;

5)熬油无温度测量记录,油温过高、过低或使用温度过低;

6)花铺、空铺有误,或无排气处理措施;

7)卷材开裂翘边,起鼓,皱折;

8)未做加毡。

(6)节点做法错误;

1)立面上卷高度不足250mm;

2)女儿墙卷材封口未压实固定,无油膏封口;

3)管根未做圆弧、上面无伞罩,无沥青麻丝缠绕收头;

4)卷材入下水口不足100mm;

5)檐口卷材无压毡混凝土;

6)未按规范规定的节点做法,女儿墙压顶预甩毡保护不好、破损。

(7)绿豆砂错误;

1)粒径不符规范要求;

2)不洗、不净;

3)不加热铺洒,不滚压,粘结不实,浮砂过多,铺后不扫,不检查修补漏铺处;

4)油过厚埋砂;

5)工序颠倒,绿豆砂被污、损,防水层被损。

(8)其他屋面通病;

1)女儿墙、檐口压顶抹灰未坡向屋顶;

2)外檐及檐口顶抹灰甩槎及卷材的压毡做法不对;

3)排气管高度太低(上人屋面应≥2000mm,不上人应≥300mm);

4)排气管顶缺顶网罩;

5)下水口缺铸铁篦子;

6)铁活不刷防锈漆;

7)人孔及门口台阶太低(上卷防水高度不足250mm);

8)人孔盖板挑出少,缺泛水,上人屋顶门口无雨罩、无滴水线,门上无披水,门下无门槛。

(9)变形缝通病；

1)变形缝未彻底断开；

2)卷材胶结不严；

3)铁皮活不交圈封口，不顺水咬口；

4)铁皮不在侧面钉钉或被踩成倒坡(基层未砌出坡度)；

5)高低跨沉降缝，挑盖板下被塞灰抹实无法沉降；

6)安装避雷网固定杆件，穿铁皮处漏水。

(10)水落管通病。

1)卡距过大(＞1200mm 或＞水落管一节的长度)；

2)卡子与墙固定不牢，未用钻头钻孔再安卡子塞水泥砂浆(如用木楔子)或卡子卡不紧；

3)插入插口不足 40mm；

4)管正面(侧面)不顺直；

5)管距墙不适宜(宜 20～25mm)；

6)管距地高度不当(宜 150mm～200mm)；

7)黑铁皮管未里外刷两道底漆加外两道面漆，镀锌铁皮管外未刷两道底漆两道面漆或因刷普通防锈漆而起皮(应用锌磺类或磷化底漆)；

8)高跨水落管下不安水簸箕，雨水直冲低跨屋面；

9)高跨自由排水，低跨屋面未铺预制混凝土板接水。

39. 屋面工程隔热层通病有哪些?

(1)板断裂露筋，强度不够。砌筑水泥砂浆＜M5。

(2)板面坡度不好，勾缝不牢，不利排水。

(3)隔热层下不清理，板端与女儿墙距不足 250mm，不利于通风，或板顶靠女儿墙，造成推裂女儿墙。架空层净高度＜100。